高等职业教育“十三五”规划教材（自动化专业课程群）

运动控制系统安装调试与运行

主　编　张　燕　李兰云　王爱林

副主编　石　磊　张丽娟　薛小倩

中国水利水电出版社
www.waterpub.com.cn
·北京·

内 容 提 要

装备制造业是实现工业化的基础条件，是工业化、信息化两化融合的主力军。随着高端装备技术的发展、设备自动化程度的提升，以电动机为控制对象的运动控制技术应用需求也越来越广泛，变频调速和伺服、步进控制等技术已深入到家电、交通、纺织、机械、冶金、化工等各个行业。本书以运动控制技术中的伺服电动机、步进、变频调速为重点，通过学习来了解运动控制系统的构成、特点，掌握变频调速系统和伺服、步进控制系统的基本知识。

本书以伺服电动机、步进电动机、变频器为基础，结合 GE Versa Motion 运动控制系统实训设备进行编写，共分为 4 个学习情境，14 个子学习情境。其中，学习情境 1 讲解伺服电动机的认知和应用；学习情境 2 讲解步进电动机的认知和应用；学习情境 3 讲解交直流调速技术的认知；学习情境 4 讲解 GE Versa Motion 运动控制系统的认知和应用。每个学习情境又分为若干个子学习情境。本书在内容上简明扼要，配以图示，通俗易懂，层次分明；在结构上循序渐进，强调实用性，重视可操作性，理论联系实际，使读者能尽快掌握运动控制安装与调试的技能。

本书可以作为高职高专电气自动化技术、机电一体化技术等机电类专业教材，还可以供机电类技术人员参考。

图书在版编目（CIP）数据

运动控制系统安装调试与运行 / 张燕，李兰云，王爱林主编. -- 北京 : 中国水利水电出版社，2019.2（2023.1 重印）
高等职业教育“十三五”规划教材（自动化专业课程群）
ISBN 978-7-5170-7474-8

Ⅰ. ①运… Ⅱ. ①张… ②李… ③王… Ⅲ. ①自动控制系统－高等职业教育－教材 Ⅳ. ①TP273

中国版本图书馆CIP数据核字(2019)第031154号

策划编辑：赵佳琦　责任编辑：王玉梅　加工编辑：张天娇　封面设计：李　佳

书　名	高等职业教育“十三五”规划教材（自动化专业课程群） 运动控制系统安装调试与运行 YUNDONG KONGZHI XITONG ANZHUANG TIAOSHI YU YUNXING
作　者	主　编　张　燕　李兰云　王爱林 副主编　石　磊　张丽娟　薛小倩
出版发行	中国水利水电出版社 （北京市海淀区玉渊潭南路 1 号 D 座　100038） 网址：www.waterpub.com.cn E-mail：mchannel@263.net（答疑） sales@mwr.gov.cn 电话：（010）68545888（营销中心）、82562819（组稿）
经　售	北京科水图书销售有限公司 电话：（010）68545874、63202643 全国各地新华书店和相关出版物销售网点
排　版	北京万水电子信息有限公司
印　刷	三河市德贤弘印务有限公司
规　格	210mm×285mm　16 开本　10.25 印张　355 千字
版　次	2019 年 2 月第 1 版　2023 年 1 月第 3 次印刷
印　数	4001—5000 册
定　价	32.00 元

前　言

随着机器制造业的产业升级，大量以运动控制为核心的机器设备在各个行业的应用得到飞速发展，如数控机床、胶印设备、绕线机、玻璃加工机械、包装机械等。这些设备的大量应用，使得设计、调试、维修等相关专业的技术人员需要进一步掌握运动控制方面的专业知识。针对这一现实情况，我们专门为高职学生编写了这本运动控制入门级教材。

本书为包头轻工职业技术学院“运动控制系统安装调试与运行”混合课程配套教材。教材以学校与GE 智能平台大学计划校企合作共建的运动控制实训设备为载体，重点介绍了当前主流的伺服、步进、变频、HMI、Versa Motion 等相关知识。本书在编写时力求由浅入深、通俗易懂、淡化理论、注重应用。其中，学习情境 1 为伺服电动机的认知和应用，主要介绍伺服电动机的相关原理及应用等；学习情境 2 为步进电动机的认知和应用，主要介绍步进电动机的相关原理及应用等；学习情境 3 为交直流调速技术的认知，主要介绍直流调速技术和交流调速技术，重点以 MM420 变频器为例介绍了当前主流的变频调速；学习情境 4 为运动控制系统的认知和应用，主要介绍了 GE 智能平台 RX3i 系统控制器硬件组成、PME 编程软件的使用、QuickPanel View/Control 与组态技术及 Versa Motion 交流伺服调速系统等。

本书是包头轻工职业技术学院“校企合作”建设项目之一。本书打破了传统的教材编写模式，立足“以任务为导向、以项目为驱动”的方式和“教、学、做一体化”的教学模式进行编写，具有鲜明的职业教育特色，以实际应用工程任务为主线，突出了“工学结合”的特点。本书注重将知识、技能和职业素质的培养有机结合起来，体现出“任务引导”“工学结合”的编写原则，可以有效地提高学生的学习兴趣及学习效率。

本书由包头轻工职业技术学院的张燕、李兰云、王爱林担任主编，石磊、张丽娟、薛小倩担任副主编。其中，学习情境 1 由李兰云编写，学习情境 2 和学习情境 4 由张燕编写，学习情境 3 由王爱林编写，全书由张丽娟、薛小倩统稿，石磊对本书进行了仔细审阅，提出了宝贵意见。在编写过程中，编者参阅了许多同行、专家编著的文献及 GE 智能平台和 MM 系列变频器的相关资料，在此一并表示感谢。

由于编者水平有限，书中难免有不足和错漏之处，恳请读者批评指正。

编　者

2019 年 1 月

目　　录

学习情境 1　伺服电动机的认知和应用

学习目标

知识目标：掌握伺服控制系统的概念及组成、伺服控制系统的基本要求、伺服控制系统的三种控制方式、伺服系统的分类、直流伺服电动机和交流伺服电动机的特点；了解变频控制与伺服控制的区别、伺服电动机的应用。

能力目标：能够独立完成伺服电动机的选型；可以对伺服电动机进行故障诊断与维修。

素质目标：养成严谨细致、一丝不苟的工作作风；培养学生的自信心、竞争意识和效率意识；培养学生爱岗敬业、诚实守信、服务群众、奉献社会等职业道德。

子学习情境 1.1　伺服控制系统概述

伺服控制系统概述工作任务单

<table>
<tr><td>情　　境</td><td colspan="6">伺服电动机的认知和应用</td></tr>
<tr><td>学习任务</td><td colspan="4">子学习情境 1.1：伺服控制系统概述</td><td>完成时间</td><td></td></tr>
<tr><td>任务完成</td><td>学习小组</td><td></td><td>组长</td><td></td><td>成员</td><td></td></tr>
<tr><td>任务要求</td><td colspan="6">掌握：
1．伺服控制系统的结构组成。
2．伺服控制技术的基本要求。
3．伺服控制系统的控制方式。
4．伺服控制系统的分类。</td></tr>
<tr><td>任务载体和资料</td><td colspan="3">图 1-1　插片机</td><td colspan="3">如图 1-1 所示是电子零件组装设备中的插片机，能够将电子零件（IC 芯片、电阻、电容器等）安装在印刷电路板上，速度快，定位精度高。请为插片机选择合适的控制系统，并对控制系统进行分析。
资料：
1．伺服控制系统的结构组成：伺服控制系统的概念，伺服控制系统各组成部分的作用。
2．伺服控制技术的基本要求：各要求的具体含义及原因。
3．伺服控制系统的控制方式：常见的三种控制方式的含义及特点。
4．伺服控制系统的分类：不同的分类方式下，伺服控制系统的种类有哪些？</td></tr>
<tr><td>引导文</td><td colspan="6">1．团队分析任务要求：讨论在完成本次任务前，你和你的团队缺少哪些必要的理论知识？
2．类似于插片机、流水线灌装机等不用伺服控制系统进行控制，能否完成任务要求？
3．你是否需要认识伺服控制系统？</td></tr>
</table>

	4．什么是伺服控制系统？它和以往学的变频控制系统的区别又是什么？ 5．伺服控制系统为什么能够达到如此高的控制精度？ 6．是不是所有的场合用的都是同一种伺服控制系统？它有分类吗？如果有的话，具体怎么分？ 7．到底什么场合可以用伺服控制系统进行控制？伺服控制系统的共性是什么？ 8．你已经具备完成此情境学习的所有资料了吗？如果没有，还缺少哪些？应该通过哪些渠道获得？ 9．通过引导文的指引，你和你的团队是否明白，实现本情境任务的学习，包括哪些具体任务？你们团队该如何分工合作，共同完成这项任务？ 10．将任务的实施情况（可以包括你学到的知识点和技能点、团队分工任务的完成情况等）整理成文档。 11．将你们的成果提交给指导教师，让其对任务完成情况进行检查。 12．就你们团队的知识、技能、能力和素质进行自我评价、互相评价和教师评价。正确认识自己的不足之处，取长补短，争取在下次任务训练中得到进步。

任务描述

学习目标	学习内容	任务准备
1．掌握伺服控制系统的基本知识并将伺服控制系统应用到实际案例中。 2．具有查阅资料的能力。 3．培养学生课程标准教学目标中的方法能力、社会能力，达成素质目标。	1．伺服控制系统的结构。 2．伺服控制技术的基本要求。 3．伺服控制系统的控制方式。 4．伺服控制系统的分类。	1．前期准备：伺服控制系统应用案例查询。 2．知识点储备：变频控制系统的特点和应用场合。

1 伺服控制系统的概念及组成

伺服控制系统的概念
在自动控制系统中，输出量能以一定准确度跟随输入量的变化而变化的系统称为随动系统。伺服控制系统（伺服系统）也叫随动系统。 从控制原理层面来说，伺服系统是使物体的位置、状态等输出被控量能够跟随输入指令的要求而做出快速、平滑、精确的响应的自动控制系统。 从行业层面来说，如机电行业，伺服系统专指被控量（输出量）是机械位移或速度、加速度的反馈控制系统，其作用是使输出的机械位移（转角）准确地跟随输入的位移（转角）。 从控制任务层面来说，伺服系统的任务就是要求执行机构能够快速、平滑、精确地执行上位控制装置的指令要求。 总之，伺服系统是指经由闭环控制方式达到一个机械系统的位置、速度或加速度的控制；伺服的任务就是要求执行机构能够快速、平滑、精确地执行上位控制装置的指令要求，从而获得精确的位置、速度及动力输出的随动系统或自动跟踪系统。 伺服控制的实例随处可见，如工人操作机床进行加工时，必须用眼睛始终观察加工过程的进行情况，通过大脑对来自眼睛的反馈信息进行处理，决定下一步如何操作，然后通过手摇动手轮，驱动工作台上的工件或刀具来执行大脑的决策，消除加工过程中出现的偏差，最终加工出符合要求的工件。在这个例子中，检测、反馈与控制等功能是通过人来实现的，而在伺服系统中，这些功能都要通过传感器、控制及信息处理装置等来加以实现。例如，在数控机床的伺服系统中，位置检测传感器、数控装置和伺服电动机分别取代了人的眼睛、大脑和手的功能。

<table>
<tr><td colspan="2">许多机电一体化产品（如数控机床、工业机器人等）需要对输出量进行跟踪控制，因而伺服系统是机电一体化产品的一个重要组成部分，而且往往是实现某些产品目的功能的主体。伺服系统中离不开机械技术和电子技术的综合运用，其功能是通过机电结合才得以实现的。因此，伺服系统本身就是一个典型的机电一体化系统。</td></tr>
<tr><td colspan="2">伺服控制系统的组成</td></tr>
<tr><td colspan="2">伺服控制系统的结构、类型繁多，但从自动控制理论的角度来分析，伺服控制系统一般包括控制器、被控对象、执行环节、检测环节、比较环节五个部分。图 1-2 给出了伺服系统组成原理框图。
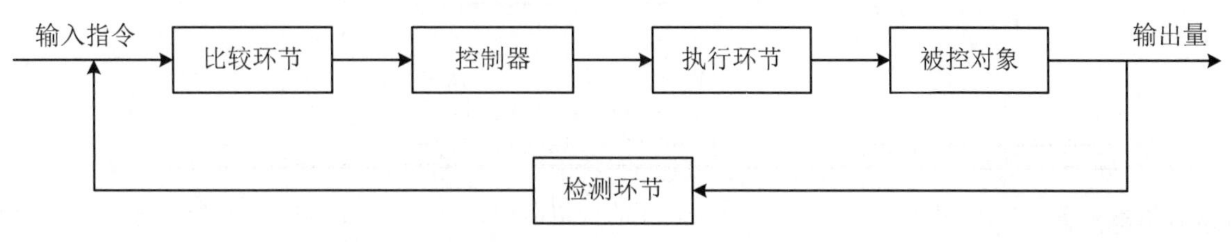

图 1-2　伺服系统组成原理框图</td></tr>
<tr><td>比较环节</td><td>比较环节是将输入的指令信号与系统的反馈信号进行比较，以获得输出与输入间的偏差信号的环节，通常由专门的电路或计算机来实现。</td></tr>
<tr><td>控制器</td><td>控制器通常是计算机或 PID 控制电路，其主要任务是对比较元件输出的偏差信号进行变换处理，以控制执行元件按要求动作。</td></tr>
<tr><td>执行环节</td><td>执行环节的作用是按控制信号的要求，将输入的各种形式的能量转化成机械能，驱动被控对象工作。机电一体化系统中的执行元件一般是指各种电动机或液压、气动伺服机构等。</td></tr>
<tr><td>被控对象</td><td>被控对象是指被控制的机构或装置，是直接完成系统目的的主体，一般包括传动系统、执行装置和负载。</td></tr>
<tr><td>检测环节</td><td>检测环节是指能够对输出进行测量并转换成比较环节所需要的量纲的装置，一般包括传感器和转换电路。</td></tr>
<tr><td colspan="2">在实际的伺服控制系统中，上述的每个环节在硬件特征上并不独立，可能几个环节在一个硬件中，如测速直流电动机既是执行元件又是检测元件。</td></tr>
</table>

2　伺服控制系统的基本要求

<table>
<tr><td colspan="2">伺服控制系统的基本要求</td></tr>
<tr><td colspan="2">由于伺服系统服务对象很多，如计算机光盘驱动控制、雷达跟踪系统、进给跟踪系统等，因而对伺服系统的要求也有所差别。工程上对伺服系统的技术要求很具体，可以归纳为四个方面：高精度；良好的稳定性；动态响应速度快；调速范围宽，低速时输出大转矩。</td></tr>
<tr><td>高精度</td><td>控制精度是指输出量复现输入信号要求的精确程度，以误差的形式表现，即动态误差、稳态误差和静态误差。稳定的伺服系统对输入的变化是以一种振荡衰减的形式反映出来的，振荡的幅度和过程产生了系统的动态误差。动态误差在各个行业里面有一定的误差认可范围。当系统振荡衰减到一定程度以后，称其为稳态，此时的系统误差就是稳态误差，用这个误差的大小来衡量系统进入稳态后的控制能力；由设备自身零件精度和装配精度所决定的误差通常指静态误差。动、稳态误差示意图如图 1-3 所示。
由于执行机构的运动是由伺服电动机直接驱动的，为了保证移动部件的定位精度和零件轮廓的加工精度，要求伺服系统应具有足够高的定位精度。一般的数控机床要求的定位精度是 0.001～0.01mm，高档设备的定位精度要求达到 0.1μm 以上。在速度控制中，要求高的调速精度和比较强的抗负载扰动能力，即伺服系统应该具有比较好的动、静态精度。</td></tr>
</table>

<table>
<tr><td></td><td>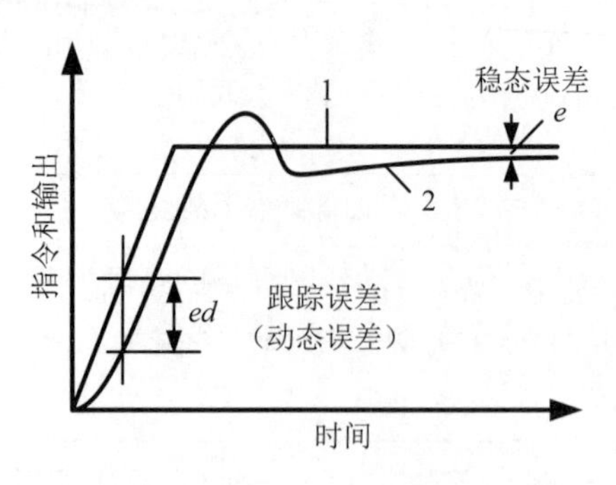

图 1-3 动、稳态误差示意图
曲线 1—控制指令 曲线 2—输出</td></tr>
<tr><td>良好的稳定性</td><td>伺服系统的稳定性是指当作用在系统上的干扰消失后，系统能够恢复到原来稳定状态的能力；或者当给系统一个新的输入指令后，系统达到新的稳定运行状态的能力。如果系统能够进入稳定状态，而且过程时间短，则系统的稳定性好；否则，若系统振荡越来越强烈，或者系统进入等幅振荡状态，则属于不稳定系统。
伺服系统通常要求较高的稳定性。以数控机床为例，稳定性直接影响数控加工的精度和表面粗糙度，为了保证切削加工的稳定均匀，数控机床的伺服系统应具有良好的抗干扰能力，以保证进给速度的均匀、平稳。</td></tr>
<tr><td>动态响应速度快</td><td>响应特性指的是输出量跟随输入指令变化的反应速度，决定了系统的工作效率。
系统在输入单位阶跃信号时，输出量的响应过程如图 1-4 所示。动态响应随系统的阻尼情况不同而变化。曲线 1 表示系统的响应较快，曲线 2 表示系统的响应较慢。一般地说，当系统的响应很快时，系统的稳定性将变坏，甚至可能产生振荡。在设计 AC 伺服系统时，应该特别注意。
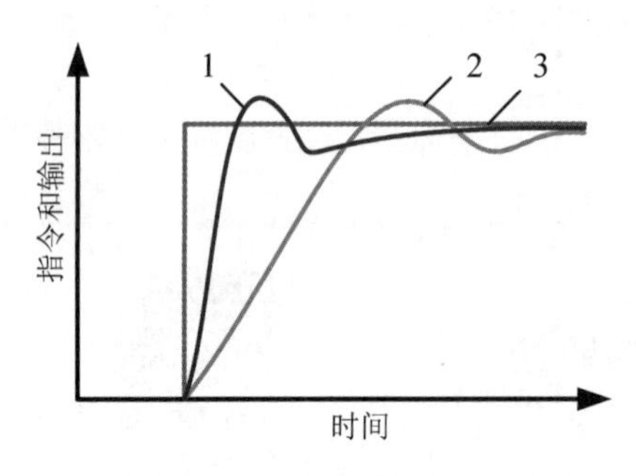

图 1-4 输出响应示意图
1—响应较快 2—响应较慢 3—控制指令
响应速度与很多因素有关，如计算机的运行速度、运动系统的阻尼、质量等。动态响应速度是伺服系统动态品质的重要指标，它反映了系统的跟踪精度。目前，数控机床的插补时间一般在 20ms 以下，在如此短的时间内伺服系统要快速跟踪指令信号，要求伺服电动机能够迅速加、减速，以实现执行部件的加、减速控制，并且要求很小的超调量。</td></tr>
<tr><td>调速范围宽，低速时输出大转矩</td><td>调速范围 R_N 是指机器要求电动机能够提供的最高转速 n_{max} 和最低转速 n_{min} 之比，即：
$$R_N = \frac{n_{max}}{n_{min}}$$
式中，n_{max} 和 n_{min} 一般是指额定负载时电动机的最高转速和最低转速，对于小负载的机械也可以是实际负载时的最高转速和最低转速。例如，数控机床进给伺服系统的调速范围为 1:24000 就足够了，代表当前先进水平的速度控制单元的技术已可达到 1:100000 的调速范围。同时要求速度均匀、稳定、无爬行且速降要小，在平均速度恒定的情况下（1mm/min）要求有一定的瞬时速度。在零速时，要求伺服系统处于“锁定”状态，即惯性小，以维持定位精度。</td></tr>
</table>

	上述的四项特性是相互关联的，是系统动态特性的表现特征。利用自动控制理论来研究、分析所设计系统的频率特性，就可以确定系统的各项动态指标。系统设计时，在满足系统工作要求的前提下，首先保证系统的稳定性和精度，并尽量提高系统的响应速度。

3　伺服控制系统的控制方式

伺服控制系统一般分为三种控制方式：速度控制方式、转矩控制方式、位置控制方式。速度控制方式和转矩控制方式都是用模拟量来控制的，位置控制方式是通过发脉冲来控制的。

图 1-5　位置控制示意图

1. 位置控制

位置控制可以正确地移动到指定位置或停止在指定位置，如图 1-5 所示。位置精度有的已经可以达到微米（μm，千分之一毫米）以内，还能进行频繁的启动、停止。

位置控制模式一般是通过外部输入的脉冲的频率来确定转动速度的大小，通过脉冲的个数来确定转动的角度，有些伺服系统也可以通过通信方式直接对速度和位移进行赋值。由于位置模式对速度和位置都有很严格的控制，所以一般应用于定位装置。

（1）位置控制的目标。FA 设备中的“定位”是指工件或工具（钻头、铣刀）等以合适的速度向着目标位置移动，并高精度地停止在目标位置。这样的控制称为“定位控制”。可以说，伺服系统主要就是用来实现这种“定位控制”的。

定位控制的要求是“始终正确地监视电动机的旋转状态”，为了达到此目的而使用检测伺服电动机旋转状态的编码器。而且，为了使其具有迅速跟踪指令的能力，伺服电动机选用体现电动机动力性能的启动转矩大、电动机本身惯性小的专用电动机。

（2）位置控制的基本特点。伺服系统位置控制的基本特点如图 1-6 所示。

1）机械的移动量与指令脉冲的总数成正比。

2）机械的速度与指令脉冲串的速度（脉冲频率）成正比。

3）最终在±1 个脉冲的范围内完成定位，此后只要不改变位置指令，则始终保持在该位置（伺服锁定功能）。

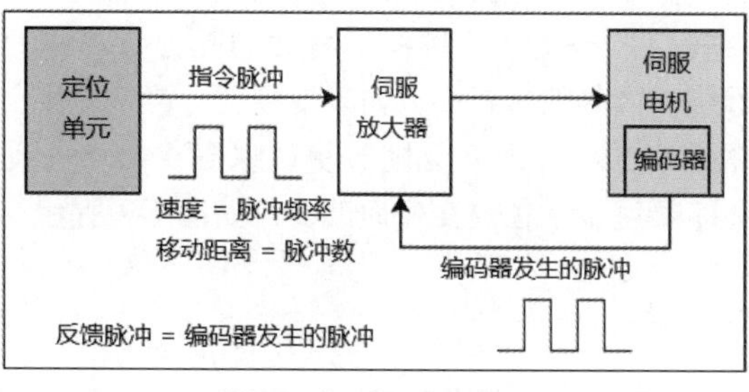

图 1-6　位置控制基本特点

因此，伺服系统中的位置精度由伺服电动机每转一圈机械的移动量、伺服电动机每转一圈编码器输出的脉冲数和机械系统中的间隙（松动）等误差决定。

2. 速度控制

速度控制示意图如图 1-7 所示，速度控制是指目标速度变化时，伺服系统也可以快速响应。即使负载发生变化，也可以最大限度地缩小与目标速度的差异，能实现在宽广的速度范围内连续运行。

图 1-7 速度控制示意图

通过输入模拟量信号或改变脉冲的频率可以进行转动速度的控制。在有上位控制装置的外环 PID 控制时，速度模式也可以进行定位，但必须将电动机的位置信号或直接负载的位置信号作为上位机的反馈信号，以进行运算控制。位置模式也支持直接负载外环检测位置信号，此时的电动机轴端的编码器只检测电动机转速，位置信号就由直接的最终负载端的检测装置来提供了，这样的优点在于可以减少中间传动过程中的误差，增加了整个系统的定位精度。

伺服系统的速度控制特点有以下三点：

（1）软启动、软停止功能。可以调整加、减速运动中的加速度（速度变化率），避免加速、减速时的冲击。

（2）速度控制范围宽。可以进行从微速到高速的宽范围的速度控制（1:1000～1:5000 左右）。速度控制范围内为恒转矩特性。

（3）速度变化率小。即使负载有变化，也可以进行小速度波动的运行。

图 1-8 转矩控制示意图

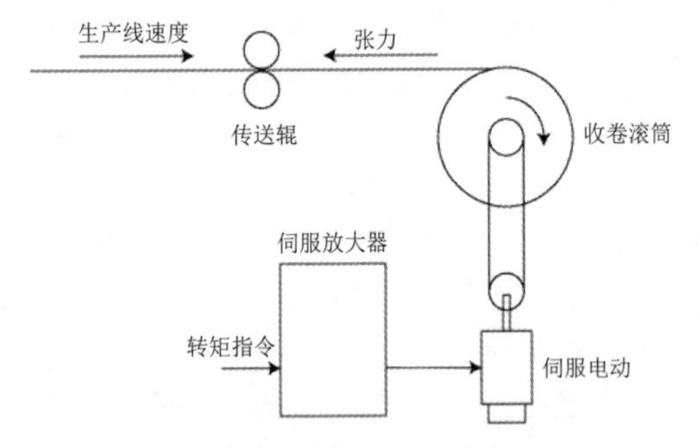

图 1-9 收卷伺服控制系统

3. 转矩控制

转矩控制示意图如图 1-8 所示，即使负载发生变化，也可以根据指定转矩正确运行。

转矩控制方式是通过外部模拟量的输入或直接地址的赋值来设定电动机轴对外的输出转矩的大小，具体表现为：如果 10V 对应 5N·m 的话，当外部模拟量设定为 5V 时，电动机轴输出为 2.5N·m。如果电动机轴负载低于 2.5N·m 时，电动机正转；负载等于 2.5N·m 时，电动机不转；大于 2.5N·m 时，电动机反转（通常在有重力负载的情况下产生）。可以通过即时地改变模拟量的设定来改变设定力矩的大小，也可以通过改变通信方式对应的地址的数值来实现。

转矩控制主要应用在对材质的受力有严格要求的缠绕和放卷的装置中，如收卷控制，转矩的设定要根据缠绕的半径的变化随时更改以确保材质的受力不会随着缠绕半径的变化而改变，如图 1-9 所示。

总之，如果对电动机的速度、位置都没有要求，只要输出一个恒转矩，当然是用转矩模式；如果对位置和速度有一定的精度要求，而对实时转矩不是很关心，用转矩模式就不太方便，用速度或位置模式比较好；如果上位控制器有比较好的闭环控制功能，用速度控制效果会好一点；如果本身要求不是很高，或者基本没有实时性的要求，用位置控制方式对上位控制器没有很高的要求。

就伺服驱动器的响应速度来看，转矩模式运算量最小，驱动器对控制信号的响应最快；位置模式运算量最大，驱动器对控制信号的响应最慢。

对运动中的动态性能有比较高的要求时，需要实时对电动机进行调整。如果控制器本身的运算速度很慢（如PLC或低端运动控制器），就用位置方式控制；如果控制器运算速度比较快，可以用速度方式，把位置环从驱动器移到控制器上，减少驱动器的工作量，提高效率（如大部分中高端运动控制器）；如果有更好的上位控制器，还可以用转矩方式控制，把速度环也从驱动器上移开。

4　伺服控制系统的分类

按被控量的参数特性分类	
按被控量的不同，系统可以分为位置、速度、力矩等各种伺服系统。其他系统还有温度、湿度、磁场、光等各种参数的伺服系统。 位置控制系统与速度控制系统的主要技术指标如下所示。	
位置控制系统的主要技术指标	（1）系统静态误差。系统输入为常值时，输入与输出之间的误差称为系统静态误差。位置控制系统一般是无静态误差系统。但由于测量元件的分辨率有限等实际因素，均会造成系统静态误差。 （2）速度误差 e_v 和正弦跟踪误差 $e_{\sin}$。当位置控制系统处于等速跟踪状态时，系统输出轴与输入轴之间瞬时的位置误差（角度或角位移）称为速度误差 e_v；当系统正弦摆动跟踪时，输出轴与输入轴之间瞬时误差的振幅值称为正弦跟踪误差 $e_{\sin}$。 （3）速度品质因数 K_v 和加速度品质因数 K_a。速度品质因数 K_v 是指输入斜波信号时，系统稳态输出角速度 ω_0 或线速度 υ_0 与速度误差 e_v 的比值；加速度品质因数 K_a 是指输入等加速度信号时，系统稳态输出角加速度 ε 或线加速度 a 与对应的系统误差 e_a 的比值。 （4）速度指标。包括最大跟踪角速度 $\omega_{\max}$（或线速度 $\upsilon_{\max}$）、最低平滑角速度 $\omega_{\min}$（或线速度 $\upsilon_{\min}$）、最大角加速度 $\varepsilon_{\max}$（或线加速度 $a_{\max}$）。 （5）振幅指标 M 和频带宽度 ω_b。位置控制系统闭环幅频特性 $A(\omega)$ 的最大值 $A(\omega_p)$ 与 $A(0)$ 的比值称为振幅指标 M；当闭环幅频特性 $A(\omega_b)=0.707$ 时所对应的角频率 ω_b 称为系统的带宽。 （6）系统对阶跃信号输入的响应特性。当系统处于静止协调状态（零初始状态）下，突加阶跃信号时，系统最大允许超调量 σ、过渡过程时间 t_s 和振荡次数 N。 （7）时间指标。等速跟踪状态下，负载扰动（阶跃或脉动扰动）所造成的瞬时误差和过渡过程时间。 （8）可靠性指标。对系统工作制（长期运行、间歇循环运行或短时运行）、MTBF、可靠性和使用寿命的要求。
速度控制系统的主要技术指标	（1）最高运行速度。被控对象的最高运行速度，如最高转速 $n_{\max}$、最高角速度 $\omega_{\max}$ 或最高线速度 $\upsilon_{\max}$。 （2）最低平滑速度。通常用最低转速 $n_{\min}$、最低角速度 $\omega_{\min}$ 或最低线速度 $\upsilon_{\min}$ 来表示，也可以用调速范围 R_N 来表示。 （3）速度调节的连续性和平滑性要求。在调速范围内是有级变速还是无级变速，是可逆还是不可逆。 （4）静差率 S 或转速降 Δn（或 $\Delta\omega$、$\Delta\upsilon$）。转速降 Δn 是指控制信号一定的情况下，系统理想空载转速 n_0 与满载时转速 n_e 之差；静差率 S 则是控制信号一定的情况下，转速降与理想空载转速的百分比。 转速范围和静差率两项指标并不是彼此孤立的，只有对两者同时提出要求才有意义。一个系统的调速范围是指在最低速时还能满足静差率要求的转速可调范围。离开了静差率要求，任何调速系统都可以做到很高的调速范围；反之，脱离了调速范围，要满足给定的静差率也很容易。调速范围与静差率有如下关系，即： $$R_N=\frac{n_0 S}{\Delta n(1-S)}$$ （5）对阶跃信号输入系统的响应特性。当系统处于稳态时，把阶跃信号作用下的最大超调量 $\sigma\%$ 和响应时间 t_s 作为技术指标。 （6）负载扰动下的系统响应特性。负载扰动对系统动态过程的影响是调速系统的重要技术指标之一。转速降和静差率只能反映系统的稳态特性，衡量抗扰动能力一般取最大转速降（升）$\Delta n_{\max}$ 和响应时间 t_{st} 来度量。

	（7）可靠性指标。对系统工作制（长期运行、间歇循环运行或短时运行）、平均无故障工作时间 *MTBF* 、可靠性和使用寿命等要求。
按驱动元件的类型分类	
电气伺服系统全部采用电子元件和电动机部件，操作方便，可靠性高。根据电动机类型的不同可以分为直流伺服系统、交流伺服系统和步进电动机控制伺服系统。	
步进电动机	主要应用于开环位置控制中，该系统由环形分配器、步进电动机、驱动电源等部分组成。这种系统简单、容易控制、维修方便且控制为全数字化，比较适应当前计算机技术发展的趋势。
直流伺服电动机	在电枢控制时具有良好的机械特性和调节特性。机电时间常数小，启动电压低。其缺点是由于有电刷和换向器，造成的摩擦转矩比较大，有火花干扰及维护不便。直流伺服电动机具有良好的调速性能，因此长期以来在要求调速性能较高的场合，直流电动机调速系统一直占据主导地位。但由于电刷和换向器易磨损，需要经常维护，并且有时换向器换向时产生火花，电动机的最高速度受到限制，而且直流伺服电动机结构复杂，制造困难，所用铜铁材料消耗大，成本高，所以在使用上受到了一定的限制。
交流伺服电动机	无电刷，结构简单，转子的转动惯量较直流电动机小，使得动态响应好，而且输出功率较大（较直流电动机提高 10%～70%），因此在有些场合，交流伺服电动机已经取代了直流伺服电动机。交流伺服电动机分为交流永磁式伺服电动机和交流感应式伺服电动机。交流永磁式电动机相当于交流同步电动机，其具有较硬的机械特性及较宽的调速范围，常用于进给系统；交流感应式电动机相当于交流感应异步电动机，它与同容量的直流电动机相比，质量可减轻 1/2，价格仅为直流电动机的 1/3，常用于主轴伺服系统。
按控制原理分类	
按自动控制原理，伺服系统又可以分为开环控制伺服系统、闭环控制伺服系统和半闭环控制伺服系统。	
开环伺服系统	开环控制伺服系统结构简单、成本低廉、易于维护，但由于没有检测环节，系统精度低，抗干扰能力差。开环系统通常主要以步进电动机作为控制对象。在开环系统中只有前向通路，无反馈回路，CNC 装置生成的插补脉冲经驱动电路变换与放大后直接控制步进电动机的转动；步进电动机每接收一个指令脉冲，就旋转一个角度，因此脉冲频率决定了步进电动机的转速，进而控制工作台的运动速度；输出脉冲的数量控制工作台的位移，在步进电动机的轴上或工作台上无速度或位置反馈信号。数控机床开环伺服系统的典型结构如图 1-10 所示。 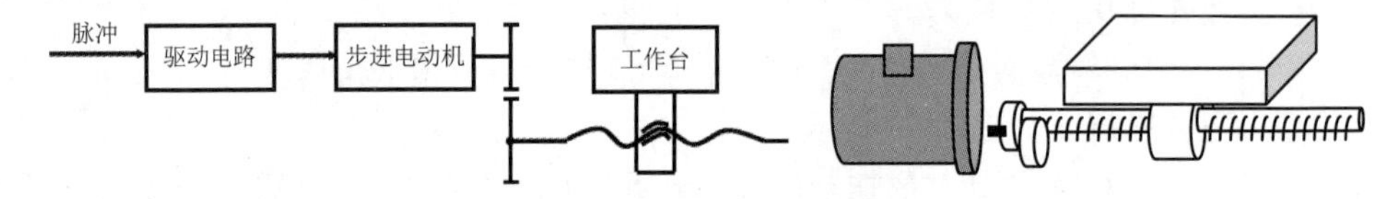 图 1-10 开环伺服系统的典型结构 开环伺服系统的特点： （1）无检测反馈装置。 （2）加工精度低，结构简单，成本较低。 （3）适用于对精度和速度要求不高的经济型、中小型数控系统。
闭环伺服系统	将位置检测装置装在移动部件上，直接测量移动部件的实际位移来进行位置反馈的进给系统，称为闭环伺服系统。闭环伺服系统能及时对输出进行检测，并根据输出与输入的偏差实时调整执行过程，因此系统精度高，但成本也大幅提高。数控机床闭环伺服系统的典型结构如图 1-11 所示。 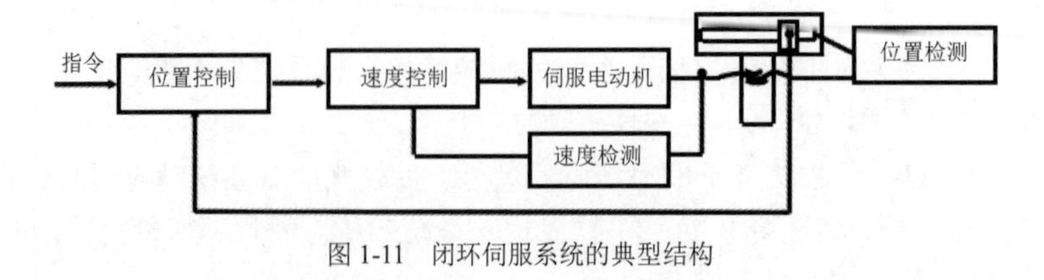 图 1-11 闭环伺服系统的典型结构

<table>
<tr><td></td><td>这是一个双闭环系统，内环是速度环，外环是位置环。速度环由速度调节器、电流调节器及功率驱动放大器等部分组成，利用测速发电动机、脉冲编码器等速度传感元件，作为速度反馈的测量装置。位置环是由 CNC 装置中位置控制、速度控制、位置检测与反馈控制等环节组成，用以完成对数控机床运动坐标轴的控制。数控机床运动坐标轴的控制不仅要完成单个轴的速度位置控制，而且在多轴联动时，要求各移动轴具有良好的动态配合精度，这样才能保证加工精度、表面粗糙度和加工效率。
闭环伺服系统的特点：
（1）由于它将机械传动机构部分如丝杠、螺母副等惯性环节放在闭环内，所以系统在设计、调试时比较麻烦。
（2）位置环内的许多机械传动环节的摩擦特性、刚性和间隙都是非线性的，故很容易造成系统的不稳定。
（3）精度高，取决于检测装置的精度，与传动链的误差无关。
（4）系统的设计、安装和调试都相当困难。
（5）适用于大型或比较精密的数控设备。</td></tr>
<tr><td>半闭环伺服系统</td><td>半闭环控制伺服系统的检测反馈环节位于执行机构的中间输出上，因此一定程度上提高了系统的性能。例如，在位移控制伺服系统中，为了提高系统的动态性能，增设的电动机速度检测和控制就属于半闭环控制环节。数控机床半闭环伺服系统的典型结构如图 1-12 所示，位置检测装置装在电动机或丝杠的端头，检测角位移，间接获得工作台的位移。
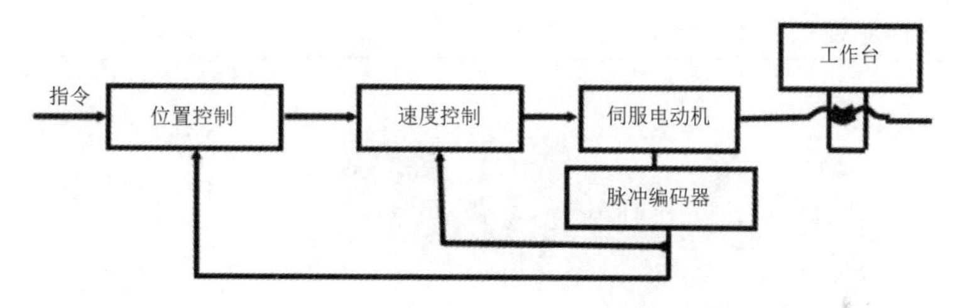

图 1-12　半闭环伺服系统的典型结构
半闭环伺服系统的特点：
（1）丝杠的螺距误差和齿轮间隙引起的运动误差难以消除。
（2）半闭环环路内不包括或只包括少量机械传动环节，因此可以获得稳定的控制性能。
（3）有位置检测反馈装置。
（4）精度较闭环差、较开环好，运动误差难以消除，但可以进行补偿。
（5）稳定性虽不如开环系统，但比闭环要好。
（6）适用于中小型数控机床。</td></tr>
<tr><td colspan="2">按反馈比较控制方式分类</td></tr>
<tr><td>脉冲、数字比较伺服系统</td><td>该系统是闭环伺服系统中的一种控制方式，它是将数控装置发出的数字（或脉冲）指令信号与检测装置测得的数字（或脉冲）形式的反馈信号直接进行比较，以产生位置误差，实现闭环控制。该系统结构简单、容易实现、整机工作稳定，因此得到广泛的应用。</td></tr>
<tr><td>相位比较伺服系统</td><td>该系统中位置检测元件采用相位工作方式，指令信号与反馈信号都变成某个载波的相位，通过相位比较来获得实际位置与指令位置的偏差，实现闭环控制。
该系统适用于感应式检测元件（如旋转变压器、感应同步器）的工作状态，同时由于载波频率高、响应快、抗干扰能力强，因此特别适合连续控制的伺服系统。</td></tr>
<tr><td>幅值比较伺服系统</td><td>该系统是以位置检测信号的幅值大小来反映机械位移的数值，并以此信号作为位置反馈信号，与指令信号进行比较获得位置偏差信号构成闭环控制。</td></tr>
<tr><td colspan="2">上述三种伺服系统中，相位比较伺服系统和幅值比较伺服系统的结构与安装都比较复杂，因此一般情况下选用脉冲、数字比较伺服系统，同时，相位比较伺服系统较幅值比较伺服系统应用得广泛一些。</td></tr>
</table>

全数字伺服系统	随着微电子技术、计算机技术和伺服控制技术的发展，伺服系统已开始采用高速、高精度的全数字伺服系统，使伺服控制技术从模拟方式、混合方式走向全数字方式。由位置、速度和电流构成的三环反馈全部数字化、软件处理数字 PID，柔性好，使用灵活。全数字控制使伺服系统的控制精度和控制品质大大提高。

子学习情境 1.2　伺服电动机的认知

伺服电动机的认知工作任务单

情　境	伺服电动机的认知和应用					
学习任务	子学习情境 1.2：伺服电动机的认知				完成时间	
任务完成	学习小组		组长		成员	
任务要求	掌握： 1．直流伺服电动机的结构和特性。 2．交流伺服电动机的组成。 3．交流伺服控制系统的组成。 4．伺服控制与变频控制的区别。					
任务载体和资料	图 1-13　伺服电动机与伺服驱动器			如图 1-13 所示是伺服电动机与伺服驱动器，请将伺服电动机与伺服驱动器的主体电路和控制电路读懂。 资料： 1．交、直流伺服电动机的结构和特点。 2．交、直流伺服电动机的工作原理。 3．伺服驱动器的作用。 4．伺服驱动器接口的功能。		
引导文	1．团队分析任务要求：讨论在完成本次任务前，你和你的团队缺少哪些必要的理论知识？ 2．伺服电动机的内部结构与普通的电动机相比，最大的特点是什么？ 3．伺服电动机尾部的编码器是用来干什么的？它的工作原理是什么？ 4．编码器的工作原理是什么？ 5．伺服驱动器的作用是什么？其各端子的功能是什么？ 6．伺服控制系统主电路和控制电路如何搭建？ 7．你已经具备完成此情境学习的所有资料了吗？如果没有，还缺少哪些？应该通过哪些渠道获得？ 8．通过引导文的指引，你和你的团队是否明白，实现本情境任务的学习，包括哪些具体任务？你们团队该如何分工合作，共同完成这项任务？ 9．将任务的实施情况（可以包括你学到的知识点和技能点、团队分工任务的完成情况等）整理成文档。 10．将你们的成果提交给指导教师，让其对任务完成情况进行检查。 11．就你们团队的知识、技能、能力和素质进行自我评价、互相评价和教师评价。正确认识自己的不足之处，取长补短，争取在下次任务训练中得到进步。					

学习目标	学习内容	任务准备
1．掌握伺服电动机的概念和特点。 2．掌握伺服电动机的工作原理。 3．掌握伺服控制系统的结构组成。 4．具有查阅资料的能力。 5．培养学生课程标准教学目标中的方法能力、社会能力，达成素质目标。	1．伺服电动机的概念及特点。 2．直流伺服电动机的结构和特性。 3．交流伺服电动机的结构、工作原理和控制方式。 4．伺服系统的构成。 5．伺服系统的搭建。	1．前期准备：网上查询伺服电动机工作原理的视频资料。 2．知识点储备：伺服系统概述的相关知识。

1　伺服电动机的概念及分类

伺服电动机的概念	
伺服电动机（Servo Motor）是指在伺服系统中控制机械元件运转的发动机。伺服电动机可以使控制速度、位置精度非常准确，可以将电压信号转化为转矩和转速以驱动控制对象。伺服电动机转子转速受输入信号控制，并能快速反应，在自动控制系统中用作执行元件，而且具有机电时间常数小、线性度高等特性，可以把所收到的电信号转换成电动机轴上的角位移或角速度输出。	
伺服电动机的特点	
伺服电动机的最大特点	有控制信号输入时，伺服电动机转动；没有控制信号输入时，它就停止转动。改变控制电压的大小和相位（或极性）就可以改变伺服电动机的转速和转向。
与普通电动机相比，伺服电动机的特点	（1）调速范围广。伺服电动机的转速随着控制电压改变，能在宽广的范围内连续调节。 （2）转子的惯性小，即能实现迅速启动、停转。 （3）控制功率小，过载能力强，可靠性好。
伺服电动机主要的性能特点	（1）电动机从最低速度到最高速度的调速范围内能够平滑运转，转矩波动要小，尤其在低速时无爬行现象。 （2）为了满足快速响应的要求，即随控制信号的变化，电动机应能在较短的时间内达到规定的速度。 （3）电动机应具有大的、长时间的过负荷能力，一般要求数分钟内过负荷 4～6 倍而不烧毁。 （4）电动机应能承受频繁启动、制动和反转的要求。
伺服电动机的分类	
直流伺服电动机	直流伺服电动机分为有刷电动机和无刷电动机。有刷电动机成本低，结构简单，启动转矩大，调速范围宽，控制容易，需要维护，但维护不方便，产生电磁干扰，对环境有要求。无刷电动机体积小，重量轻，出力大，响应快，速度高，惯量小，转动平滑，力矩稳定。
异步型交流伺服电动机	异步型交流伺服电动机指的是交流感应电动机。它有三相和单相之分，也有鼠笼式和线绕式，通常多用鼠笼式三相感应电动机。其结构简单，与同容量的直流电动机相比，质量轻 1/2，价格仅为直流电动机的 1/3。缺点是不能经济地实现范围很广的平滑调速，必须从电网吸收滞后的励磁电流，因而令电网功率因数变坏。这种鼠笼形转子的异步型交流伺服电动机简称为异步型交流伺服电动机，用 IM 表示。
同步型交流伺服电动机	同步型交流伺服电动机虽较感应电动机复杂，但比直流电动机简单。它的定子与感应电动机一样，都在定子上装有对称三相绕组。而转子却不同，按不同的转子结构又分为电磁式和非电磁式两大类。非电磁式又分为磁滞式、永磁式和反应式三种。其中，磁滞式和反应式同步电动机存在效率低、功率因数较差、制造容量不大等缺点。数控机床中多用永磁式同步

	电动机。与电磁式相比，永磁式的优点是结构简单、运行可靠、效率较高；缺点是体积大、启动特性欠佳。但永磁式同步电动机采用高剩磁感应、高矫顽力的稀土类磁铁后，可以比直流电动机的外形尺寸约小 1/2，质量减轻 60%，转子惯量减到直流电动机的 1/5。它与异步电动机相比，由于采用了永磁铁励磁，消除了励磁损耗及有关的杂散损耗，所以效率高。又因为没有电磁式同步电动机所需的集电环和电刷等，其机械可靠性与感应（异步）电动机相同，而功率因数却大大高于异步电动机，从而使永磁同步电动机的体积比异步电动机小些。这是因为在低速时，感应（异步）电动机由于功率因数低，输出同样的有功功率时，它的视在功率却要大得多，而电动机主要尺寸是据视在功率而定的。

2 交流伺服电动机

交流伺服电动机的结构
交流伺服电动机通常都是单相异步电动机，有鼠笼形转子（图 1-14）和杯形转子（图 1-15）两种结构形式。与普通电动机一样，交流伺服电动机也由定子和转子构成。定子上有两个绕组，即励磁绕组和控制绕组，两个绕组在空间相差 90°电角度。固定和保护定子的机座一般用硬铝或不锈钢制成。笼型转子交流伺服电动机的转子和普通三相笼式电动机相同。杯形转子交流伺服电动机的结构由外定子、杯形转子和内定子三部分组成。它的外定子与笼型转子交流伺服电动机相同，转子则由非磁性导电材料（如铜或铝）制成空心杯形状，杯子底部固定在转轴上。空心杯的壁很薄（小于 0.5mm），因此转动惯量很小。内定子由硅钢片叠压而成，固定在一个端盖上，内定子上没有绕组，仅作磁路用。电动机工作时，内、外定子都不动，只有杯形转子在内、外定子之间的气隙中转动。对于输出功率较小的交流伺服电动机，常将励磁绕组和控制绕组分别安放在内、外定子铁芯的槽内。 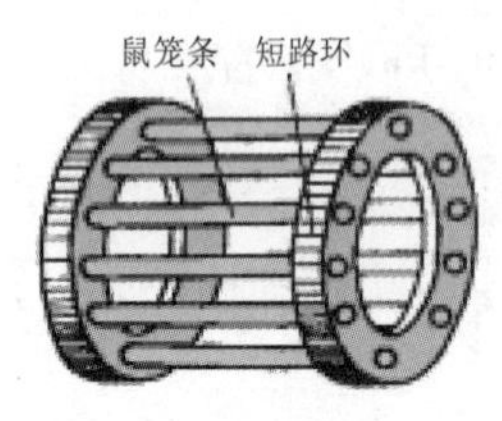 图 1-14 鼠笼形转子 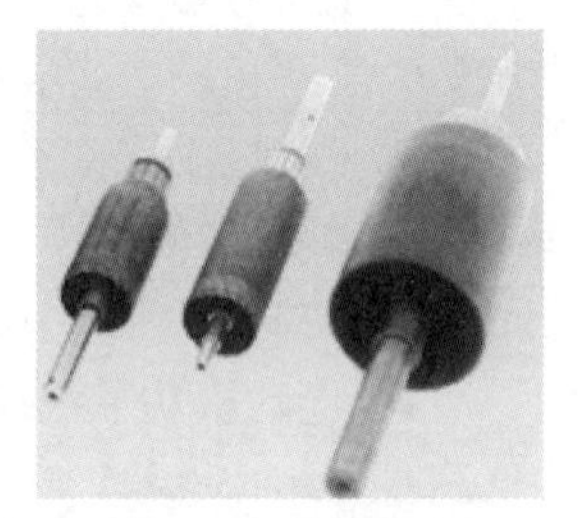 图 1-15 杯形转子
电动机主要部件包括机座、铁芯、绕组、端盖、轴承、离心开关或启动继电器和 PTC 启动器、铭牌。单相异步电动机结构图如图 1-16 所示。 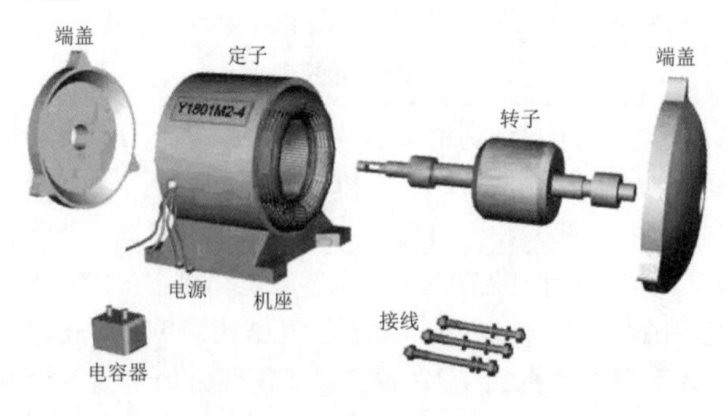 图 1-16 单相异步电动机结构图 （1）机座。机座结构随电动机冷却方式、防护形式、安装方式和用途而异。按其材料分类，有铸铁、铸铝和钢板结构等几种。铸铁机座带有散热筋。机座与端盖连接，用螺栓紧固。铸铝机座一般不带有散热筋。钢板结构机座是由厚为 1.5～2.5mm 的薄钢板卷制、焊接而成，再焊上钢板冲压件的底脚。有的专用电动机的机座相当特殊，如电冰箱的电动机，它通常与压缩机一起装在一个密封的罐子里。而洗衣机的电动机，包括甩干机的电动机，均无机座，端盖直接固定在定子铁芯上。

（2）铁芯。铁芯包括定子铁芯和转子铁芯，作用与三相异步电动机一样，是用来构成电动机的磁路。

（3）绕组。单相异步电动机定子绕组常做成两相：主绕组（工作绕组）和副绕组（启动绕组）。两种绕组的中轴线错开一定的电角度。其目的是改善启动性能和运行性能。定子绕组多采用高强度聚脂漆包线绕制。转子绕组一般采用笼型绕组，常用铝压铸而成。

（4）端盖。对应于不同的机座材料，端盖也有铸铁件、铸铝件和钢板冲压件。

（5）轴承。轴承有滚珠轴承和含油轴承。

（6）离心开关或启动继电器和 PTC 启动器。

1）离心开关。在单相异步电动机中，除了电容运转电动机外，在启动过程中，当转子转速达到同步转速的 70%左右时，常借助于离心开关，切除单相电阻启动异步电动机和电容启动异步电动机的启动绕组，或者切除电容启动及运转异步电动机的启动电容器。离心开关一般安装在轴伸端盖的内侧。

2）启动继电器。有些电动机，如电冰箱电动机，由于它与压缩机组装在一起，并放在密封的罐子里，不便于安装离心开关，就用启动继电器代替。继电器的吸铁线圈串联在主绕组回路中，启动时，主绕组电流很大，衔铁动作使串联在副绕组回路中的动合触点闭合。于是副绕组接通，电动机处于两相绕组运行状态。随着转子转速上升，主绕组电流不断下降，吸引线圈的吸力下降。当到达一定的转速时，电磁铁的吸力小于触点的反作用弹簧的拉力，触点被打开，副绕组就脱离电源。

3）PTC 启动器。最新式的启动元件是 PTC，它是一种能“通”或“断”的热敏电阻。PTC 热敏电阻是一种新型的半导体元件，可以用作延时型启动开关。使用时，将 PTC 元件与电容启动或电阻启动电动机的副绕组串联。在启动初期，因 PTC 热敏电阻尚未发热，阻值很低，副绕组处于通路状态，电动机开始启动。随着时间的推移，电动机的转速不断增加，PTC 元件的温度因本身的焦耳热而上升，当超过居里点 T_c（即电阻急剧增加的温度点），电阻剧增，副绕组电路相当于断开，但还有一个很小的维持电流，并有 2～3W 的损耗，使 PTC 元件的温度维持在居里点 T_c 值以上。当电动机停止运行后，PTC 元件温度不断下降，约 2～3min 其电阻值降到 T_c 点以下，这时又可以重新启动，这一时间正好是电冰箱和空调机所规定的两次开机间的停机时间。PTC 启动器的优点：无触点，运行可靠，无噪、无电火花，防火、防爆性能好，耐振动，耐冲击，体积小，重量轻，价格低。

（7）铭牌。包括电动机名称、型号、标准编号、制造厂名、出厂编号、额定电压、额定功率、额定电流、额定转速、绕组接法、绝缘等级等。

交流伺服电动机的工作原理

交流伺服电动机的工作原理和单相感应电动机无本质上的差异，如图 1-17 所示，电动机定子上有两相绕组，一相叫励磁绕组 f，接到交流励磁电源 U_f 上；另一相为控制绕组 C，接入控制电压 U_c，两个绕组在空间上互差 90°电角度，励磁电压 U_f 和控制电压 U_c 频率相同。

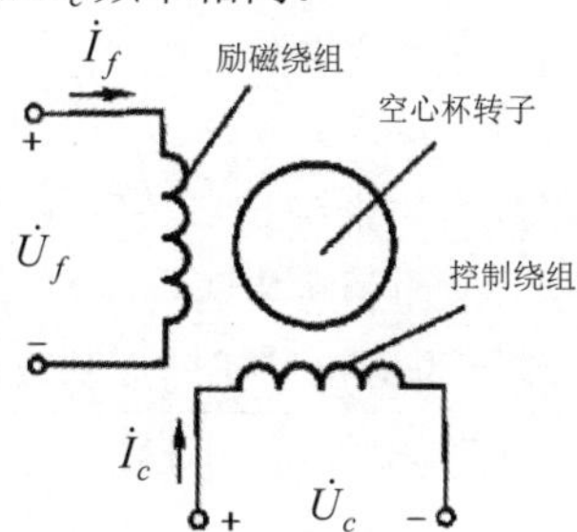

图 1-17　交流伺服电动机工作原理图

交流伺服电动机的工作原理与单相异步电动机有相似之处。当交流伺服电动机的励磁绕组接到励磁电压 U_f 上，若控制绕组加上的控制电压为 0V 时（即无控制电压），所产生的是脉动磁通势，所建立的是脉振磁场，电动机无启动转矩；当控制绕组加上的控制电压 $U_c \neq 0V$，而且产生的控制电流与励磁电流的相位不同时，建立起椭圆形旋转磁场，于是产生启动转矩，电动机转子转动起来。如果电动机参数与一般的单相异步电动机一样，那么当控制信号消失时，电动机转速虽会下降些，但仍会继续不停地转动。伺服电动机在控制信号消失后仍继续旋转的失控现象称为“自转”。怎么样消除“自转”这种失控现象呢？

从单相异步电动机理论可知，单相绕组通过电流产生的脉动磁场可以分解为正向旋转磁场和反向旋转磁场。正向旋转磁场产生正转矩 T_+，起拖动作用；反向旋转磁场产生负转矩 T_-，起制动作用，正转矩 T_+ 和负转

矩 T_-与转差率 S 的关系如图 1-18 虚线所示，电动机的电磁转矩 T 应为正转矩 T_+和负转矩 T_-的合成，在图 1-18 中用实线表示。

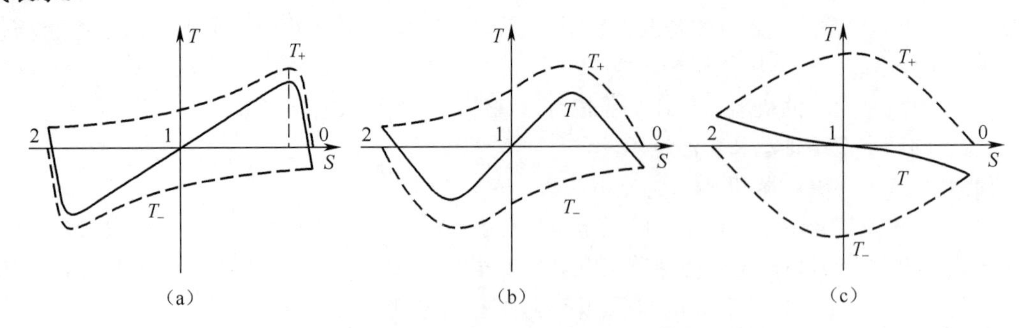

图 1-18 交流伺服电动机自转的消除

交流伺服电动机的电动机参数与一般的单相异步电动机一样，转子电阻较小，其机械特性如图 1-18（a）所示。当电动机正向旋转时，$S_+<1$，$T_+> T_-$，合成转矩即电动机电磁转矩 $T = T_+ - T_- >0$，所以，即使控制电压消失后，即 $U_c= 0$，电动机在只有励磁绕组通电的情况下运行，仍有正向电磁转矩，电动机转子仍会继续旋转，只不过电动机转速稍有降低而已，于是产生“自转”现象而失控。

“自转”的原因是控制电压消失后，电动机仍有与原转速方向一致的电磁转矩。消除“自转”的方法是消除与原转速方向一致的电磁转矩，同时产生一个与原转速方向相反的电磁转矩，使电动机在 $U_c= 0$ 时停止转动。

可以通过增加转子电阻的办法来消除“自转”。增加转子电阻后，正向旋转磁场所产生的最大转矩 T_{m+}的临界转差率 S_{m+}为：

$$S_{m+} \approx \frac{r_2'}{x_1 + x_2'}$$

S_{m+}随转子电阻 r_2' 的增加而增加，而反向旋转磁场所产生的最大转矩对应的转差率 $S_m = 2 - S_{m+}$ 相应减小，合成转矩即电动机电磁转矩则相应减小，如图 1-18（b）所示。如果继续增加转子电阻，使正向磁场产生最大转矩时的 $S_{m+} \geqslant 1$，正向旋转的电动机在控制电压消失后的电磁转矩为负值，即为制动转矩，使电动机制动到停止；若电动机反向旋转，则在控制电压消失后的电磁转矩为正值，也为制动转矩，也使电动机制动直至停止，从而消除“自转”现象，如图 1-18（c）所示。所以，要消除交流伺服电动机的“自转”现象，在设计电动机时，必须满足：

$$S_{m+} \approx \frac{r_2'}{x_1 + x_2'} \geqslant 1$$

$$r_2' \geqslant x_1 + x_2'$$

即 $$r_2' \geqslant x_2'$$

增大转子电阻 r_2'，使 $r_2' \geqslant x_1 + x_2'$，不仅可以消除“自转”现象，还可以扩大交流伺服电动机的稳定运行范围。但转子电阻过大，会降低启动转矩，从而影响快速响应性能。

交流伺服电动机的控制方式	
幅值控制	只使控制电压的幅值变化，而控制电压和励磁电压的相位差保持 90°不变，这种控制方法叫作幅值控制。 当控制电压为 0 时，伺服电动机静止不动；当控制电压和励磁电压都为额定值时，伺服电动机的转速达到最大值，转矩也最大；当控制电压在 0 到最大值之间变化，而且励磁电压取额定值时，伺服电动机的转速在 0 和最大值之间变化。
相位控制	在控制电压和励磁电压都是额定值的条件下，通过改变控制电压和励磁电压的相位差来对伺服电动机进行控制的方法叫作相位控制。 用 θ 表示控制电压和励磁电压的相位差。当控制电压和励磁电压同相位时，即 $\theta = 0°$，气隙磁动势为脉动磁动势，电动机静止不动；当相位差 $\theta = 90°$ 时，气隙磁动势为圆形旋转磁动势，电动机的转速和转矩都达到最大值；当 $0° < \theta < 90°$ 时，气隙磁动势为椭圆形旋转磁动势，电动机的转速处于最小值和最大值之间。

<table>
<tr>
<td>幅相控制（又称电容控制）</td>
<td colspan="2">幅相控制是上述两种控制方法的综合运用，电动机转速的控制是通过改变控制电压和励磁电压的相位差及它们的幅值大小来实现的，其电路如图 1-19 所示。当改变控制电压的幅值时，励磁电流随之改变，励磁电流的改变引起电容两端的电压变化，此时控制电压和励磁电压的相位差发生变化。
幅相控制的电路图结构简单，不需要移相器，实际应用比其他两种方法广泛。
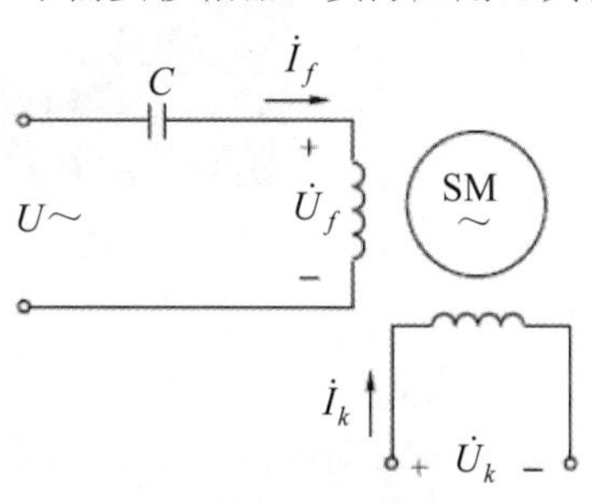

图 1-19　幅相控制电路图</td>
</tr>
<tr>
<td colspan="3">交流伺服电动机控制系统构成</td>
</tr>
<tr>
<td rowspan="2">编码器</td>
<td colspan="2">交流伺服电动机控制系统主要由交流伺服电动机和伺服驱动器两部分组成。伺服电动机的控制精度取决于编码器（encoder）的精度。编码器安装在电动机的后端，其转盘（光栅）与电动机同轴。编码器是将信号（如比特流）或数据进行编制、转换为可以用来进行通信、传输和存储的信号形式的设备。编码器把角位移或直线位移转换成电信号，按照工作原理，编码器可以分为增量式和绝对式两类。</td>
</tr>
<tr>
<td>增量式编码器</td>
<td>增量式编码器是将位移转换成周期性的电信号，再把这个电信号转变成计数脉冲，用脉冲的个数表示位移的大小。增量式编码器结构图如图 1-20 所示，输入轴上装有玻璃制的编码圆盘，圆盘上印刷有能够遮住光的黑色条纹，圆盘两侧有一对光源和受光元件，此外中间还有一个叫作分度尺的东西。圆盘转动时，遇到玻璃等透明的地方光就会通过，遇到黑色条纹光就会被遮住，受光元件将光的有无转变为电信号后就成为脉冲（反馈脉冲）。例如，三菱伺服电动机的编码器的分辨率是 131072/转。也就是说，电动机旋转一周，编码器能够输出 131072 个脉冲。编码器输出的脉冲反馈到伺服驱动器上，构成一个闭环回路，来测量伺服电动机的运行状况。
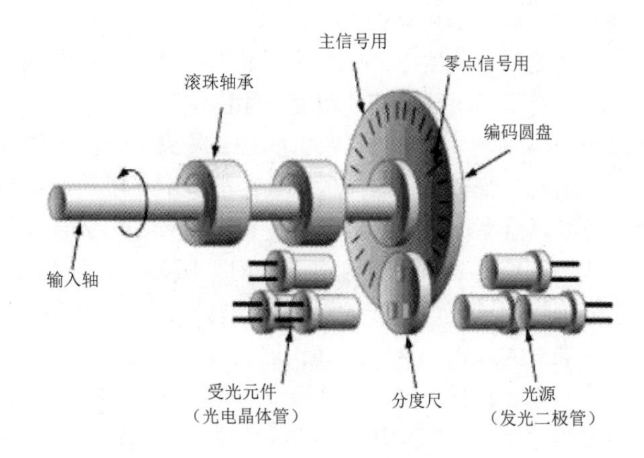

图 1-20　增量式编码器结构图
“圆盘上条纹的密度=伺服电动机的分辨率”即“每转的脉冲数”，根据条纹可以掌握圆盘的转动量。同时，表示转动量的条纹中还有表示转动方向的条纹，此外还有表示每转基准（叫作“零点”）的条纹，此脉冲每转输出一次，叫作“零点信号”。根据这三种条纹，即可掌握圆盘即伺服电动机的位置、转动量和转动方向，编码器工作原理如图 1-21 所示。</td>
</tr>
</table>

<table>
<tr>
<td></td>
<td></td>
<td>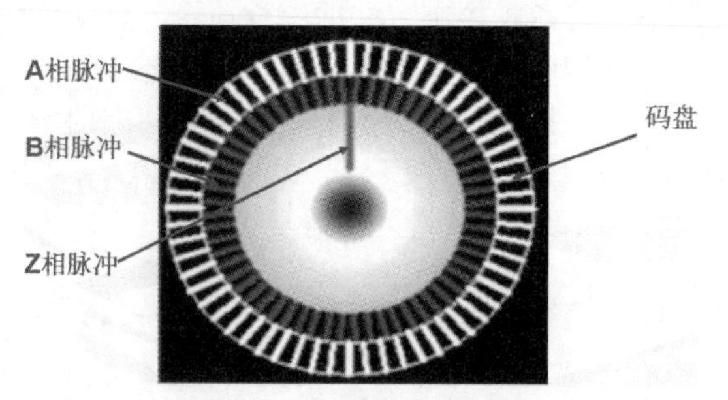

图 1-21 编码器的工作原理
增量式编码器转动时会输出脉冲，通过计数设备来知道其位置，当编码器不动或停电时，依靠计数设备的内部记忆来记住位置。这样当停电后，编码器不能有任何的移动，当来电工作时，在编码器输出脉冲的过程中，也不能有干扰而丢失脉冲，不然，计数设备记忆的零点就会偏移，而且这种偏移的量是无从知道的，只有错误的生产结果出现后才能知道。
解决的方法是增加参考点，编码器每经过参考点，将参考位置修正，然后传给计数设备的记忆位置。在参考点以前，是不能保证位置的准确性的。为此，在工控中就有每次操作先找参考点、开机找零等方法。
例如，打印机扫描仪的定位就是用的增量式编码器原理，每次开机，我们都能听到噼哩啪啦的一阵响，那是它在找参考零点，然后才开始工作。</td>
</tr>
<tr>
<td></td>
<td>绝对式编码器</td>
<td>绝对式编码器的每一个位置对应一个确定的数字码，因此它的示值只与测量的起始和终止位置有关，而与测量的中间过程无关。
绝对式旋转光电编码器，因其每一个位置绝对唯一、抗干扰、无需掉电记忆，已经越来越广泛地应用于各种工业系统中的角度测量、长度测量和定位控制。
绝对编码器码盘上有许多道刻线，每道刻线依次以 2 线、4 线、8 线、16 线等编排，这样，在编码器的每一个位置，通过读取每道刻线的“通”和“暗”，获得一组从 2 的零次方到 2 的 n-1 次方的唯一的二进制编码（格雷码），这就称为 n 位绝对编码器。这样的编码器是由码盘的机械位置决定的，它不受停电、干扰的影响。
绝对编码器由机械位置决定的每个位置的唯一性，它无需记忆，无需找参考点，而且不用一直计数，什么时候需要知道位置，什么时候就去读取它的位置。这样，编码器的抗干扰特性、数据的可靠性大大提高了。
由于绝对编码器在定位方面明显地优于增量式编码器，已经越来越多地应用于伺服电动机上。绝对型编码器因其高精度，输出位数较多，如仍用并行输出，其每一位输出信号必须确保连接得很好，对于较复杂工况还要隔离，连接电缆芯数多，由此带来诸多不便和降低可靠性，因此，绝对编码器在多位数输出型中一般均选用串行输出或总线型输出，德国生产的绝对型编码器串行输出最常用的是 SSI（Synchronous Serial Interface，同步串行输出）。
从单圈绝对式编码器到多圈绝对式编码器，旋转单圈绝对式编码器以转动中测量光码盘各道刻线，以获取唯一的编码，当转动超过 360°时，编码又回到原点，这样就不符合绝对编码唯一的原则，这样的编码器只能用于旋转范围 360°以内的测量，称为单圈绝对式编码器。如果要测量旋转超过 360°的范围，就要用到多圈绝对式编码器。
编码器生产厂家运用钟表齿轮机械的原理，当中心码盘旋转时，通过齿轮传动另一组码盘（或多组齿轮、多组码盘），在单圈编码的基础上再增加圈数的编码，以扩大编码器的测量范围，这样的绝对编码器就称为多圈式绝对编码器，它同样是由机械位置确定编码的，每个位置编码唯一、不重复，而无需记忆。
多圈编码器另一个优点是由于测量范围大，实际使用往往富裕较多，这样在安装时不必要费劲找零点，将某一中间位置作为起始点就可以了，大大简化了安装调试的难度。多圈式绝对编码器在长度定位方面的优势明显，欧洲新出来的伺服电动机基本上都采用多圈绝对式编码器。</td>
</tr>
</table>

<table>
<tr><td rowspan="2"></td><td>两种编码器的区别</td><td>“增量”与“绝对”是指编码器是增量式还是绝对式。增量式只能记住它自己走了多少步，当然，还会有一个原点。在开机后第一次走过原点以前，它是不知道自己的位置在什么地方的。而绝对编码器只要上电就能知道自己现在所处的位置。绝对编码器需要刻更多的线，成本更高，性能更好，所以贵。</td></tr>
</table>

伺服驱动器	伺服驱动器（Servo Drive）又称为“伺服控制器”“伺服放大器”，是用来控制伺服电动机的一种控制器，其作用类似于变频器作用于普通交流马达，主要应用于高精度的定位系统。一般是通过位置、速度和力矩三种方式对伺服电动机进行控制，实现高精度的传动系统定位，目前是传动技术的高端产品。主流的伺服驱动器均采用数字信号处理器（DSP）作为控制核心，可以实现比较复杂的控制算法，实现数字化、网络化和智能化。功率器件普遍采用以智能功率模块（IPM）为核心设计的驱动电路，IPM 内部集成了驱动电路，同时具有过电压、过电流、过热、欠压等故障检测保护电路，在主回路中还加入软启动电路，以减小启动过程对驱动器的冲击。功率驱动单元首先通过三相全桥整流电路对输入的三相电或市电进行整流，得到相应的直流电。经过整流好的三相电或市电，再通过三相正弦 PWM 电压型逆变器变频来驱动三相永磁式同步交流伺服电动机。简单地说，功率驱动单元的整个过程就是 AC-DC-AC 的过程。整流单元（AC-DC）主要的拓扑电路是三相全桥不控整流电路。 伺服驱动器是现代运动控制的重要组成部分，被广泛应用于工业机器人及数控加工中心等自动化设备中，尤其是应用于控制交流永磁同步电动机的伺服驱动器已经成为国内外的研究热点。当前交流伺服驱动器设计中普遍采用基于矢量控制的电流、速度、位置三闭环控制算法。该算法中速度闭环设计合理与否，对于整个伺服控制系统，特别是对速度控制性能的发挥起着关键作用。交流伺服电动机控制系统接线图如图 1-22 所示。 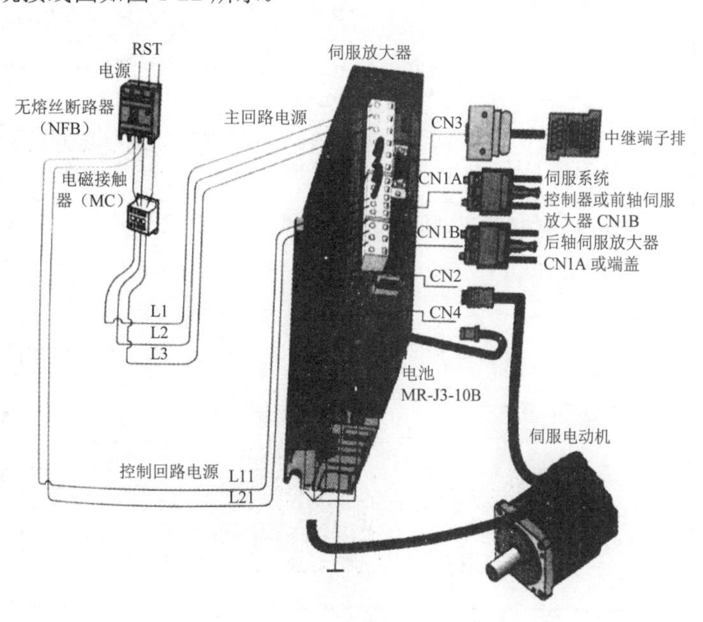 图 1-22　交流伺服电动机控制系统接线图

3　直流伺服电动机

直流伺服电动机具有良好的启动、制动和调速特性，可以很方便地在宽范围内实现平滑无级调速，故多应用于对调速性能要求较高的生产设备中。	
直流伺服电动机的结构与工作原理	
直流伺服电动机的分类	直流伺服电动机按结构可以分为传统型直流伺服电动机、盘形电枢直流伺服电动机、空心杯电枢直流伺服电动机、无槽电枢直流伺服电动机。

<table>
<tr><td rowspan="4">直流伺服电动机的结构</td><td>传统型直流伺服电动机</td><td>直流伺服电动机的结构和普通小功率直流电动机结构相同。传统型直流伺服电动机的结构形式和普通直流电动机基本相同，也是由定子、转子两大部分组成，按照励磁方式不同，又可以分为永磁式（代号 SY）和电磁式（代号 SZ）两种：永磁式直流伺服电动机是在定子上装置由永久磁铁做成的磁极，其磁场不能调节；电磁式直流伺服电动机的定子通常由硅钢片冲制叠装而成，磁极和磁轭整体相连，在磁极铁盘形电枢芯上套有励磁绕组，如图 1-23 所示。 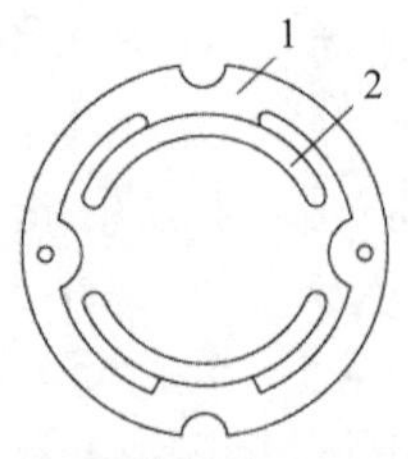
图 1-23 传统型伺服电动机的定子结构
1—磁轭 2—磁极</td></tr>
<tr><td>盘形电枢直流伺服电动机</td><td>盘形电枢直流伺服电动机的结构如图 1-24 所示。 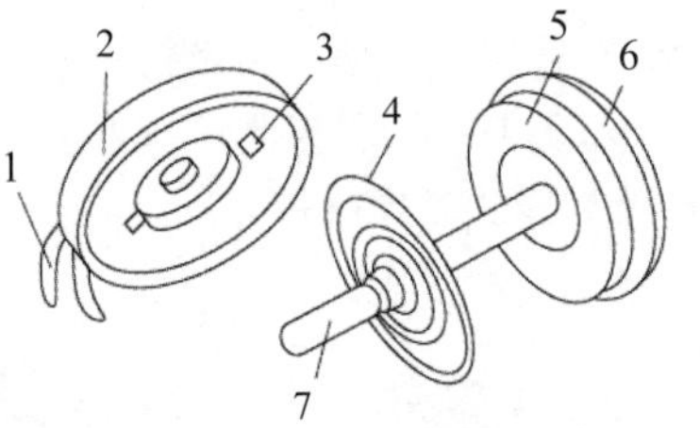
图 1-24 盘型电枢直流伺服电动机结构
1—引线 2—前盖 3—电刷 4—盘型电枢 5—磁钢 6—后盖 7—转轴</td></tr>
<tr><td>空心杯电枢直流伺服电动机</td><td>空心杯电枢直流伺服电动机的结构如图 1-25 所示。 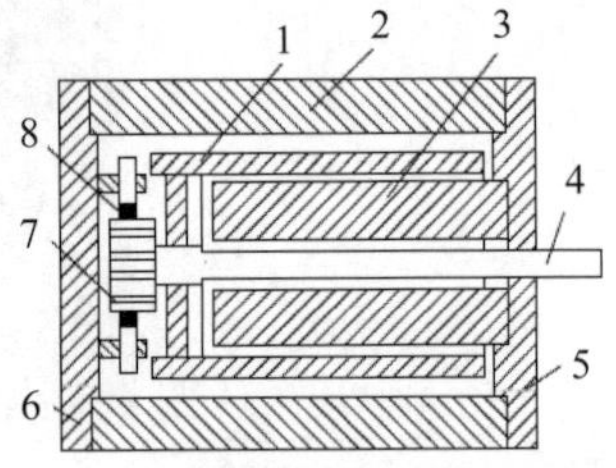
图 1-25 空心杯电枢直流伺服电动机结构
1—磁极 2—定子 3—转子 4—电枢绕组 5—后盖 6—前盖 7—换向器 8—电刷</td></tr>
<tr><td>无槽电枢直流伺服电动机</td><td>无槽电枢直流伺服电动机的结构如图 1-26 所示。 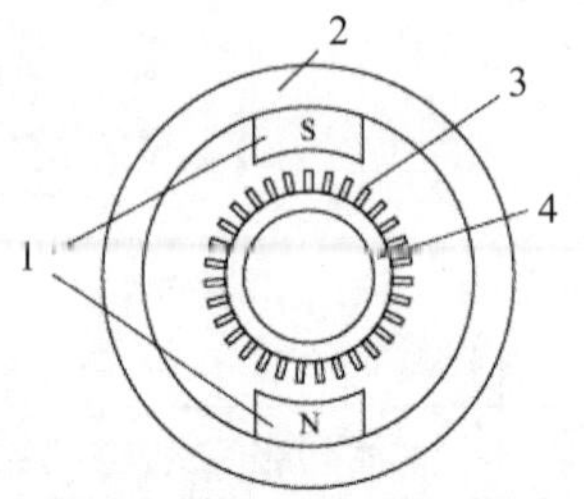
图 1-26 无槽电枢直流伺服电动机结构
1—电枢 2—外定子 3—内定子 4—转轴</td></tr>
</table>

<table>
<tr><td>直流伺服电动机的工作原理</td><td>直流伺服电动机的工作原理与一般直流电动机的工作原理完全相同，他励直流电动机转子上的载流导体（即电枢绕组），在定子磁场中受到电磁转矩的作用，使电动机转子旋转。</td></tr>
<tr><td colspan="2">直流伺服电动机的控制方式和控制特性</td></tr>
<tr><td>直流伺服电动机的控制方式</td><td>直流伺服电动机的控制方式有两种：一种称为电枢控制，在电动机的励磁绕组上加上恒压励磁，将控制电压作用于电枢绕组上进行控制；另一种称为磁场控制，在电动机的电枢绕组上施加恒压，将控制电压作用于励磁绕组上进行控制。
由于电枢控制的特性好，电枢控制中回路电感小、响应快，故在自动控制系统中多采用电枢控制。
在电枢控制方式下，作用于电枢的控制电压为 U_c，励磁电压 U_f 保持不变，如图 1-27 所示。
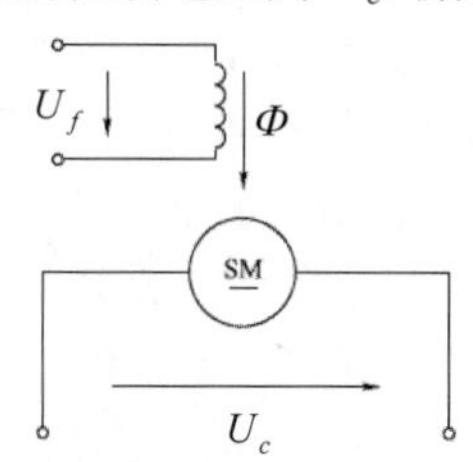

图 1-27　电枢控制的直流伺服电动机原理图
直流伺服电动机的机械特性表达式为：
$$n=\frac{U_c}{C_e\Phi}-\frac{R_a}{C_eC_T\Phi^2}T_{em}$$
式中，C_e 为电势常数；C_T 为转矩常数；R_a 为电枢回路电阻；Φ 为主磁通；U_c 为电枢电压。
由于直流伺服电动机的磁路一般不饱和，我们可以不考虑电枢反应，认为主磁通 Φ 大小不变。
由机械特性表达式可知，调节电动机的转速有三种方法：
（1）改变电枢电压 U_c。调速范围较大，直流伺服电动机常用此方法调速。
（2）改变磁通量 Φ。改变励磁回路的电阻 R_f 以改变励磁电流 I_f，可以达到改变磁通量的目的。调磁调速因其调速范围较小常常作为调速的辅助方法，而主要的调速方法是调压调速。若采用调压与调磁两种方法互相配合，可以获得很宽的调速范围，又可以充分利用电动机的容量。
（3）在电枢回路中串联调节电阻 R_t，此时有：
$$n=[U-I_a(R_a+R_t)]/K_e$$
由表达式可知，在电枢回路中串联电阻的办法只能调低转速，而且电阻上的铜损较大，这种办法并不经济，仅用于较少的场合。</td></tr>
<tr><td>直流伺服电动机的机械特性</td><td>伺服电动机的机械特性，是指控制电压一定时转速随转矩变化的关系。当作用于电枢回路的控制电压 U_c 不变时，转矩 T 增大，转速 n 降低，转矩的增加与电动机的转速降低成正比，转矩 T 与转速 n 之间呈线性关系，在不同控制电压作用下的机械特性如图 1-28 所示。
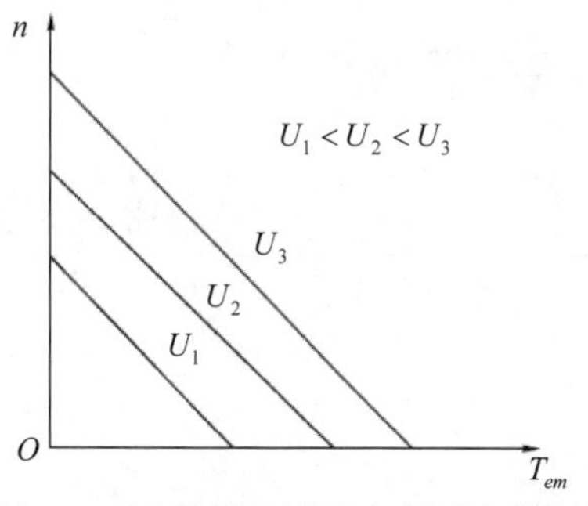

图 1-28　电枢控制直流伺服电动机的机械特性</td></tr>
</table>

<table>
<tr><td></td><td>其机械特性表达式为：
$$n=\frac{U_c}{K_e}-\frac{R_a}{K_eK_T}T_{em}$$
电枢控制直流伺服电动机时，电枢绕组为控制绕组，机械特性表达式可以写成：电枢控制直流伺服电动机的机械特性 $n=f(T_{em})$ 和调节特性 $n=f(U_c)$ 。
直流伺服电动机的机械特性的特点有：
（1）机械特性是线性关系，转速随输出转矩的增加而降低。
（2）电磁转矩等于 0 时，直流伺服电动机的转速最高。
（3）曲线的斜率反映直流伺服电动机的转速随转矩变化而变化的程度，又称为特性硬度。
（4）随着电枢控制电压的变化，特性曲线平行移动但斜率保持不变。</td></tr>
<tr><td>直流伺服电动机的调节特性</td><td>伺服电动机的调节特性是指在一定的负载转矩下，电动机稳态转速随控制电压变化的关系。当电动机的转矩 T 不变时，控制电压的增加与转速的增加成正比，转速 n 与控制电压 U_c 也呈线性关系。不同转矩时的调节特性如图 1-29 所示。由图 1-29 可知，当转速 n=0 时，不同转矩 T 所需要的控制电压 U_c 也是不同的，只有当电枢电压大于这个电压值时，电动机才会转动，调节特性与横轴的交点所对应的电压值称为始动电压。当负载转矩 T_L 不同时，启动电压也不同，T_L 越大，启动电压越高，死区越大。负载越大，死区越大，伺服电动机不灵敏，所以不可带太大负载。直流伺服电动机的机械特性和调节特性的线性度好，调整范围大，启动转矩大，效率高。缺点是电枢电流较大，电刷和换向器维护工作量大，接触电阻不稳定，电刷与换向器之间的火花有可能对控制系统产生干扰。
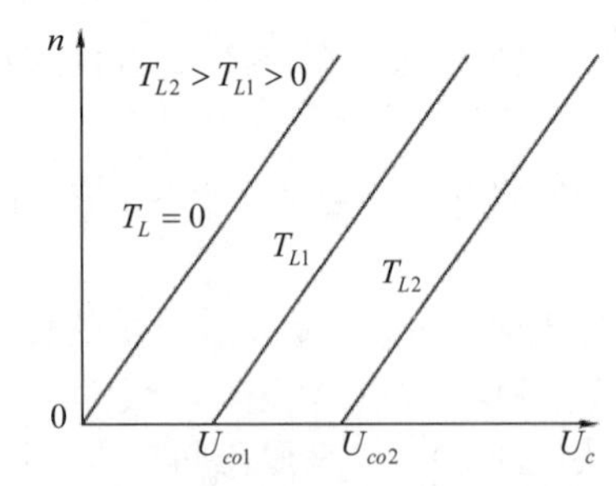

图 1-29　电枢控制直流伺服电动机的调节特性
直流伺服电动机调节特性的特点有：
（1）当负载转矩一定时，转速与控制电压为线性关系，即控制电压增加，转速增加。
（2）启动时，不同的负载转矩需有不同的启动电压 U_{c0} 。当控制电压小于启动电压 U_{c0} 时，电枢控制直流伺服电动机就不会启动。
（3）启动电压与负载转矩成正比。
（4）曲线的斜率反映直流伺服电动机的转速随控制电压变化而变化的程度，也称为调节特性硬度。
（5）随着电枢控制电压的变化，特性曲线平行移动，但斜率保持不变。</td></tr>
</table>

4　变频控制与伺服控制的区别

用途和规格的区别
（通用）变频器与（通用）伺服在使用目的、功能方面存在本质上的差异。选择哪一个取决于运行模式、负载条件、价格等因素，见表 1-1。

表 1-1　（通用）变频器和（通用）伺服的区别

比较项目	（通用）变频器	（通用）伺服
控制用途	控制对象为比较缓和的稳定状态	要求进行过渡性的高速、高精度控制的用途
控制功能	基本上以速度控制模式为对象	适用于位置控制、速度控制和转矩控制的各种模式
多台电动机的运行	一台变频器可以驱动多台电动机	原则上一台伺服放大器驱动一台电动机
价格	（比较）低	（比较）高
响应性能（越高越好）	低，30rad/s 以下	高，200～1500rad/s 左右
停止精度	最高可达 100μm 左右	最高可达 1μm 左右
启动/停止频率（可启动/停止的次数）	20 次/min 以下	20～600 次/min 左右
速度变化率	大，由于没有速度反馈，会受到负载变化等的影响	小，由于有速度反馈，可以排除负载变化等的影响
连续运行范围（100%负载下连续运行）	小，1110 左右	大，115000 左右
最大转矩（额定转矩比）	150%左右	300%左右

基本构成的比较

大致分为进行电力变换的主回路和指示如何进行变换的控制回路。

主回路	变频器与伺服的构成基本相同。 两者的区别在于伺服中增加了称为动态制动器的部件。停止时，该部件能吸收伺服电动机积蓄的惯性能量，对伺服电动机进行制动，发出动作的指令信号。
控制回路	与变频器相比，伺服的构成相当复杂。为了实现伺服机构，需要复杂的反馈、控制模式切换、限制（电流/速度/转矩）等功能。

应用对象和场景的区别

一般的变频驱动系统，解决的是为设备机电系统提供机械传动所需动力的问题，用以驱动负载产生速度、压力，有时也会用于实现简单的位置控制；而伺服系统的目的则是给系统提供高动态、高精度的位置、速度或转矩/力的控制。正是这种在应用对象上的巨大差别，让这两种“变频驱动”系统在很多方面都表现出极大的差异。具体来说，可以从以下几个方面进行比较。

控制接口	普通变频驱动系统对于速度、压力、位置等应用对象在指令更新的时间精度上往往并没有太高的要求，这当然与其相对较低的应用精度有很大的关系。新的控制指令数据要晚几个毫秒送达，对驱动性能的影响几乎可以不用考虑；输入指令的刷新周期出现几毫秒甚至几十毫秒的偏差，基本上也是可以接受的。因此，我们可以看到以往的变频器通常会采用模拟量或现场总线作为其控制指令的输入端口；而尽管现在以太网技术在变频器产品中已经越来越普及，但却也很少有使用实时以太网的。 而伺服系统就不同了，较高的控制精度要求其必须将每次指令更新的时间刻度精确到微秒级，并能够以极为确定的时间周期进行实时的数据交互。否则，失之毫厘便会谬以千里，无法达到所需的运动控制性能。这就是为什么长期以来，伺服驱动器都需要使用高频脉冲串和专用运控总线作为控制输入的一个重要原因；而如果要将以太网作为伺服驱动的控制端口，则必须采用具备时间确定性的实时以太网技术。
动态特性	在自动化应用中，只要是闭环控制系统，就需要能够在一定的时间窗口内对应用负载端的动作偏差作出反应并及时调节，变频驱动如此，交流伺服也是一样。但由于伺服系统常常需要应对较高的控制精度，必须能以更快的速度对更加细微的误差作出响应，因此其响应调节的时间周期也就必须更短，通常都得是毫秒甚至微秒级的。与此相对应，很多伺服产品的速度频响带宽（Bandwidth）都能够达到 kHz 级别。而反观一般的变频驱动产品，这个频响带宽往往也就在几百 Hz。
应用反馈	要能够及时响应应用端的动作误差，自然离不开来自负载侧的速度和位置反馈。正如前文所述，系统中是否有用于实现控制的面向应用对象的反馈机制，是伺服区别于一般的电动机传动技术的一个

	重要标志。同时，还是因为在控制精度和响应速度上的高要求，伺服应用的反馈往往需要具备极高的测量精度和分辨率，以做到对包括速度、压力、位置等在内的应用对象的任何细微动态变化都足够敏感。在这种情况下，几千线的电动机反馈，其实已经很难满足伺服应用的性能要求了。 当然，现在通用的变频驱动系统采用闭环反馈的控制方式也已经很普遍了，但总而言之，它们对应用端反馈在测量精度和分辨率等方面的各项要求远不如伺服运控系统那么高，并且多以速度反馈为主，很多时候，简单的PG反馈也就足够了。
运行模式与控制方式	运行模式指的是系统所要控制的应用对象类型是位置、速度还是转矩。从这个角度看，伺服系统大都还是以位置模式为主的，有时会根据应用需求切换到速度或转矩模式；而对于一般的变频系统来说，主要就是速度和转矩模式了，少数变频产品会有一些简单的位置模式可供选择。 控制方式说的是在实现对某个应用对象的控制时采取怎样的方法。这个在伺服系统里，基本就只有矢量控制了。显然，这是由伺服应用本身所要达到的控制精度决定的。而在通用的变频系统中，为了能够满足不同类型和级别的应用需求，可供选择的控制方式就有很多，如电压/频率（V/F）、直接转矩、矢量控制等。 这一点也再次印证了之前所说的，伺服和变频其实是两个不同范畴的概念，伺服强调的是控制性能和应用结果，所以在系统配置时更关注运行模式；而变频其实指的是电力传动的工作方式和结构原理，因此在使用时会更看重控制方式。
适配电动机和动力执行机构	为了能够达到较高的控制精度和应用性能，伺服运控系统对配套电动机和执行机构的选择通常会有着极为严格的要求。 这不仅体现在永磁同步电动机的使用上，还包括对适配电动机各项规格的制定和设计及不同类型的电动机执行机构的选择方面，例如： （1）必须根据负载和运行曲线，基于堵转转矩（力）、峰值转矩（力）和额定速度选择电动机，并匹配机械传动速比。 （2）更低的转子惯量用于提升动态性能，中/高惯量用于提升控制的稳定性。 （3）专用电气连接端口，以提升系统的EMC电磁兼容（抗干扰）性能。 （4）不同类型机械动力输出的连接方式（如标准输出轴、空心轴、法兰输出等），以适应不同类型的应用负载。 （5）多种电动机和动力执行机构选项（如直线电动机、直驱电动机、集成减速机电动机、直线电动缸等），以满足各类运控应用的性能需求。 大部分伺服厂商往往会推荐用户使用其标配的驱动和电动机/执行机构（甚至包括电缆和连接器）产品组合，很大程度上也是出于确保系统性能的角度所考虑的。（当然，竞争的排他性也正在于此。） 而这些苛刻的要求在一般的变频系统中就不多见了。大部分的通用变频应用都会采用异步电动机（有些应用会使用永磁同步电动机，多数是出于节能的角度考虑），选型时需要考虑的主要就是功率、额定转速和工作制等；除此以外就是基于应用环境，选择电动机的防护等级、冷却方式、安装方式等。而对于电动机惯量、电气连接、输出方式等方面，就没有太过严苛的要求，同时厂家基本上也不会用所谓的“配套组合”来限制用户对于电动机品牌的选择。

子学习情境 1.3　伺服电动机的选型与维修

伺服电动机的选型与维修工作任务单

情　境	伺服电动机的认知和应用						
学习任务	子学习情境 1.3：伺服电动机的选型与维修					完成时间	
任务完成	学习小组		组长		成员		

任务要求	掌握： 1．伺服电动机选型步骤。 2．伺服电动机选型计算方式。 3．伺服电动机选型注意事项。 4．伺服电动机常见故障分析。
任务载体和资料	要求： 1．完成普通打印机上伺服电动机的选型。 2．打印机上伺服电动机不转动，如何进行故障检修？ 资料： 1．伺服电动机选型的原则是什么？ 2．伺服电动机在使用的过程中会出现什么故障？
引导文	1．团队分析任务要求：讨论在完成本次任务前，你和你的团队缺少哪些必要的理论知识？ 2．打印机是如何工作的？ 3．不同的伺服电动机具备什么特点？ 4．如何根据不同的使用场合正确选择伺服电动机？用普通的电动机能够实现其功能吗？ 5．伺服电动机在使用的过程中如果出现故障，如何维修？ 6．你已经具备完成此情境学习的所有资料了吗？如果没有，还缺少哪些？应该通过哪些渠道获得？ 7．通过引导文的指引，你和你的团队是否明白，实现本情境任务的学习，包括哪些具体任务？你们团队该如何分工合作，共同完成这项任务？ 8．将任务的实施情况（可以包括你学到的知识点和技能点、团队分工任务的完成情况等）整理成文档。 9．将你们的成果提交给指导教师，让其对任务完成情况进行检查。 10．就你们团队的知识、技能、能力和素质进行自我评价、互相评价和教师评价。正确认识自己的不足之处，取长补短，争取在下次任务训练中得到进步。

任务描述

学习目标	学习内容	任务准备
1．掌握伺服电动机的选型步骤和故障诊断。 2．具有查阅资料的能力。 3．培养学生课程标准教学目标中的方法能力、社会能力，达成素质目标。	1．伺服电动机的选型步骤。 2．伺服电动机的选型计算公式。 3．伺服电动机的故障种类及维修。	1．前期准备：伺服电动机的选型原则和故障种类。 2．知识点储备：伺服电动机的分类、结构和工作原理。

1　伺服电动机的选型

伺服电动机的选型步骤
每种型号伺服电动机的规格项内均有额定转矩、最大转矩及伺服电动机惯量等参数，各参数与负载转矩及负载惯量间必定有相关联系存在。选用伺服电动机的输出转矩应符合负载机构的运动条件要求，如加速度的快慢、机构的重量、机构的运动方式（水平、垂直旋转）等；运动条件与伺服电动机输出功率无直接关系，但是一般伺服电动机输出功率越高，相对输出转矩也会越高。 因此，不但机构重量会影响伺服电动机的选用，运动条件也会改变伺服电动机的选用。惯量越大时，需要越大的加速及减速转矩；加速及减速时间越短时，也需要越大的伺服电动机输出转矩。选用伺服电动机规格时，依下列步骤进行。

（1）明确负载机构的运动条件要求，即加/减速的快慢、运动速度、机构的重量、机构的运动方式等。

（2）依据运行条件要求，选用合适的负载惯量计算公式计算出机构的负载惯量。

（3）依据负载惯量与伺服电动机惯量选出适当的伺服电动机规格。

（4）结合初选的伺服电动机惯量与负载惯量，计算出加速转矩及减速转矩。

（5）依据负载重量、配置方式、摩擦系数、运行效率计算出负载转矩。

（6）初选的伺服电动机的最大输出转矩必须大于加速转矩与负载转矩的和；如果不符合条件，必须选用其他型号计算验证直至符合要求。

（7）依据负载转矩、加速转矩、减速转矩及保持转矩计算出连续瞬时转矩。

（8）初选的伺服电动机的额定转矩必须大于连续瞬时转矩；如果不符合条件，必须选用其他型号计算验证直至符合要求。

（9）完成选定。

伺服电动机的选型计算方式

伺服电动机选择的时候，首先要考虑的就是功率的选择。一般应注意以下两点：

（1）电动机功率选得过小。就会出现“小马拉大车”现象，造成电动机长期过载，使其绝缘因发热而损坏，甚至电动机被烧毁。

（2）电动机功率选得过大。就会出现“大马拉小车”现象，其输出机械功率不能得到充分利用，功率因数和效率都不高，不但对用户和电网不利，而且还会造成电能浪费。

也就是说，电动机功率既不能太大，也不能太小，要正确选择电动机的功率，必须经过以下计算或比较：

$$P=\frac{F\times V}{100}$$

式中，P 为计算功率，kW；F 为所需拉力，N；V 为工作机线速度，m/s。

此外，最常用的是采用类比法来选择电动机的功率。所谓类比法，就是与类似生产机械所用电动机的功率进行对比。

具体做法是：了解本单位或附近其他单位的类似生产机械使用多大功率的电动机，然后选用相近功率的电动机进行试车。试车的目的是验证所选电动机与生产机械是否匹配。

验证方法是：使电动机带动生产机械运转，用钳形电流表测量电动机的工作电流，将测得的电流与该电动机铭牌上标出的额定电流进行对比。如果电动机的实际工作电流与铭牌上标出的额定电流上下相差不大，则表明所选电动机的功率合适。如果电动机的实际工作电流比铭牌上标出的额定电流低 70%左右，则表明电动机的功率选得过大，应调换功率较小的电动机。如果测得的电动机工作电流比铭牌上标出的额定电流大 40%以上，则表明电动机的功率选得过小，应调换功率较大的电动机。

另外，还应该考虑转矩（扭矩），转矩的计算公式为：

$$T=\frac{9550P}{n}$$

式中，P 为功率，kW；n 为电动机的额定转速，r/min；T 为转矩，N·m。

电动机的输出转矩一定要大于工作机械所需要的转矩，一般需要一个安全系数。

伺服电动机选型注意事项

（1）有些系统如传送装置、升降装置等要求伺服电动机能尽快停车，而在故障、急停、电源断电时伺服器没有再生制动，无法对电动机减速。同时，系统的机械惯量又较大，这时对动态制动器要依据负载的轻重、电动机的工作速度等进行选择。

（2）有些系统要维持机械装置的静止位置，需要电动机提供较大的输出转矩，而且停止的时间较长。如果使用伺服的自锁功能，往往会造成电动机过热或放大器过载，这种情况就要选择带电磁制动的电动机。

（3）有的伺服驱动器有内置的再生制动单元，但当再生制动较频繁时，可能引起直流母线电压过高，这时需另配再生制动电阻。再生制动电阻是否需要另配、配多大，可以参照相应样本的使用说明来配。

（4）如果选择了带电磁制动器的伺服电动机，电动机的转动惯量会增大，计算转矩时要进行考虑。

2　伺服电动机的故障维修

<table>
<tr><td colspan="2">伺服电动机的维修可以说是比较复杂的，伺服电动机因为长期连续不断使用或使用者操作不当，会经常发生电动机故障。伺服电动机的维修需要专业人士来进行，以下就是伺服电动机发生几个常见故障的维修方法。</td></tr>
<tr><td>启动伺服电动机前需做的工作</td><td>（1）测量绝缘电阻（对低电压电动机不应低于 0.5M）。
（2）测量电源电压，检查电动机接线是否正确，电源电压是否符合要求。
（3）检查启动设备是否良好。
（4）检查熔断器是否合适。
（5）检查电动机接地、接零是否良好。
（6）检查传动装置是否有缺陷。
（7）检查电动机环境是否合适，清除易燃品和其他杂物。</td></tr>
<tr><td>伺服电动机轴承过热的原因</td><td>电动机本身：
（1）轴承内外圈配合太紧。
（2）零部件形位公差有问题，如机座、端盖、轴等零件同轴度不好。
（3）轴承选用不当。
（4）轴承润滑不良或轴承清洗不净，润滑脂内有杂物。
（5）轴电流。
使用方面：
（1）机组安装不当，如电动机轴和所拖动的装置的轴同轴度符合要求。
（2）皮带轮拉动过紧。
（3）轴承维护不好，润滑脂不足或超过使用期，发干变质。</td></tr>
<tr><td>伺服电动机三相电流不平衡的原因</td><td>（1）三相电压不平衡。
（2）电动机内部某相支路焊接不良或接触不好。
（3）电动机绕阻匝间短路或对地相间短路。
（4）接线错误。</td></tr>
<tr><td>如何控制伺服电动机速度的快慢</td><td>伺服电动机是一个典型的闭环反馈系统，减速齿轮组由电动机驱动，其终端（输出端）带动一个线性的比例电位器作位置检测，该电位器把转角坐标转换为一个比例电压反馈给控制线路板，控制线路板将其与输入的控制脉冲信号作比较，产生纠正脉冲，并驱动电动机正向或反向转动，使齿轮组的输出位置与期望值相符，令纠正脉冲趋于 0，从而达到使伺服电动机精确定位与定速的目的。</td></tr>
<tr><td>电动机运转时碳刷与换向器之间产生火花</td><td>（1）只是有 2～4 个极小火花，这时若换向器表面是平整的，大多数情况可不必修理。
（2）无任何火花，无需修理。
（3）有 4 个以上的极小火花，而且有 1～3 个大火花，则不必拆卸电枢，只需用砂纸磨碳刷换向器。
（4）如果出现 4 个以上的大火花，则需要用砂纸磨换向器，而且必须把碳刷与电枢拆卸下来，换碳刷、磨碳刷。</td></tr>
<tr><td>换向器的修复</td><td>（1）换向器表面明显不平整（用手能触觉）或电动机运转时的火花如第四种情况，此时需拆卸电枢，用精密机床加工转换器。
（2）基本平整，只是有极小的伤痕或火花，如第二种情况，可以用水砂纸手工研磨（在不拆卸电枢的情况下研磨）。研磨的顺序是：先按换向器的外圆弧度加工一个木制的工具，将几种不同粗细的水砂纸剪成如换向器一样宽的长条，取下碳刷（注意在取下的碳刷的柄上与碳刷槽上做记号，确保安装时不致左右换错），用裹好砂纸的木制工具贴实换向器，用另一只手按电动机旋转方向轻轻地转动轴换向器研磨。伺服电动机维修使用砂纸粗细的顺序是：先粗后细，当一张砂纸磨得不能用后，再换另一张较细的砂纸，直到用完最细的水砂纸（或金相砂纸）为止。</td></tr>
</table>

伺服电动机编码器相位与转子磁极相位零点如何对齐的修复	**绝对式编码器的相位对齐方式** 绝对式编码器的相位对齐对于单圈和多圈而言，差别不大，其实都是在一圈内对齐编码器的检测相位与电动机电角度的相位。目前非常实用的方法是利用编码器内部的 EEPROM，存储编码器随机安装在电动机轴上后实测的相位，具体方法如下： （1）将编码器随机安装在电动机上，即固结编码器转轴与电动机轴，以及编码器外壳与电动机外壳。 （2）用一个直流电源给电动机的 UV 绕组通以小于额定电流的直流电，U 入，V 出，将电动机轴定向至一个平衡位置。 （3）用伺服驱动器读取绝对编码器的单圈位置值，并存入编码器内部记录电动机电角度初始相位的 EEPROM 中。 （4）对齐过程结束。 **增量式编码器的相位对齐方式** 带换相信号的增量式编码器的 UVW 电子换相信号的相位与转子磁极相位，或者说电角度相位之间的对齐方法如下： （1）用一个直流电源给电动机的 UV 绕组通以小于额定电流的直流电，U 入，V 出，将电动机轴定向至一个平衡位置。 （2）用示波器观察编码器的 U 相信号和 Z 信号。 （3）调整编码器转轴与电动机轴的相对位置。 （4）一边调整，一边观察编码器 U 相信号跳变沿和 Z 信号，直到 Z 信号稳定在高电平上（在此默认 Z 信号的常态为低电平），锁定编码器与电动机的相对位置关系。 （5）来回扭转电动机轴，撒手后，若电动机轴每次自由回复到平衡位置时，Z 信号都能稳定在高电平上，则对齐有效。
伺服电动机维修窜动现象	在进给时出现窜动现象，测速信号不稳定，如编码器有裂纹；接线端子接触不良，如螺钉松动等；当窜动发生在由正方向运动与反方向运动的换向瞬间时，一般是由于进给传动链的反向间隙或伺服驱动增益过大所致。
伺服电动机维修爬行现象	大多发生在启动加速段或低速进给时，一般是由于进给传动链的润滑状态不良，伺服系统增益低及外加负载过大等因素所致。尤其要注意的是，伺服电动机和滚珠丝杠连接用的联轴器，由于连接松动或联轴器本身的缺陷，如裂纹等，造成滚珠丝杠与伺服电动机的转动不同步，从而使进给运动忽快忽慢。
伺服电动机维修振动现象	机床高速运行时，可能产生振动，这时就会产生过流报警。机床振动问题一般属于速度问题，所以应寻找速度环问题。
伺服电动机维修转矩降低现象	伺服电动机从额定堵转转矩到高速运转时，发现转矩会突然降低，这是因为电动机绕组的散热损坏和机械部分发热引起的。高速时，电动机温升变大。因此，正确使用伺服电动机前一定要对电动机的负载进行验算。
伺服电动机维修位置误差现象	当伺服轴运动超过位置允差范围时，伺服驱动器就会出现 4 号位置超差报警。主要原因有：①系统设定的允差范围小；②伺服系统增益设置不当；③位置检测装置有污染；④进给传动链累计误差过大等。
伺服电动机维修不转现象	数控系统到伺服驱动器除了联结脉冲和方向信号外，还有使能控制信号，一般为 DC+24V 继电器线圈电压。伺服电动机不转，常用的诊断方法有：①检查数控系统是否有脉冲信号输出；②检查使能信号是否接通；③通过液晶屏观测系统输入/输出状态是否满足进给轴的启动条件；④对带电磁制动器的伺服电动机确认制动已经打开；⑤驱动器有故障；⑥伺服电动机有故障；⑦伺服电动机和滚珠丝杠联结联轴节失效或键脱开等。

子学习情境 1.4　伺服控制系统的工程应用

伺服控制系统的工程应用工作任务单

<table>
<tr><td>情　　境</td><td colspan="6">伺服电动机的认知和应用</td></tr>
<tr><td>学习任务</td><td colspan="4">子学习情境 1.4：伺服控制系统的工程应用</td><td>完成时间</td><td></td></tr>
<tr><td>任务完成</td><td>学习小组</td><td></td><td>组长</td><td></td><td>成员</td><td></td></tr>
<tr><td>任务要求</td><td colspan="6">掌握：
1．伺服控制在可移动喷墨打印系统中的应用。
2．高压断路器永磁无刷直流电动机机构伺服控制系统的设计思路。</td></tr>
<tr><td>任务载体和资料</td><td colspan="6">1．分析伺服控制在可移动喷墨打印系统中的应用。
2．分析高压断路器永磁无刷直流电动机机构伺服控制系统的设计思路。</td></tr>
<tr><td>引导文</td><td colspan="6">1．团队分析任务要求：讨论在完成本次任务前，你和你的团队缺少哪些必要的理论知识？
2．移动喷墨打印系统是如何工作的？
3．移动喷墨打印系统的结构是什么？
4．为什么需要用伺服系统来控制移动喷墨打印系统？
5．高压断路器的作用是什么？
6．高压断路器为什么需要用永磁无刷直流电动机进行控制？
7．你已经具备完成此情境学习的所有资料了吗？如果没有，还缺少哪些？应该通过哪些渠道获得？
8．通过引导文的指引，你和你的团队是否明白，实现本情境任务的学习，包括哪些具体任务？你们团队该如何分工合作，共同完成这项任务？
9．将任务的实施情况（可以包括你学到的知识点和技能点、团队分工任务的完成情况等）整理成文档。
10．将你们的成果提交给指导教师，让其为你们的任务完成情况进行检查。
11．就你们团队的知识、技能、能力和素质进行自我评价、互相评价和教师评价。正确认识自己的不足之处，取长补短，争取在下次任务训练中得到进步。</td></tr>
</table>

学习目标	学习内容	任务准备
1．掌握如何将伺服系统应用在可移动喷墨打印系统上。 2．分析高压断路器永磁无刷直流电动机机构伺服控制系统的设计思路。 3．培养学生课程标准教学目标中的方法能力、社会能力，达成素质目标。	1．伺服控制在可移动喷墨打印系统中的应用。 2．高压断路器永磁无刷直流电动机机构伺服控制系统的设计思路。	1．前期准备：伺服控制系统应用案例查询。 2．知识点储备：伺服控制系统的结构，伺服电动机的结构、原理。

<table>
<tr><th colspan="2">伺服控制在可移动喷墨打印系统中的应用</th></tr>
<tr><td colspan="2">喷墨打印是一种无接触、无压力、无印版的技术。本质上，它是一种将定量材料沉积到指定位置的技术，是一种按需喷墨打印技术。喷墨印刷过程中，喷嘴不与承印物接触，可在各种材料进行喷墨打印。喷墨打印技术还是一种过程简单、直接成型、对环境危害小的技术方法，逐渐扩展到纺织、包装、印刷、电子器件制造等多个领域。现将伺服定位系统与喷墨机结合起来实现可移动喷墨的功能。
伺服定位系统可以将喷嘴装置在传送带上平稳地移动到指定位置，要求能够快速、平稳、准确地到达指定喷墨位置，即要具有良好的瞬态性能和稳态性能，以达到承印物喷墨准确、美观的视觉效果。
PLC 技术作为控制中心，接收输入信号，包括设定参数、按钮开关操作、输出伺服系统的脉冲信号和方向，以及喷嘴到达指定位置之后，喷墨开关的接通时间信号值。编程直观、简单，通用性强，使用方便，接口功能强，安装调试方便，工作可靠稳定。</td></tr>
<tr><td>系统设计概述</td><td>可移动喷墨打印系统是用于原始布料的喷墨打印，该布料完成喷墨打印后用于下个工序制作布袋，由于每次布袋的定做尺寸不同，原始布料的幅宽也不相同，就造成两次喷墨点的间隔和喷墨点数都需要提前设定好；每次布袋喷墨的内容也不尽相同，批号内容的长度变化就需要调整喷墨开关接通的时间，以满足定做布袋两次喷墨的长度间隔要求。
如图 1-30 所示为可移动喷墨打印系统的机械装置示意图，由伺服电动机（1）作为原动力，滑轮（2）皮带组成机械运动装置，带动喷嘴装置（3）精确定位到达每次喷墨的位置。两只接近开关（4 和 5），作为伺服定位回归运动的近点开关，是通过滑块安装在机械支架的导轨上，位置是可调的。其中，4 是原点近点开关，一次承印物批次动作的起始位置，一般根据布料幅宽的边缘位置确认，在机械支架边缘，一般不需要改动；5 是承印物首个喷墨点位置的近点开关，是由布料幅宽、需要打印的列数计算得出的位置，每个不同的打印批次需要提前调整该接近开关的位置。伺服系统将驱动喷嘴装置在图示 L 的距离内做反复运动，直至喷墨结束。
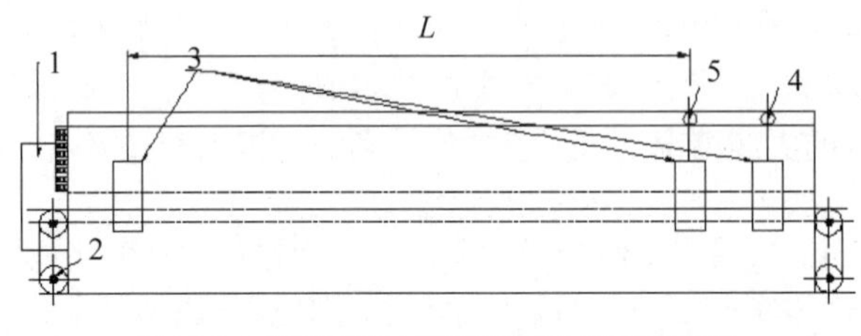

图 1-30 可移动喷墨打印系统的机械装置示意图
1—伺服电动机 2—滑轮 3—喷嘴装置 4、5—接近开关</td></tr>
<tr><td rowspan="4">系统硬件组成及工作原理</td><th>喷墨打印机的应用</th></tr>
<tr><td>采用了双喷头喷墨打印机，利用软件设计好需要打印的内容，如公司 LOGO、推广内容、可追溯性的生产批号等，支持 U 盘将设计好的图案导入打印机，结合打印机键盘，可以将导入图案组合不同的数字字母等内容作为生产批号，每次布料打印之前只需要更改打印批号即可，保存为一个打印版本。该打印机为一个完整的喷墨打印系统，带有自检功能，每次开机会自动检测墨水、溶剂溶度，以及一些机械故障，做出报警提示，根据提示内容可以做出对应的解决方案，并消除报警；每次关机会自动进行喷头清洗。提供接插式接头，可以方便地用信号电缆与控制系统相连，接收控制系统命令。从 PLC 输出喷墨开关的接通信号，由两线式无源信号与喷墨打印机相连，由伺服定位系统将喷嘴装置驱动到指定喷墨位置时，该信号选通，进行喷墨打印，选通时间由系统设定。</td></tr>
<tr><th>由 PLC 与伺服组成的定位系统</th></tr>
<tr><td>PLC 作为伺服控制系统的控制器，作为一个新兴的产业控制器，具有体积小、功能齐全、价格低廉、通用性强、维护方便、可靠性高、抗干扰能力强、编程简单等特点，在工业自动化控制领域得到了广泛的应用，是实现数字化、智能化的关键技术，PLC 技术在纺机设备中得到了推广与应用，应用水平逐渐提高。</td></tr>
</table>

伺服控制是通过反馈控制使包括电动机在内的机械系统的速度、位置、位移在目标值运行的控制，可以根据速度急速变化作出快速响应。伺服电动机又称为执行电动机，其功能是将输入的电压控制信号转换为转轴上输出的角位移和角速度，以驱动控制对象。伺服电动机启动转矩大，稳定速度快，可控性能好，有较好的快速响应特性，机械强度高、可靠性高、寿命长，只要使用恰当，使用过程中发生的故障率通常较低，是自动控制系统中常用的执行元件。

PLC选用三菱公司的FX3U-64MT作为脉冲发生器，接收参数设定值输入、按钮开关量输入、输出信号到伺服控制器。如表1-2所示的PLC输入输出变量表，选用两组BCD拨码开关，一组四位，输入寄存器X13-16和输出寄存器Y14-17作为四位数字开关的选通点，最高位作为喷墨打印列数，后三位作为喷墨打印间隔距离；另一组两位BCD拨码开关作为伺服定位到指定喷墨位置时的喷墨打印时间设定。根据制作布袋的宽度确定喷墨定位间隔，根据布袋宽度和原始布料幅宽确定喷墨点数，根据喷墨打印的图案长度调整喷墨打印时间。设定好三组数据之后需要单击参数确认按钮，将设定好的数据输入到PLC的数据寄存器。PLC根据逻辑判断和计算，得出每次伺服定位的脉冲数，输出到伺服控制器。

表1-2 PLC输入输出变量表

输入			输出		
元器件代号	地址号	描述	元器件代号	地址号	描述
SQ1	X0	原点近点接近开关	PP	Y0	输出脉冲串
SA1	X1	回原点按钮		Y1	喷墨选通开关
SA2	X2	手动切换开关	CR	Y2	伺服位置控制脉冲清除
SA3	X3	自动运行按钮	NP	Y3	伺服脉冲方向
SA4	X4	停止按钮	ST1	Y4	伺服速度模式正转启动
SA5	X5	手动向右按钮	ST2	Y5	伺服速度模式反转启动
SA6	X6	手动向左按钮	SP1	Y6	伺服速度模式(速度选择1)
SQ2	X7	首个工作点近点接近开关	LOP	Y7	伺服控制模式切换
SB1	X10	急停信号		Y14～17	一组四位拨码开关选通点
SA7	X11	设定参数确认按钮			
SA8	X12	人工校正按钮			
	X13～16	一组四位拨码开关输入点			
	X17，X20～26	设定值BCD码输入点			
SA9		伺服报警清除按钮			
SA10		设备启动按钮			
SQ3		伺服正转机械限位			
SQ4		伺服反转机械限位			

选用三菱伺服控制器MR-J2S-40A和低惯量小功率伺服电动机HC-KFS43组成伺服控制系统。根据控制系统的要求和选用电气元件的特点，选用了增量位置系统，可以通过PLC控制器切换位置和速度控制模式，即系统的反馈信号通过增量式编码器输出到伺服控制器，编码器轴旋转时有相应脉冲输出，通过内部的判向电路和计数器判断其旋转方向和脉冲数量。设定伺服控制器的主要参数值。其中，*STY控制模式应当设定为0001，个位的1表示位置和速度模式，这样可以在系统运行时由PLC改变LOP参数的值切换控制模式至位置或速度；*OP1参数设定为0002，个位的2表示输入信号滤波器，十位的0表示CH1B-19引脚功能选择为零速信号，千位的0表示使用增量位置系统；另一个重要参数是齿轮比，要根据机械装置的特点、电动机分辨率、

减速比综合计算得出，选用齿轮为 8mm×28mm，伺服电动机编码器分辨率为 131072，减速比为 1/3，假定脉冲当量为 0.01mm，所以齿轮比为：

$$CMX/CDV=131072/(8\times28/0.01)/(1/3)=3072/175$$

系统设定了手动和自动两种模式，通过 LOP 信号进行切换，0 为位置模式，1 为速度模式。手动模式是对应伺服控制的速度模式，通过 ST1、ST2 引脚选通控制伺服电动机的转动方向，引脚 SP1 选通控制伺服电动机的转动速度，利用内部速度指令参数进行设定。自动模式是对应伺服控制的位置模式，采用正逻辑方式，由 PP 输出位置脉冲数，NP 输出脉冲方向。其中，回原点和人工校正操作是分别以原点近点开关和首个喷墨点近点开关做的回归动作，前者是为了调整系统启动的起始位置，后者则是为了一个批次的喷墨中出现位置偏移做的校正。将系统正反转的机械限位开关接入到伺服控制器的 LSP、LSN 引脚，起到对系统的多重保护作用。

PLC 程序框图图示如图 1-31 所示。

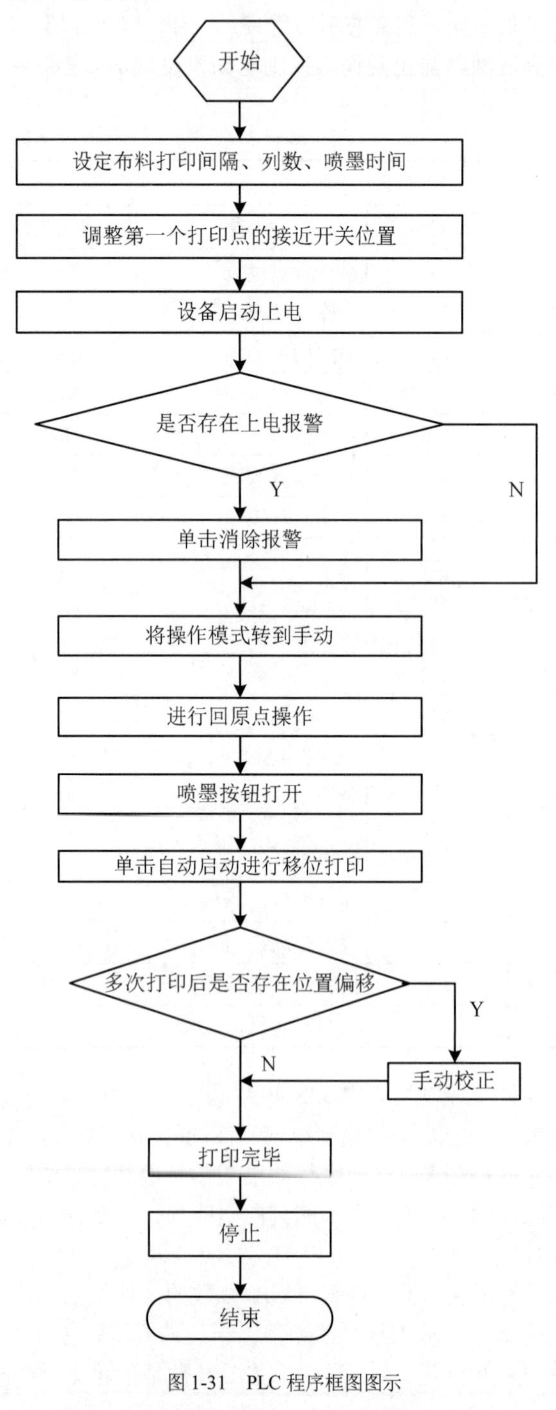

图 1-31 PLC 程序框图图示

<table>
<tr><td></td><td>因为布料有一套独立的驱动系统，将布料准备好启动驱动电动机之前，应先将喷墨打印系统调试启动好。首先将打印间隔、列数、时间通过拨码开关设置好，单击“参数确认”按钮输入至PLC；根据原始布料幅宽和打印列数将两个接近开关的位置调节好；断路器通电以后，要先单击SA10 按钮将伺服控制器上电，控制端和使能端一直处于通电状态。伺服控制器上电后首先进行自检，如果有报警提示，要单击 SA9 按钮将报警复位才能进行后续动作；将控制模式转到“手动”，单击“进行原点回归”按钮，将喷嘴装置的位置调整到起始位置；将控制模式转到“自动”，布料驱动电动机开启，在运行到正常速度后，打开喷墨按钮开关，单击“自动启动”按钮，即开始了喷墨打印工作；布料打印完毕后，先将喷墨按钮开关关闭，再单击“停止”按钮，将系统停止运行，完成一个批次的打印工作。</td></tr>
<tr><td colspan="2">总之，将 PLC、伺服控制技术应用到可移动喷墨打印系统中，参数设置及修改方便简单，适用于不同布料幅宽、不同打印列数，根据喷墨内容可调喷墨打印时间等特点，节省了人力，提高了生产线的自动化程度，对于纺织、包装、印刷等行业都具有非常实用的意义。</td></tr>
<tr><td colspan="2">高压断路器永磁无刷直流电动机机构伺服控制系统的设计</td></tr>
<tr><td colspan="2">高压断路器的分、合闸特性，取决于其开断电流的类型，每个操作过程中的动触头都有一个理想的运动特性曲线，触头按此理想曲线运动可以提高断路器的分、合闸能力。传统高压断路器操动机构采用弹簧、液压等技术，这些操动机构主要是由连杆、锁扣和能量供应系统等组成，环节多、累计运动误差大且响应缓慢，可控性差，效率低，响应时间一般要几十毫秒。另外，这些操动机构的动作时间分散性也比较大，对于交流控制信号甚至大于 10ms，即使采用直流操作，动作时间的分散性也在毫秒级。因此，操动机构只能实现断路器分、合闸动作要求，但动作过程不可控，不能实现对操动过程的实时调节和控制。所以传统控制方式下高压断路器的动触头运动特性难以达到理想的水平。永磁无刷直流电动机操动机构，通过传动装置驱动断路器转轴，带动断路器进行分合闸操作。免去复杂的传动系统，运动部件少，动作可靠性得到提高。本课题组在高压断路器新型电动机操动机构方面有比较深入的研究，提出了应用于高压断路器电动机操动机构的设计方法、控制策略和优化设计方法，研制样机并进行了相关的联机性能试验。在前期研究工作的基础上，本节针对控制对象应用于高压断路器的分、合闸操作的特殊场合，以 TMS320F2812 为核心设计了永磁无刷直流电动机控制系统，对电动机位置和绕组电流检测电路、CAN 总线通信和温度保护电路等进行了设计，它可以实现动触头移动位置和速度可控可调。精确地控制断路器触头运动过程，可以得到理想的分、合闸特性曲线。</td></tr>
<tr><td rowspan="4">永磁无刷直流电动机操动机构</td><td>总体结构</td></tr>
<tr><td>如图 1-32 所示为本节的控制对象 40.5kV 户内真空断路器永磁无刷直流电动机机构的结构简图。电动机操动机构是由一台配有制动装置的永磁无刷直流电动机直接驱动传动机构带动断路器动作，电动机通过法兰与断路器转轴连接。电动机机构与断路器之间的传动机构由转轴、拐臂、触头弹簧、绝缘拉杆和三角拐臂组成的一套四连杆机构构成。
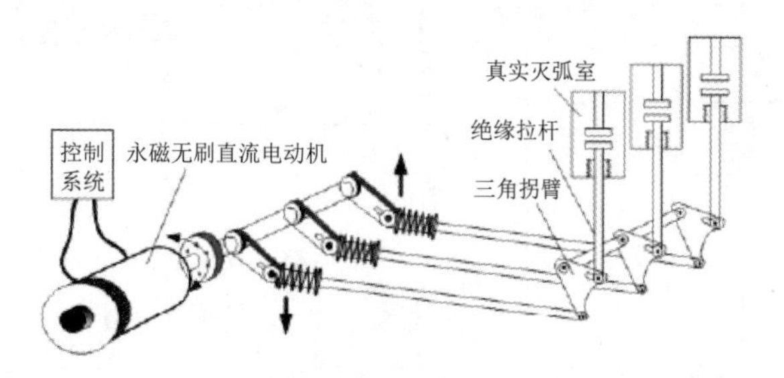

图 1-32　高压断路器永磁无刷直流电动机机构的结构简图</td></tr>
<tr><td>伺服控制系统</td></tr>
<tr><td>本伺服系统选用电动机专用芯片 TMS320F2812 作为控制模块核心来完成整个系统的功能。该系统还包括电动机位置检测电路、隔离驱动电路、保护电路和 CAN 通信电路等。电动机位置检测电路为电动机换向和停止提供信号；CAN 通信电路实现控制系统与上位机数据传输；保护电路包括电压、电流及温度检测电路，其功能是将系统的运行信息反馈给 DSP 芯片，为系统的安全运行提供保证。其中，控制系统的结构原理图如图 1-33 所示。</td></tr>
</table>

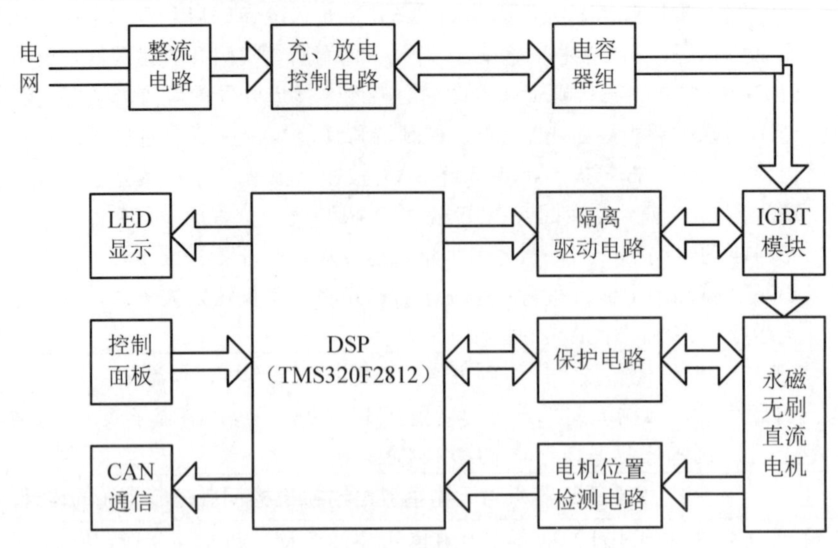

图 1-33　控制系统结构原理图

当控制器上电后，首先对电容器组进行充电，DSP 采集电容电压的信号并进行处理，当电压值达到系统操作要求时，DSP 发出停止充电指令，切断外界电源。然后根据 LED 显示屏上的断路器位置，确定电动机动作信息，单击相应的操作按钮，DSP 根据电动机转子位置检测电路反馈的信号发出控制指令，通过隔离驱动电路驱动相应的 IGBT 模块导通，给电动机绕组通电，驱动电动机带动断路器动作。最后，DSP 检测到断路器动作结束信号，停止控制信号的输出并关断 IGBT 模块，使电动机操动机构停止动作。同时保护电路实时检测系统运行信息，当发生故障时，DSP 关断 IGBT 模块输出，锁定控制器动作。由机械装置将电动机机构拉回动作起始位置，DSP 继续监测系统信息，当检测到系统正常时，控制器继续工作。

伺服控制系统电路设计

分/合闸驱动及控制电路

本节采用功率开关器件 IGBT 来控制三相绕组电流的通断，并设置 RCD 缓冲电路改变器件的开关轨迹，控制各种瞬态过压，降低器件开关损耗，保护器件安全运行。如图 1-34 所示，在 IGBT 关断过程中，电容 C 通过二极管充电，吸收关断过程产生的 du/dt，在 IGBT 开通后，通过电阻 R 放电。吸收二极管必须选用快速恢复二极管，其额定电流应不小于主电路器件额定电流的 1/10。此外，应尽量减小线路电感，而且应选用内部电感尽量小、高频特性好的吸收电容。

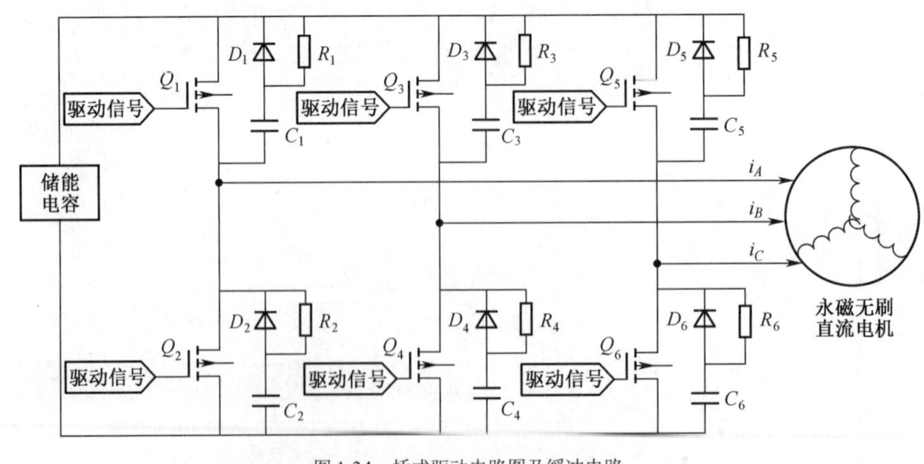

图 1-34　桥式驱动电路图及缓冲电路

电动机转子位置检测电路设计

根据控制系统实时性要求，为了安装方便，本控制器采用锁存型霍尔元件作为电动机转子位置检测传感器，该元件的输出特性如图 1-35（a）所示。根据电动机内部磁场分布及霍尔元件特性，将三个霍尔元件按图 1-35（b）所示的角度固定在霍尔盘上。因霍尔盘在电动机内部不易安装，故将其安装在电动机外部。将霍尔盘固定在电动机外壳上，制作一个圆形磁钢模拟电动机内部磁场分布，磁钢固定在主轴上，两者间距 5mm 左右。控制器上电后，霍尔元件根据磁钢的位置输出高低电平，DSP 芯片根据高低电平信号判断电动机转子位置，输出正确的驱动信号，使电动机发生动作。随着电动机转角的变化，霍尔元件输出电平也发生变化，DSP 芯片根据霍尔元件的高低电平来确定 IGBT 的导通顺序，使电动机继续动作一直到所要求的角度。

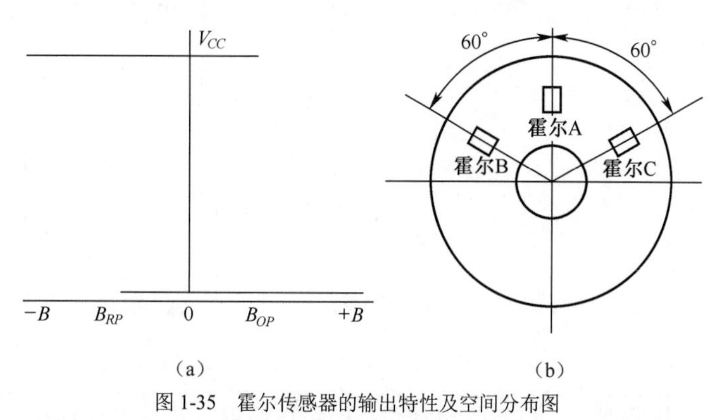

图 1-35　霍尔传感器的输出特性及空间分布图

电动机绕组电流检测电路设计

在很多电路设计中，采用串接分压电阻作为传感器实现对电流信号的检测，这种检测的方法简单实用，但由于温漂影响难以保证电阻值稳定不变，所以采集的电流值精度不高，而且控制系统的反馈电路与主电路没有经过隔离，一旦功率电路的高电压通过反馈电路进入控制电路，势必会危及控制系统的安全。本节采用霍尔型电流传感器对电流进行检测，霍尔元件输出的电流信号较弱，必须采用精密电阻将其转化为电压信号，得到电压信号后，通过 OP07 放大器构成的电压跟随器再输入 DSP 的 ADC 模块。

通过采样电阻将电流信号转换为电压信号送入 TMS320F2812 的 ADC 模块后，作为电流反馈值，组成了电流内环，与给定的电流信号比较形成偏差，DSP 根据偏差信号调节电流大小，与速度外环形成了双闭环控制系统，最终控制触头的速度特性。内环的主要作用是加强系统的抗干扰能力，当外部负载发生波动时，电动机电流将发生变化，电流环就可以加强系统的平稳性。

温度检测电路设计

将温度信号转变为电压信号是设计温度检测电路的关键。AD590 是美国 AD 公司研制的一种电流式集成温度传感器，这种器件在被测温度一定时，相当于恒流源，输出 1μA/K 正比于绝对温度的电流信号，具有较强的线性度和抗干扰能力，温度检测电路如图 1-36 所示。随着温度的升高，AD590 输出电流增大，把电流信号转换成电压信号。电压比较器 3 的脚电压也随着增加，而反相端电压是一个固定值，当 3 的脚电压超过反向端电压时，输出过热信号给 DSP 芯片。当绕组和散热片发生过热时，由 DSP 驱动散热风扇转动，降低其温度。

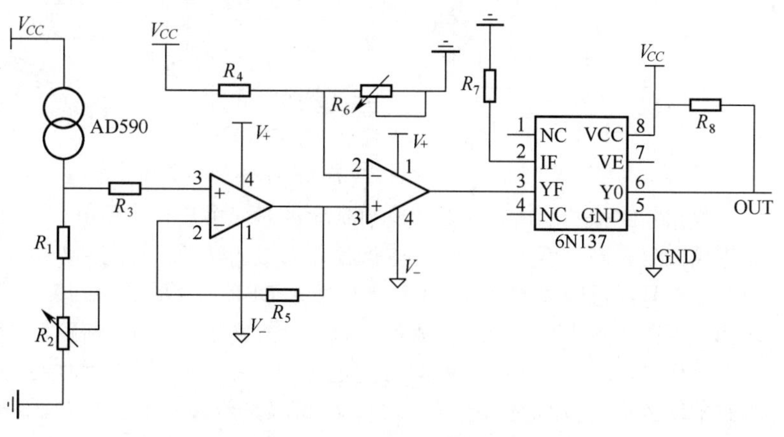

图 1-36　控制系统温度检测电路

<table>
<tr><td></td><td>CAN 通信电路设计</td></tr>
<tr><td></td><td>
由于 TMS320F2812 内部集成了增强型 eCAN 模块，使得 CAN 总线通信硬件电路的设计变得非常简单。为增大系统的通信距离、提高瞬间抗干扰能力、降低射频干扰等，选用 CTM8251T 作为 CAN 控制器与物理总线的接口芯片。将 DSP 的 CAN 控制器的收发信号 CANTX、CANRX 经具有隔离功能的收发器 CTM8251T 连接到 CAN 物理总线。总线末端连接一个匹配电阻，用来提高总线的抗干扰能力。其中，CAN 总线和 TMS320 F2812 硬件连接如图 1-37 所示。

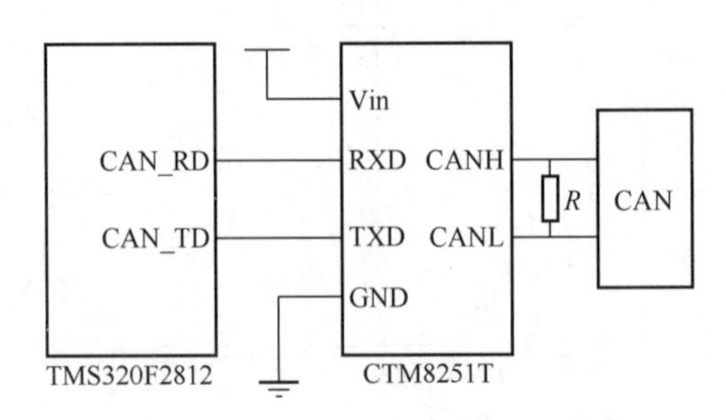

图 1-37 控制器与 CAN 总线接口的电路图
</td></tr>
<tr><td>控制系统
软件设计</td><td>
高压断路器无刷直流电动机控制系统硬件电路是实现各部分功能的基础，而系统各个功能的实现和信息反馈都是通过软件来实现的。根据硬件电路的设计方案，开发了相应的软件程序。主程序完成 DSP 系统的初始化后，不断检测断路器的工作状态和下一步动作指令。当接到动作信号开始动作后，实时检测动触头行程、电动机转角和速度等信号，并不断地根据理想操作曲线实时地调整电动机的速度，从而实现断路器动触头速度的动态调节，直到断路器完成分、合闸操作。当断路器完成分、合闸操作后，应使断路器的工作状态恢复到初始值，以免影响下一步操作。由于断路器的分、合闸操作由电动机机构直接驱动，实时性要求很高，因此采用了中断方式对控制器的调控进行处理，即可以在接收上位机发出的分、合闸命令的第一时间动作，以提高断路器的响应速度，又不影响系统其他功能的实现。
</td></tr>
<tr><td>实验与结果
分析</td><td>
将所设计的控制系统与高压断路器电动机机构进行联机调试，实验系统连接如图 1-38 所示。DSP 通过 IGBT 控制电网电压经过调压器电压调节输出给电容器组充电，电容电压达到操作值时，关断 IGBT 停止对电容器组充电。在高压断路器分、合闸操作时，DSP 发出 IGBT 驱动信号控制电动机绕组的导通顺序，电动机带动灭弧室动触头运动，进而驱动高压断路器完成分、合闸操作。同时，传感器检测电动机转角和高压断路器动触头信息，并反馈给 DSP，DSP 对反馈信号进行处理后，实时调节断路器的运动速度。

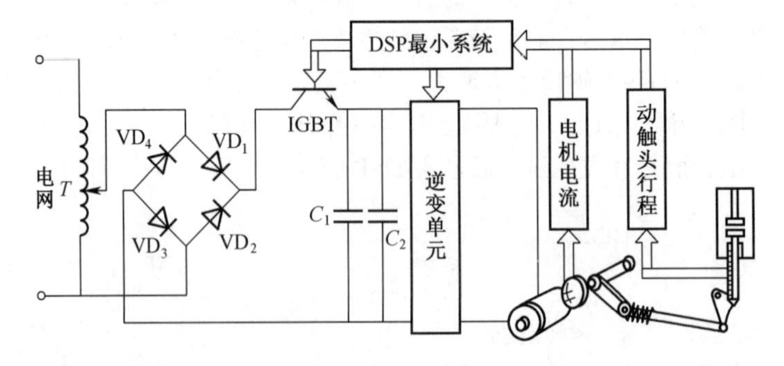

图 1-38 实验系统连接图

根据断路器的触头行程和电动机转角的对应关系，可得分、合闸操作时电动机旋转 57°。实验采用电阻式高精度角位移传感器测量电动机的转角，使用 9V 的锂电池为传感器供电，输出一个电压信号经过隔离滤波、电平转换后接入 DSP 芯片的 ADC 模块。测量采用实验测得的电动机转角波形图，从中可知分、合闸操作电动机旋转 57°，满足断路器的操作要求。高压断路器分、合闸操作时，得到动触头行程曲线，通过实验可知，分闸操作用时约 28ms，合闸操作用时约 33ms，断路器动触头行程约为 20mm。控制系统可以按照外界指令要求驱动电动机机构带动断路器完成分、合闸操作，实现了操动机构的基本功能。
</td></tr>
</table>

小结

随着国家智能电网及智能开关设备的发展，本章针对应用于高压断路器的新型电动机操动机构控制系统进行了研究。基于已有的 40.5kV 真空断路器永磁无刷直流电动机样机，设计了其伺服控制系统的硬件电路和软件程序，主要电路包括：功率驱动电路、电动机位置检测电路、电动机绕组电流检测电路、CAN 通信电路及系统保护电路等。将设计的控制系统与高压断路器电动机机构进行联机实验，通过实验结果，可知所设计的控制系统能够驱动高压断路器完成分、合闸操作，证明了本章所设计的控制系统的合理性。

学习情境 2　步进电动机的认知和应用

学习目标

知识目标：掌握步进电动机的结构、分类及作用等概念；掌握反应式步进电动机的工作原理；掌握步进电动机静态、动态特性参数的意义；掌握步进电动机步距角的计算；掌握步进电动机驱动电路的组成及作用。

能力目标：培养学生利用网络资源进行资料收集的能力；培养学生获取、筛选信息的能力；培养学生制定工作计划、方案及实施、检查和评价的能力；培养学生独立分析、解决问题的能力；培养学生的团队工作、交流、组织协调的能力和责任心；提高个人学习总结、语言表达能力。

素质目标：养成整理整顿设备的良好习惯；养成清理清洁环境卫生的良好习惯；培养爱设备、爱课堂的良好素质。

子学习情境 2.1　步进电动机的认知

步进电动机认知工作任务单

<table>
<tr><td>情　　境</td><td colspan="6">步进电动机的认知和应用</td></tr>
<tr><td>学习任务</td><td colspan="4">子学习情境 2.1：步进电动机的认知</td><td>完成时间</td><td></td></tr>
<tr><td>任务完成</td><td>学习小组</td><td></td><td>组长</td><td></td><td>成员</td><td></td></tr>
<tr><td>任务要求</td><td colspan="6">掌握：
1．步进电动机的概念及作用。
2．步进电动机的发展。
3．步进电动机的应用特点。
4．步进电动机的分类。</td></tr>
<tr><td>任务载体和资料</td><td colspan="3">图 2-1　步进电动机外形结构图</td><td colspan="3">步进电动机作为执行元件，是机电一体化的关键产品之一，广泛应用在各种自动化控制系统中，步进电动机的外形结构如图 2-1 所示。随着微电子和计算机技术的发展，步进电动机的需求量与日俱增，在各个国民经济领域都有应用。本情境任务就是要认识步进电动机，掌握步进电动机的概念及一些基本知识。（步进电动机的应用领域具体有哪些呢？是怎么实现功能的呢？可以查阅资料深入了解。）</td></tr>
<tr><td>引导文</td><td colspan="6">1．团队分析任务要求：讨论在完成本次任务前，你和你的团队缺少哪些必要的理论知识？需要具备哪些方面的操作技能？你们该如何解决这些困难？
2．你是否需要认识步进电动机？包括其结构的认知和原理的理解。
3．步进电动机、维修电工中使用的三相异步电动机和学习情境 1 学过的伺服电动机的外型一样吗？需要有哪些部件？了解步进电动机的组成。</td></tr>
</table>

	4．不同类型的步进电动机在外型上有什么区别？可以查阅网上的资料进行辨别、区分。
	5．请认真学习“知识链接”的内容。思考这样一个问题：输入脉冲的个数和频率对步进电动机有什么影响？具体是怎样的关系？必须仔细分析并理解这个问题。
	6．你已经具备完成此情境学习的所有资料了吗？如果没有，还缺少哪些？应该通过哪些渠道获得？
	7．实现我们的核心任务“步进电动机的认知”，思考其中的关键是什么？和你之前学过的伺服电动机的任务有什么相似之处？
	8．通过引导文的指引，你和你的团队是否明白，实现本情境任务的学习，包括哪些具体任务？你们团队该如何分工合作，共同完成这项庞大的任务？
	9．将任务的实施情况（可以包括你学到的知识点和技能点、团队分工任务的完成情况等）整理成文档。
	10．将你们的成果提交给指导教师，让其对你们的任务完成情况进行检查。
	11．就你们团队的知识、技能、能力和素质进行自我评价、互相评价和教师评价。正确认识自己的不足之处，取长补短，争取在下次任务训练中得到进步。

学习目标	学习内容	任务准备
1．掌握步进电动机的定义、作用、特点、发展、分类等基础知识。 2．具有查阅有关标准的能力。 3．培养学生课程标准教学目标中的方法能力、社会能力，达成素质目标。	1．步进电动机的概念和作用。 2．步进电动机的发展。 3．步进电动机的应用特点。 4．步进电动机的分类。	可以将伺服电动机的相关知识作为切入点，逐步由伺服电动机引入到步进电动机。

1　步进电动机的概念及作用

步进电动机的概念	
步进电动机又称电脉冲马达，是一种将电脉冲转化为角位移的执行机构。通俗地讲，当步进驱动器接收到一个脉冲信号时，它就驱动步进电动机按设定的方向转动一个固定的角度（即步进角）。	
步进电动机的作用	
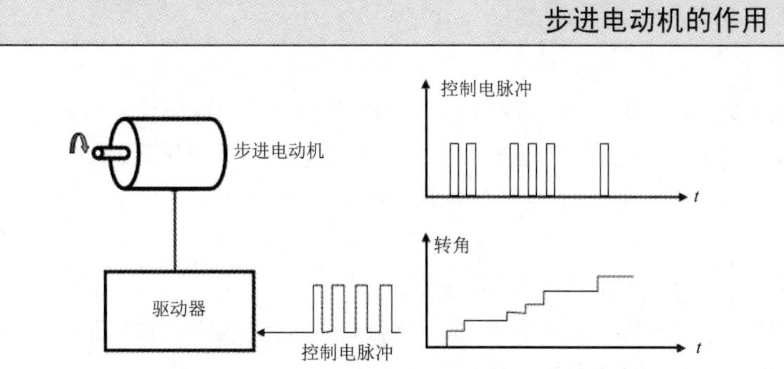 图 2-2　步进电动机的作用	如图 2-2 所示，可以通过控制脉冲个数来控制角位移量，从而达到准确定位的目的。同时可以通过控制脉冲频率来控制电动机转动的速度和加速度，从而达到调速的目的。

<table>
<tr><th colspan="2">步进电动机的应用场合</th></tr>
<tr><td>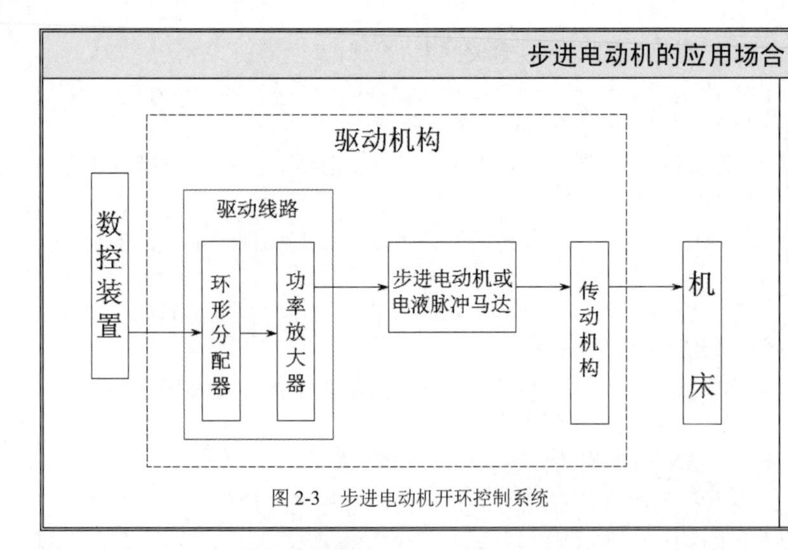

图 2-3　步进电动机开环控制系统</td><td>如图 2-3 所示，步进电动机通常构成开环控制系统，在精度要求不高的经济型数控机床或普通机床的数控改造中比较常见。因此，在需要准确定位或调速控制时，均可以考虑使用步进电动机。</td></tr>
</table>

2　步进电动机的发展

步进电动机的发展
步进电动机的机理是基于最基本的电磁铁作用，其原始模型起源于 1830 年至 1860 年间。1870 年前后开始以控制为目的的尝试，应用于氩弧灯的电极输送机构中。这被认为是最初的步进电动机。此后，步进电动机在电话自动交换中被广泛使用，不久又在缺乏交流电源的船舶和飞机等独立系统中被广泛使用。 20 世纪 60 年代后期，在步进电动机本体方面随着永磁材料的发展，各种实用性步进电动机应运而生，而半导体技术的发展则推进了步进电动机在众多领域的应用。在近三十年间，步进电动机迅速地发展并成熟起来。从发展趋向来讲，步进电动机已经能与直流电动机、异步电动机和同步电动机并列，从而成为电动机的一种基本类型。 我国步进电动机的研究及制造开始于 20 世纪 50 年代后期。从 20 世纪 50 年代后期到 60 年代后期，主要是高等院校和科研机构为研究一些装置而使用或开发少量产品。这些产品以多段结构三相反应式步进电动机为主。20 世纪 70 年代初期，步进电动机的生产和研究有所突破。除反映在驱动器设计方面的长足进步外，对反应式步进电动机本体的设计研究发展到了一个较高水平。20 世纪 70 年代中期至 80 年代中期为成品发展阶段，新品种、高性能的电动机不断被开发。自 20 世纪 80 年代中期以来，由于对步进电动机精确模型做了大量研究工作，各种混合式步进电动机及驱动器作为产品被广泛利用。

3　步进电动机的应用特点

步进电动机的应用特点
步进电动机的应用特点主要如下： （1）步进电动机定子绕组的通电状态每改变一次，它的转子便转过一个确定的角度，即步进电动机的步距角 α。也就是说，通电状态的变化数量（输入的脉冲电源数）越多，步进电动机转过的角度越大。 （2）步进电动机定子绕组的通电状态改变得越快，其转子旋转的速度越快，即通电状态频率变化越高，转子的速度越高。 （3）改变步进电动机定子绕组的通电顺序，转子的旋转方向随之改变。 步进电动机以其显著的特点，在数字化制造时代发挥着重大的用途。伴随着不同的数字化技术的发展及步进电动机本身技术的提高，步进电动机将会在更多的领域得到应用。

4　步进电动机的分类

<table>
<tr><th colspan="3">步进电动机的分类</th></tr>
<tr><td>按定子绕组数分</td><td colspan="2">分为两相、三相、四相、五相、六相步进电动机。</td></tr>
<tr><td rowspan="3">按力矩产生的原理分</td><td>反应式步进电动机（Variable Reluctance，VR）</td><td>反应式步进电动机转子无绕组，由软磁材料组成，励磁的定子绕组产生磁场，转子齿受磁场吸引产生力矩，实现步进运动。这种步进电动机结构简单、成本低、步距角小（可达 1.2°），但动态性能差、效率低、发热大、可靠性难保证。</td></tr>
<tr><td>永磁式步进电动机（Permanent Magnet，PM）</td><td>永磁式步进电动机定子采用冲压方式加工成爪型齿极，转子采用径向多极充磁的永磁磁钢。转子的极数与定子的极数相同。利用线圈的电流方向产生磁场与转子磁场相互排斥，从而实现步进运动。这种电动机成本低廉，其特点是动态性能好、输出力矩大，但这种电动机精度差、步距角大（一般为 7.5°或 15°）。</td></tr>
<tr><td>混合式步进电动机（Hybrid Stepping，HS）</td><td>混合式步进电动机综合了反应式和永磁式的优点，定子、转子都有励磁，其定子上有多相绕组，通过脉冲电流产生磁场。转子采用永久磁钢励磁。定子和转子的磁场相互产生电磁力矩实现步进运动。转子和定子上均有多个小齿以提高步距精度。其特点是输出力矩大、动态性能好、步距角小，但结构复杂、成本相对较高。</td></tr>
<tr><td rowspan="7">按机座号分（电动机外径）（BYG 为感应子式步进电动机代号）</td><td rowspan="4">国际标准</td><td>2BYG</td></tr>
<tr><td>57BYG</td></tr>
<tr><td>86BYG</td></tr>
<tr><td>110BYG</td></tr>
<tr><td rowspan="3">国内标准</td><td>70BYG</td></tr>
<tr><td>90BYG</td></tr>
<tr><td>130BYG</td></tr>
</table>

子学习情境 2.2　反应式步进电动机的结构及工作原理

反应式步进电动机的结构及工作原理工作任务单

<table>
<tr><td>情　　境</td><td colspan="6">步进电动机的认知和应用</td></tr>
<tr><td>学习任务</td><td colspan="4">子学习情境 2.2：反应式步进电动机的结构及工作原理</td><td>完成时间</td><td></td></tr>
<tr><td>任务完成</td><td>学习小组</td><td></td><td>组长</td><td></td><td>成员</td><td></td></tr>
<tr><td>任务要求</td><td colspan="6">掌握：
1．步进电动机的结构。
2．反应式步进电动机的工作原理。
3．步进电动机的通电方式和步距角的计算。</td></tr>
</table>

<table>
<tr><td>任务载体和资料</td><td>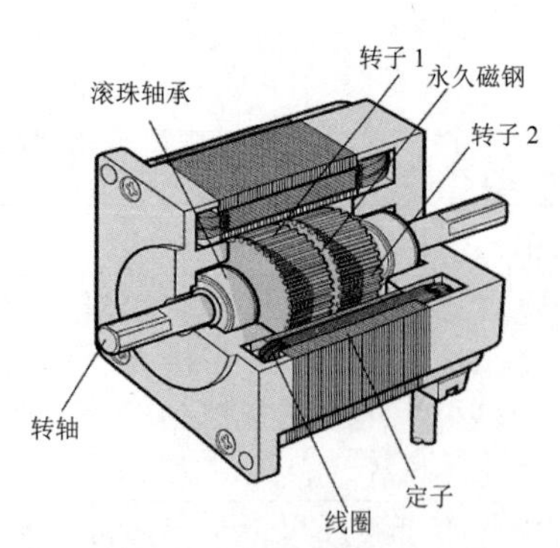

图 2-4 步进电动机组成结构图</td><td>如图 2-4 所示为步进电动机组成结构图。步进电动机由转子（转子铁芯、永磁体、转轴、滚珠、轴承）、定子（绕组、定子铁芯）、前后端盖等组成。最典型的两相混合式步进电动机的定子有 8 个大齿、40 个小齿，转子有 50 个小齿；三相电动机的定子有 9 个大齿、45 个小齿，转子有 50 个小齿。本任务以反应式步进电动机为例，介绍步进电动机的结构、工作原理及一些相关知识。（混合式步进电动机、永磁性步进电动机的结构和工作原理又是怎样的？可以查阅资料深入了解。）</td></tr>
<tr><td>引导文</td><td colspan="2">1．团队分析任务要求：讨论在完成本次任务前，你和你的团队缺少哪些必要的理论知识？需要具备哪些方面的操作技能？你们该如何解决这些困难？
2．你是否需要从外观上认识反应式步进电动机？包括其结构的认知和原理的理解。
3．反应式步进电动机、维修电工中使用的三相异步电动机和学习情境 1 学过的伺服电动机的工作原理一样吗？掌握反应式步进电动机的工作原理。
4．反应式步进电动机不同的通电方式有什么区别？可以查阅网上的资料进行辨别、区分。
5．请认真学习“知识链接”的内容。思考这样一个问题：步距角对步进电动机有什么影响？具体是怎样的关系？必须仔细分析并理解这个问题。
6．你已经具备完成此情境学习的所有资料了吗？如果没有，还缺少哪些？应该通过哪些渠道获得？
7．实现我们的核心任务“反应式步进电动机的结构及工作原理”，思考其中的关键是什么？和你之前学过的伺服电动机的任务有什么相似之处？
8．通过引导文的指引，你和你的团队是否明白，实现本情境任务的学习，包括哪些具体任务？你们团队该如何分工合作，共同完成这项庞大的任务？
9．将任务的实施情况（可以包括你学到的知识点和技能点、团队分工任务的完成情况等）整理成文档。
10．将你们的成果提交给指导教师，让其对任务完成情况进行检查。
11．就你们团队的知识、技能、能力和素质进行自我评价、互相评价和教师评价。正确认识自己的不足之处，取长补短，争取在下次任务训练中得到进步。</td></tr>
</table>

任务描述

学习目标	学习内容	任务准备
1．掌握反应式步进电动机的结构、工作原理、通电方式和步距角的计算。 2．具有查阅有关标准的能力。 3．培养学生课程标准教学目标中的方法能力、社会能力，达成素质目标。	1．反应式步进电动机的结构及各部分的作用。 2．步进电动机的工作原理。 3．步进电动机的通电方式。 4．步进电动机步距角的计算。	可以将反应式步进电动机结构的相关知识作为切入点，逐步由结构引入到工作原理进行分析。

1　反应式步进电动机的结构

反应式步进电动机的结构	
反应式步进电动机的结构一般由定子铁芯、磁极、定子绕组、转子铁芯等部件组成，有径向分相和轴向分相两种结构。	
反应式步进电动机各部分的作用	
定子铁芯	定子铁芯为凸极结构，由硅钢片迭压而成。在面向气隙的定子铁芯表面有齿距相等的小齿。它是磁路的组成部分，用来固定磁极和绕组。
磁极和定子绕组	磁极沿定子圆周均匀分布，磁极身上套有定子绕组，相对两级的绕组串联构成一相，磁极的极靴上均匀分布多个矩形小齿。磁极的作用是在定子绕组中通过电流形成磁场，从而吸引转子转动。
转子铁芯	转子铁芯上没有绕组，只有沿转子圆周均匀分布的多个齿槽。转子齿槽受定子磁极吸引而产生电磁转矩，通过转轴带动机械负载旋转。

2　反应式步进电动机的工作原理

步进电动机的工作原理

步进电动机是利用电磁铁的作用原理，将脉冲信号转换为线位移或角位移的电动机。每来一个电脉冲，步进电动机转动一定角度，带动机械移动一小段距离。

错齿

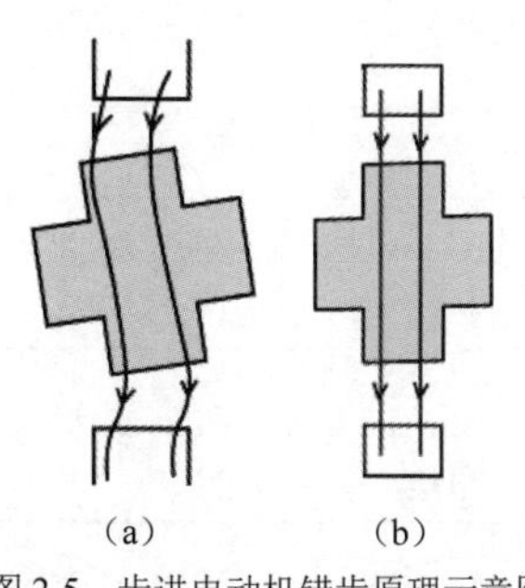

（a）　（b）

图 2-5　步进电动机错齿原理示意图

给 A 相绕组通电时，转子位置如图 2-5（a）所示，转子齿偏离定子齿一个角度。由于励磁磁通力图沿磁阻最小路径通过，因此对转子产生电磁吸力，迫使转子齿转动，当转子转到与定子齿对齐位置时，如图 2-5（b）所示，因转子只受径向力而无切向力，故转矩为 0，转子被锁定在这个位置上。由此可见，错齿是步进电动机旋转的根本原因。

反应式步进电动机的工作原理

某径向分相的三相反应式步进电动机的定子有六个均匀分布的磁极，相对的两个磁极构成一相，在磁极的极靴上均匀分布五个矩形小齿，如图 2-6 所示。

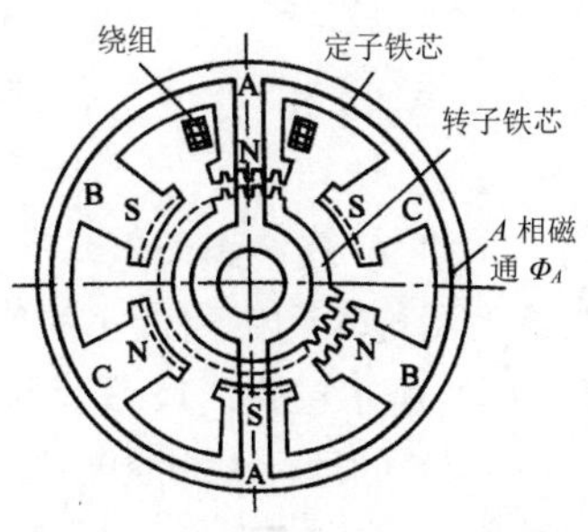

图 2-6　反应式步进电动机工作原理

其转子由转轴和转子铁芯组成。转子铁芯上没有绕组，沿圆周均匀分布了 40 个齿，相邻两齿之同的夹角为 9°。因此，电动机三相定子磁极上的小齿在空间依次错开了 1/3 齿距，如图 2-7 所示。

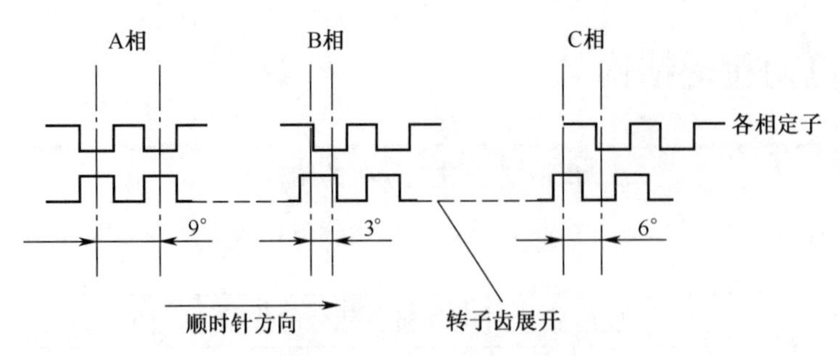

图 2-7 步进电动机齿距分布图

由于三相定子磁极上的小齿在空间上依次错开了 1/3 齿距，当 A 相磁极上的齿与转子上的齿对齐时，B 相磁极上的齿刚好超前（或滞后）转子齿 1/3 齿距角（3°），C 相磁极上的齿超前（或滞后）转子齿 2/3 齿距角（6°）。

图 2-7 中，当 A 相绕组通以直流电流时，根据电磁学原理，便会在 A 相磁极产生磁场，在转子产生电磁力，使转子的齿与定子 A 相磁极上的齿对齐。

若 A 相断电，B 相通电，这时 B 相磁极磁场在转子产生电磁力，吸引转子的齿与 B 相磁极上的齿对齐，转子沿顺时针方向转过 3°。

若 B 相断电，C 相通电，这时 C 相磁极磁场在转子产生电磁力，吸引转子的齿与 C 相磁极上的齿对齐，转子沿顺时针方向继续转过 3°。

通常，步进电动机绕组的通、断电状态每改变一次，其转子转过的角度称为步距角。如图 2-7 所示的步进电动机的步距角为 3°。

因此，如果控制线路不停地按 A→B→C→A 的顺序控制步进电动机绕组的通、断电，步进电动机的转子将不停地顺时针转动；如果通电顺序改为 A→C→B→A，同理，步进电动机的转子也将不停地逆时针转动。

3 三相式步进电动机的通电方式和步距角

基本概念
“单”是指每次只给一相绕组通电；“双”是指每次给两相绕组通电；从一种通电状态变为另一种通电状态，称为“一拍”。

通电方式		
分类	定义	原理
三相单三拍	步进电动机定子绕组的每一次通、断电称为“一拍”，每拍中只有一相绕组通电，即按 A→B→C→A 的顺序连续向三相绕组通电，称为三相单三拍通电方式，如图 2-8 所示。	（a）A 相通电　（b）B 相通电　（c）C 相通电 图 2-8 三相单三拍通电示意图 （1）A 相绕组通电，B、C 相不通电。由于在磁场作用下，转子总是力图旋转到磁阻最小的位置，故在这种情况下，转子必然转到图 2-8（a）所示位置：1、3 齿和 A、A′磁极轴线对齐。 （2）同理，B 相通电时，转子会转过 30°，2、4 齿和 B、B′磁极轴线对齐；C 相通电时，转子再转过 30°，1、3 齿和 C′、C 磁极轴线对齐。

三相六拍（又称三相单双拍）	如果交替出现单、双相通电状态，即按 A→AB→B→BC→C→CA→A 的顺序连续通电，称为三相六拍通电方式，又称三相单双拍通电方式，如图 2-9 所示。	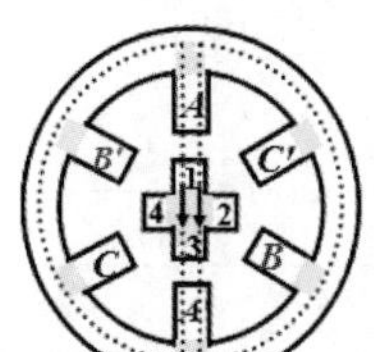 （a）A 相通电  （b）AB 相通电  （c）B 相通电  （d）BC 相通电 图 2-9　三相六拍通电示意图 （1）A 相通电，转子 1、3 齿和 A、A′ 磁极轴线对齐。 （2）A、B 相同时通电，A、A′ 磁极拉住 1、3 齿，B、B′ 磁极拉住 2、4 齿，转子转过 15°，到达图 2-9（b）所示位置。 （3）B 相通电，转子 2、4 齿和 B、B′ 磁极轴线对齐，又转过 15°。 （4）B、C 相同时通电，C′、C 磁极拉住 1、3 齿，B、B′ 磁极拉住 2、4 齿，转子再转过 15°。
三相双三拍	如果每拍中都有两相绕组通电，即按 AB→BC→CA→AB 的顺序连续通电，则称为三相双三拍通电方式，如图 2-10 所示。	 （a）AB 相通电  （b）BC 相通电 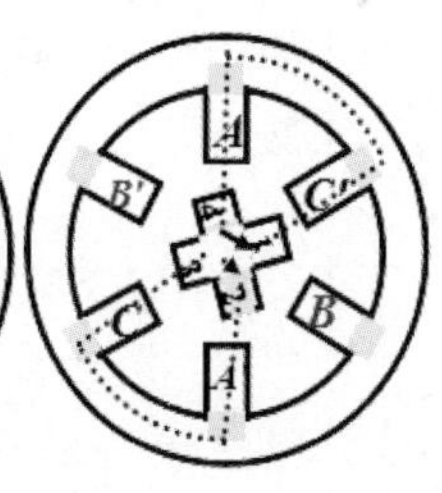 （c）CA 相通电 图 2-10　三相双三拍通电示意图 当 AB 相绕组通电时，1、4 齿和 AB 对齐；当换成 BC 相通电时，因为原来图 2-10（a）上的 3、4 齿距 BC 相主磁极近，所以 3、4 齿顺时针转动一个步距角（30°）后，3、4 齿和 BC 相主磁极对齐。 与单三拍方式相似，双三拍驱动时每个通电循环周期也分为三拍。

步距角

由一个通电状态改变到下一个通电状态时，电动机转子所转过的角度称为步距角。步进电动机的步距角可按式（2-1）计算：

$$\alpha = \frac{360^\circ}{kmz} \tag{2-1}$$

式中，k 为通电方式系数，采用三拍（单三拍或双三拍）通电方式时，k=1，采用六拍（单双拍）通电方式时，k=2；m 为步进电动机的相数；z 为步进电动机的转子齿数。

对于单定子径向分相反应式伺服步进电动机，当它以三相三拍通电方式工作时，其步距角为：

$$\alpha = \frac{360^\circ}{kmz} = \frac{360^\circ}{3 \times 40 \times 1} = 3^\circ$$

若按三相六拍通电方式工作时，则步距角为：

$$\alpha = \frac{360^\circ}{kmz} = \frac{360^\circ}{3 \times 40 \times 2} = 1.5^\circ$$

对于一般步进电动机，步距角还可以按式（2-2）计算：

$$\alpha = \frac{360^\circ}{Z_r m} \tag{2-2}$$

式中，Z_r 为转子齿数；m 为电动机的相数。

小结

由此可见，步进电动机的转子齿数 Z 和定子相数（或运行拍数）越多，则步距角越小，控制越精确。当定子控制绕组按一定顺序不断地轮流通电时，步进电动机就持续不断地旋转。如果电脉冲的频率为 f（Hz），

<table>
<tr><td>步距角用弧度表示，则步进电动机的转速如式（2-3）所示：
$$n = \frac{\beta f}{2\pi}60 = \frac{\frac{2\pi}{KmZ}f}{2\pi}60 = \frac{60}{KmZ}f = \frac{\alpha}{6}f \tag{2-3}$$</td></tr>
<tr><th>练习</th></tr>
<tr><td>一台三相反应式步进电动机，采用三相六拍分配方式，转子有 40 个齿，脉冲频率为 600Hz。求：①写出一个循环的通电程序；②步进电动机的步距角；③步进电动机的转速。</td></tr>
</table>

4 步进电动机的主要参数和特性

<table>
<tr><th colspan="3">步进电动机的静态特性</th></tr>
<tr><td>定义</td><td colspan="2">步进电动机的静态特性是指步进电动机的通电状态不发生变化，电动机处于稳定的状态下所表现出的性质。步进电动机的静态特性包括矩角特性和最大静转矩。</td></tr>
<tr><td rowspan="2">参数名称</td><td>矩角特性</td><td>步进电动机在空载条件下，控制绕组通入直流电流，转子最后处于稳定的平衡位置，也称为步进电动机的初始平衡位置。由于不带负载，此时步进电动机的电磁转矩为 0。若只有 U 相绕组单独通电，则处于初始平衡位置时，U 相磁极轴线上的定、转子齿必然对齐。
这时若有外部转矩作用于转轴上，迫使转子离开初始平衡位置而偏转，则定、转子齿轴线发生偏离，偏离初始平衡位置的电角度称为失调角 Q。转子会产生反应转矩 T（也称静态转矩），用来平衡外部转矩。
矩角特性就是静态转矩与失调角之间的关系，用 $T = f(\theta)$ 表示，其正方向取失调角增大的方向。矩角特性如图 2-11 所示。在反应式步进电动机中，转子的一个齿距所对应的角度为 2π 。
图 2-11 步进电动机的矩角特性
由矩角特性可知，在静转矩作用下，转子有一个平衡位置。当 θ 在 $\pm\pi$ 范围内，因某种原因使转子偏离 $\theta = 0$ 点时，电磁转矩 T 都能使转子恢复到 $\theta = 0$ 的点，因此，$\theta = 0$ 的点为步进电动机的稳定平衡点；但当 $\theta > \pi$ 或 $\theta < -\pi$ 时，转子因某种原因离开 $\theta = \pm\pi$ 时，电磁转矩却不能使转子再恢复到原平衡点，因此，$\theta = \pm\pi$ 为不稳定的平衡点。两个不稳定的平衡点之间即为步进电动机的静态稳定区域，稳定区域为 $-\pi < \theta < \pi$ 。</td></tr>
<tr><td>最大静转矩</td><td>最大静转矩是指在某相始终通电且转子不动时，所能承受的最大负载转矩，反映了制动能力和低速步进运行时的负载能力。最大静转矩的值越大，电动机带负载能力越强，快速性越好。</td></tr>
</table>

<table>
<tr><th colspan="3">步进电动机的动态特性</th></tr>
<tr><td>定义</td><td colspan="2">步进电动机的动态特性是指步进电动机从一种通电状态转换到另一种通电状态时所表现出的性质。动态特性包括启动频率、连续运动频率、矩频特性等。</td></tr>
<tr><td rowspan="3">参数名称</td><td>启动频率</td><td>步进电动机的启动频率是指在一定负载条件下，能够让步进电动机不失步地启动时脉冲的最高频率。
因为步进电动机在启动时，除了要克服静负载转矩，还要克服加速时的负载转矩，如果启动时频率过高，转子就可能因跟不上而造成振荡。启动频率的大小与以下三个因素有关：①启动频率与步进电动机的步距角有关，转手齿数越多，步距角越小，启动频率越高；②步进电动机的最大静态转矩越大，启动频率越高；③电路时间常数越大，启动频率越低。因此，要想增大启动频率，可以增大启动电流或减小电路的时间常数。</td></tr>
<tr><td>连续运动频率</td><td>规定在一定负载转矩下能不失步运行的最高频率称为连续运行频率。由于此时加速度较小，机械惯性影响不大，所以连续运行频率要比启动频率高得多。</td></tr>
<tr><td>矩频特性</td><td>步进电动机的矩频特性是指在某相始终通电且转子不动时，所能承受的最大负载转矩，反映了制动能力和低速步进运行时的负载能力。矩频特性曲线的纵坐标为电磁转矩 T，横坐标为工作频率 f。典型的步进电动机矩频特性曲线如图 2-12 所示。
图 2-12　矩频特性曲线
从图 2-12 中可以看出，步进电动机的转矩随频率的增大而减小。</td></tr>
</table>

子学习情境 2.3　步进电动机控制系统

步进电动机控制系统工作任务单

<table>
<tr><td>情　境</td><td colspan="6">步进电动机的认知和应用</td></tr>
<tr><td>学习任务</td><td colspan="4">子学习情境 2.3：步进电动机控制系统</td><td>完成时间</td><td></td></tr>
<tr><td>任务完成</td><td>学习小组</td><td></td><td>组长</td><td></td><td>成员</td><td></td></tr>
<tr><td>任务要求</td><td colspan="6">掌握：
1．步进电动机控制系统的组成。
2．控制器的作用。
3．环形分配器的原理及作用。
4．功率放大器的原理及作用。</td></tr>
</table>

任务载体和资料	图 2-13　步进电动机控制系统组成原理框图	因为步进电动机具有快速启停、精度高和能够直接接受数字信号的特点，因而在需要精确定位的场合得到广泛的应用，如软盘驱动系统、绘图机、打印机等。在位置控制系统中，由于步进电动机的精度高，并且不需要位移传感器就可以达到较精确的定位，在经济型数控系统中应用广泛。如图 2-13 所示为典型的步进电动机控制系统组成原理框图。本任务就是掌握步进电动机控制系统的组成及各部分原理、作用等相关知识。（典型的步进电动机控制系统有哪些？可以查阅资料深入了解。）
引导文	1．团队分析任务要求：讨论在完成本次任务前，你和你的团队缺少哪些必要的理论知识？需要具备哪些方面的操作技能？你们该如何解决这些困难？ 2．你是否了解步进电动机如何能够将电脉冲转化为角位移？这就要涉及一个步进电动机控制系统，包括其结构的认知和原理的理解。 3．步进电动机控制系统和之前学过的伺服电动机控制系统一样吗？需要有哪些部件？了解步进电动机控制系统的组成。 4．步进电动机控制系统中各组成部分的作用是什么？是如何实现的？可以查阅网上的资料进行辨别、区分。 5．请认真学习“知识链接”的内容。思考这样一个问题：环形分配器结构不同时究竟起什么作用？具体是怎样的关系？必须仔细分析并理解这个问题。 6．你已经具备完成此情境学习的所有资料了吗？如果没有，还缺少哪些？应该通过哪些渠道获得？ 7．实现我们的核心任务“步进电动机控制系统的组成”，思考其中的关键是什么？和你之前学过的伺服电动机的任务有什么相似之处？ 8．通过引导文的指引，你和你的团队是否明白，实现本情境任务的学习，包括哪些具体任务？你们团队该如何分工合作，共同完成这项庞大的任务？ 9．将任务的实施情况（可以包括你学到的知识点和技能点、团队分工任务的完成情况等）整理成文档。 10．将你们的成果提交给指导教师，让其对任务完成情况进行检查。 11．就你们团队的知识、技能、能力和素质进行自我评价、互相评价和教师评价。正确认识自己的不足之处，取长补短，争取在下次任务训练中得到进步。	

任务描述

学习目标	学习内容	任务准备
1．掌握步进电动机控制系统的组成及各部分原理、作用等基础知识。 2．具有查阅有关标准的能力。 3．培养学生课程标准教学目标中的方法能力、社会能力，达成素质目标。	1．步进电动机控制系统的组成。 2．环形分配器的作用及原理。 3．功率放大器的作用及原理。 4．典型的步进电动机控制系统。	可以将伺服电动机控制系统的知识作为切入点，逐步由伺服电动机引入到步进电动机。

1　步进电动机控制系统的组成

步进电动机控制系统的组成

典型的步进电动机控制系统框图如图 2-14 所示。

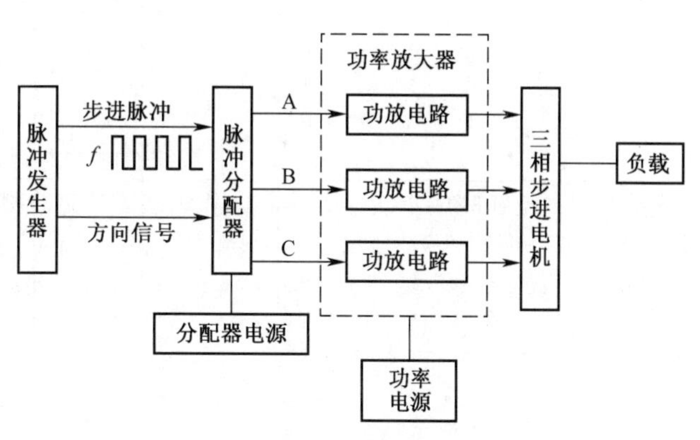

图 2-14　典型的步进电动机控制系统框图

脉冲发生器是一个信号发生器，用于产生频率可变的脉冲信号；脉冲分配器则根据方向控制信号，将脉冲信号转换成具有一定逻辑关系的环形脉冲；功率放大器则是将脉冲分配器输出的环形脉冲放大，用于控制步进电动机的运转。在这种控制方案中，控制电动机的脉冲序列完全由硬件产生。如果控制方案发生变化或换用不同相数的步进电动机，则需要重新设计硬件电路，并且由于硬件线路复杂，出现故障的概率也比较大。

如果用软件脉冲发生器和脉冲分配器，就可以根据系统需要，通过编程的方法在一定范围内任意设定步进电动机的转速、旋转角度、转动次数和控制步进电动机的运行状态。利用微机控制步进电动机可以大大简化控制电路，降低成本，提高系统的可靠性和灵活性。典型的微机控制步进电动机系统原理框图如图 2-15 所示。在微机控制系统中，微机不但能控制步进电动机的环形脉冲序列，而且能控制步进电动机的方向和速度。

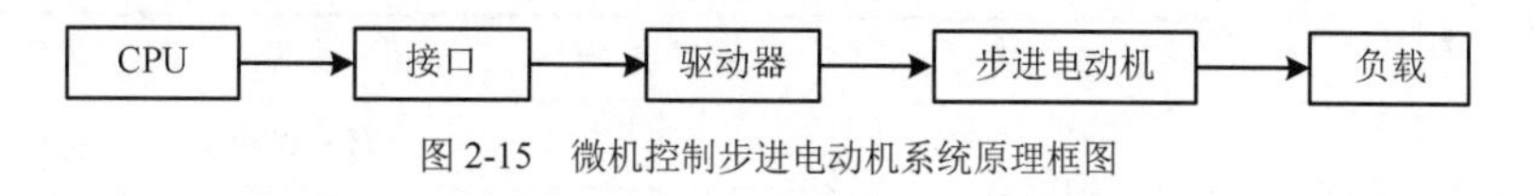

图 2-15　微机控制步进电动机系统原理框图

2　环形分配器的原理及应用

环形分配器的作用

环形分配器的作用是把来自脉冲发生器的脉冲信号转换成控制步进电动机定子绕组通断的电平信号，电平信号的改变次数及顺序与进给脉冲的个数及方向对应。例如，对于三相三拍步进电动机，若 1 表示通电、0 表示断电，A、B、C 是其三相定子绕组，则经环形分配器后，每来一个进给脉冲指令，A、B、C 应按（100）→（010）→（001）→（100）的顺序改变一次。环形分配器可以由硬件逻辑线路构成，也可以用软件来实现。

环形分配器的分类

	硬件环形分配器由门电路和双稳态触发器组成的逻辑电路构成。特点是直观、维护方便、响应速度较好。 集成脉冲分配器 CH250 是专为三相反应式步进电动机设计的环形分配器。这种集成电路采用 CMOS 工艺，集成度高，可靠性好。它的管脚图及三相六拍工作时的接线图如图 2-16 所示。 CH250 有 A、B、C 三个输出端，当输入端 CL 或 EN 加上时钟脉冲后，输出波

硬件环形分配器

形将符合三相反应式步进电动机的要求。若采用 CL 作为脉冲输入端时，是上升沿触发，同时 EN 为使能端，EN=1 时工作，EN=0 时禁止；反之，采用 EN 作为时钟端时，则下降沿触发，此时 CL 为使能端，CL=0 时工作，CL=1 时禁止。

R 和 R*分别为双三拍运行和六拍运行的复位端。当 R 加上正脉冲时，ABC 的状态为 110；当 R*加上正脉冲时，ABC 的状态为 100，以避免 ABC 出现 000 或 111 的非法状态。

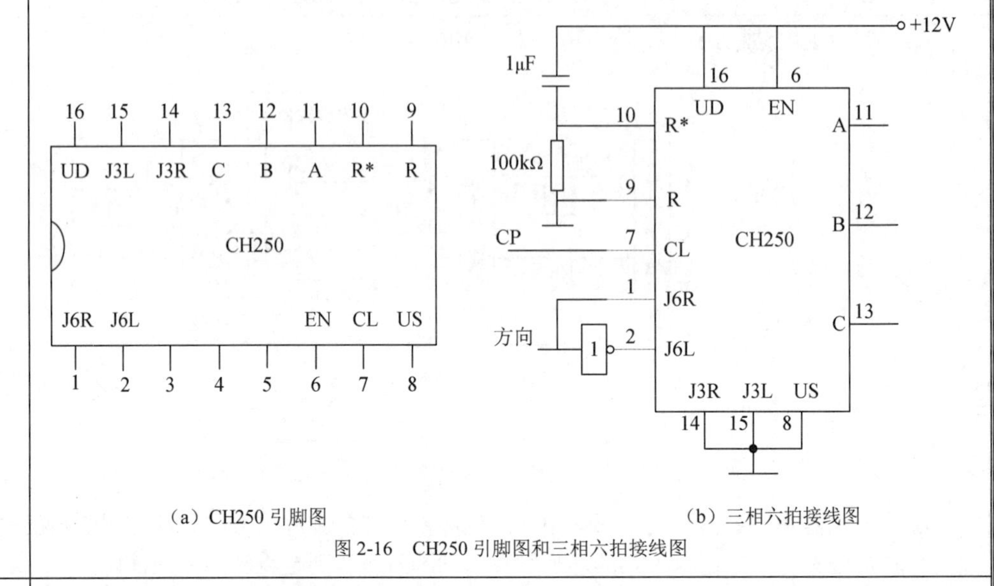

（a）CH250 引脚图　　（b）三相六拍接线图

图 2-16　CH250 引脚图和三相六拍接线图

软件环形分配器

使用软件环形分配器时只需编制不同的软件环形分配程序，将其存入程序存储器中，调用不同的程序段就可以控制步进电动机按不同的方式工作。

1. 步进电动机旋转方向的控制

（1）步进电动机的工作方式。步进电动机的旋转方向和内部绕组的通电顺序及通电方式有关，常见的三相步进电动机工作方式见表 2-1。

表 2-1　常见的三相步进电动机工作方式

工作方式	旋转方向	通电顺序
三相单三拍方式	正转	A→B→C→A
	反转	A→C→B→A
三相双三拍方式	正转	AB→BC→CA→AB
	反转	AB→CA→BC→AB
三相单双六拍方式	正转	A→AB→B→BC→C→CA→A
	反转	A→CA→C→BC→B→AB→A

（2）步进电动机旋转方向的控制方法。

1）单片机的一位输出口控制步进电动机的某相绕组，如可以用 P1.0、P1.1、P1.2 分别控制 A 相、B 相和 C 相绕组。

2）根据步进电动机的类型和控制方式找出相应的控制模型。

3）根据控制方式规定的顺序向步进电动机发送脉冲序列，即可控制步进电动机的旋转方向。

2. 步进电动机控制程序的设计

控制程序的主要任务是判断电动机的旋转方向；输出响应的控制脉冲序列；判断要求的脉冲信号是否输出完毕。即控制程序首先要判断电动机的旋转方向，再根据旋转方向选择响应的控制模型，然后按要求输出控制脉冲序列。根据前面分析的步进电

	动机的工作原理和控制方式，可以很容易地设计出步进电动机的控制程序。 下面以三相单三拍为例说明步进电动机控制程序的设计。假设要求的步数为 N，电动机旋转的方向标志存储单元 FLAG→1 时，表示正转；FLAG=0 时，表示反转。正转模型 01H、02H、04H 存放在以 RM 为起始地址的内存单元中；反转模型 04H、02H、01H 存放在以 LM 为起始地址的内存单元中。 三相单三拍控制程序流程图如图 2-17 所示。 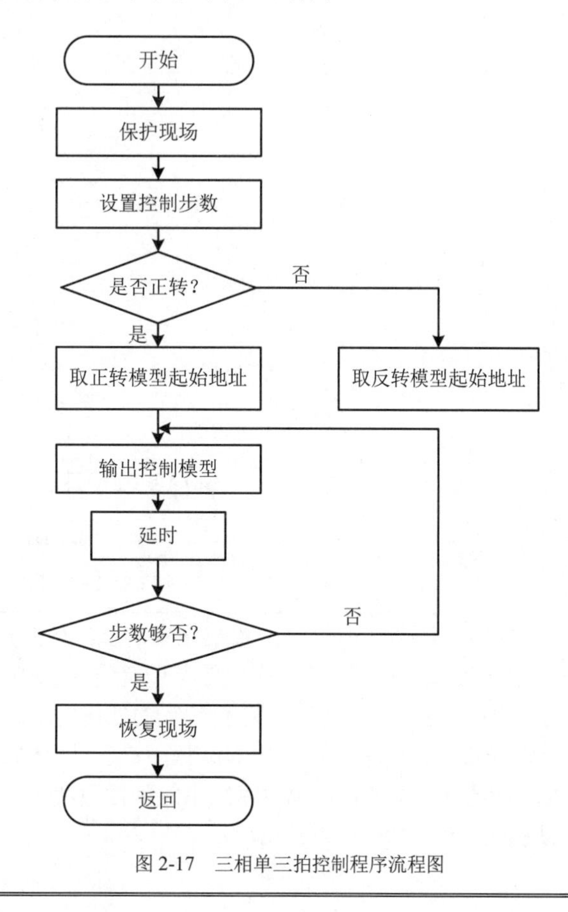 图 2-17　三相单三拍控制程序流程图

3　功率放大器的原理及应用

功率放大器的作用	
功率驱动器也称为功率放大器。从环形分配器来的脉冲电流只有几毫安，而步进电动机的定子绕组需要 1～10A 的电流，才足以满足驱动步进电动机的旋转。另外，由于功率放大器中的负载为步进电动机的绕组且是感性负载，故步进电动机使用的功率放大器与一般功率放大器相比有其特殊性，如较大电感影响快速性，以及感性负载带来的功率管保护等问题。 功率放大器最早采用单电压驱动电路，后来出现了高电压驱动电路、斩波电路和细分电路。	
功率放大器的分类	
	如图 2-18 所示为单电压驱动电路，是三相步进电动机单电压的功率放大器的一种线路，步进电动机每一相绕组都有一套这样的电路。 单电压供电的功率放大器的电路由两级设计射极跟随器和一级功率反相器组成。第一级射极跟随器起隔离作用，使功率放大器对环形分配器的影响较小，第二级射极跟随器 VT2 管处于放大区，用以改善功率放大电路的动态特性。 当环形分配器的 A 输出端为高电平时，VT3 饱和导通，步进电动机 A 相绕组 LA 中的电流从 0 开始按指数规律上升到稳态值。当环形分配器的 A 输出端为低电平时，VT1、VT2 处于

<table>
<tr><td>单电压供电的功率放大器</td><td>小电流放大状态，VT2 的射极电位，也就是 VT3 的基极电位不可能使 VT3 导通，绕组 LA 断电。此时由于绕组的电感存在，将在绕组两端产生很大的感应电势，它和电源电压一起加到 VT3 管上，将造成过压击穿。因此，绕组 LA 两端并联有续流二极管 VD，VT3 的集电极与发射极之间并联 RC 吸收回路以保护 VT3 管不被损坏。在绕组 LA 回路中串联电阻 R_0，用以限流和减小供电回路的时间常数，并联加速电容 C_0 以提高绕组的瞬时电压，这样可使 LA 中的电流上升速度提高，从而提高启动频率。但是串入电阻 R_0 后，无功功耗增大，为保持稳定电流，相应的驱动电压要求较无串接电阻时提高许多，对晶体管的耐压要求更高。这种电路高频时带负载能力低。为了克服上述缺点，出现了双电压供电电路。
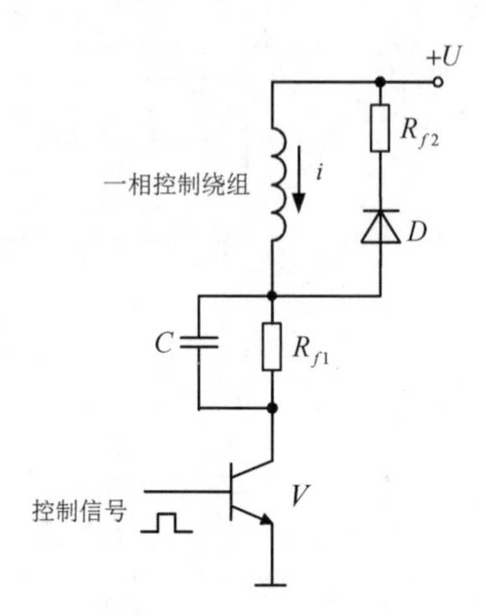

图 2-18　单电压驱动电路</td></tr>
<tr><td>双电压供电的功率放大器</td><td>如图 2-19 所示，在环形分配器送来的脉冲使 VT1 管导通的同时，触发了单稳态触发器 D，在 D 输出的窄脉冲宽度的时间内使 VT2 管导通，60V 的高压点经限流电阻 R_0 给绕组 LA 供电。由于 VD1 承受反压，因而切断了 12V 的低压电源。在高压供电下，绕组 LA 中的电流迅速上升，前沿很陡。当超过 D 输出的窄脉冲宽度时，VT2 管截止。这时 VD1 导通，电流继续流过绕组。续流回路中串接电阻可以减小时间常数和加快续流过程。采用以上措施大大提高了步进电动机的工作效率。
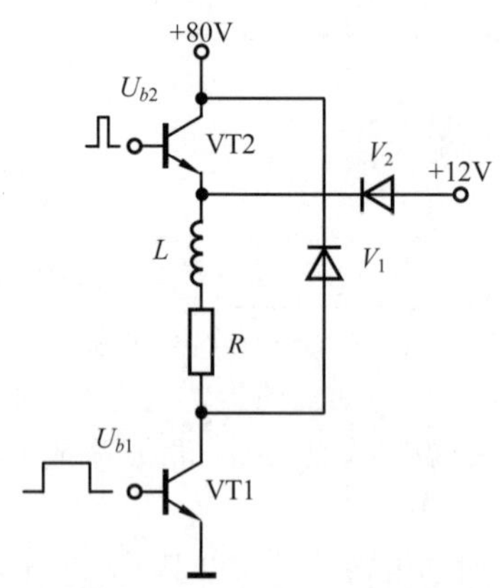

图 2-19　高低电压切换型驱动电路
这种电路的特点是：开始由高压供电，使绕组的冲击电流波形上升，前沿很陡，利于提高启动频率和最高连续工作频率，其后切断高压，由低压供电以维持额定稳定电流值，只需很小的限流电阻值，因而功耗很低。当工作频率很高时，其周期小于单稳态触发器 D 的延迟时间，变成纯高压供电，可以获得较大的高频电流，具有较好的矩频特性。其缺点是电流波形有凹陷，电路较复杂。</td></tr>
</table>

<table>
<tr><td>斩波驱动电路</td><td>

高低压驱动电路的电流波形的波顶会出现凹形，造成高频输出转矩的下降，为了使励磁绕组中的电流维持在额定值附近，需要用斩波驱动电路。三种驱动电路的电流波形如图 2-20 所示。

斩波驱动电路的工作原理是环形分配器输出的脉冲作为输入信号，若为正脉冲，则 VT1、VT2 导通，由于 U_1 电压较高，绕组回路又没有电阻，所以绕组中的电流迅速上升，当绕组中的电流上升到额定值以上某个数值时，由于采样电阻 R_e 的反馈作用，经整形、放大后送至 VT1 的基极，使 VT1 截止。接着绕组由 U_2 低压供电，绕组中的电流立即下降，但刚降至额定值以下时，由于采样电阻 R_e 的反馈作用，使整形电路无信号输出，此时高压前置放大电路又使 VT1 导通，电流又上升。如此反复进行，形成一个在额定电流值上下波动呈现锯齿状的绕组电流波形，近似恒流，所以斩波电路也称斩波恒流驱动电路。锯齿波的频率可以通过调整采样电阻 R_e 和整形电路的电位器来调整。

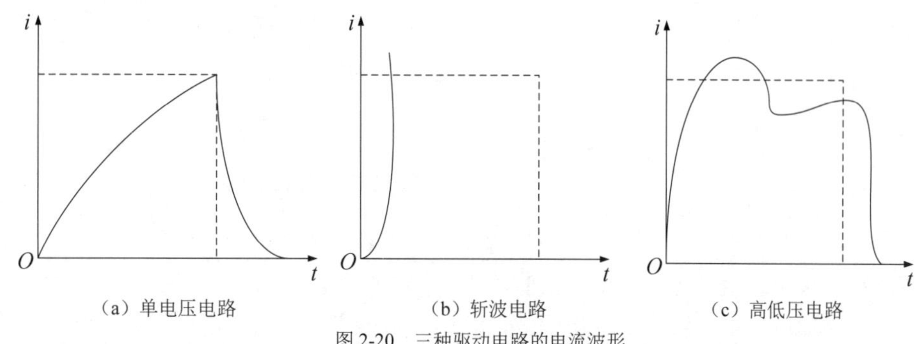

（a）单电压电路　（b）斩波电路　（c）高低压电路

图 2-20　三种驱动电路的电流波形

斩波驱动电路虽然复杂，但它使数控系统与步进电动机的运行具有矩频特性，而且启动矩频特性和惯性特性都有明显提高，使绕组中的脉冲电流边沿陡，快速响应好。该电路无外接电阻，而采样电阻 R_e 又很小（一般为 0.2Ω 左右），所以整个系统的功耗下降很多，相应地提高了效率。由于采样电阻 R_e 的反馈作用，使绕组中的电流可以恒定在额定的数值上，而且不随步进电动机的转速而变化，从而保证在很大的频率范围内，步进电动机都能输出恒定的转矩。

</td></tr>
</table>

4　典型步进电动机控制系统

<table>
<tr><th colspan="2">步进电动机控制系统的应用</th></tr>
<tr><td colspan="2">步进电动机的工作过程一般由控制器控制。控制器按照设计者的要求完成一定的控制过程，使驱动电源按照要求的规律驱动电动机运行。简单的控制过程可以用各种逻辑电路来实现，缺陷就是逻辑线路复杂、控制方案难以改变。目前，主要采用单片机作为步进电动机的控制器进行控制，很好地克服了硬件逻辑线路控制器的缺点。</td></tr>
<tr><th colspan="2">步进电动机开环控制系统</th></tr>
<tr><td>串行控制</td><td>

具有串行控制功能的单片机系统与步进电动机驱动电源之间具有较少的连线。这种系统中，驱动电源中必须含有环形分配器，其功能框图如图 2-21 所示。

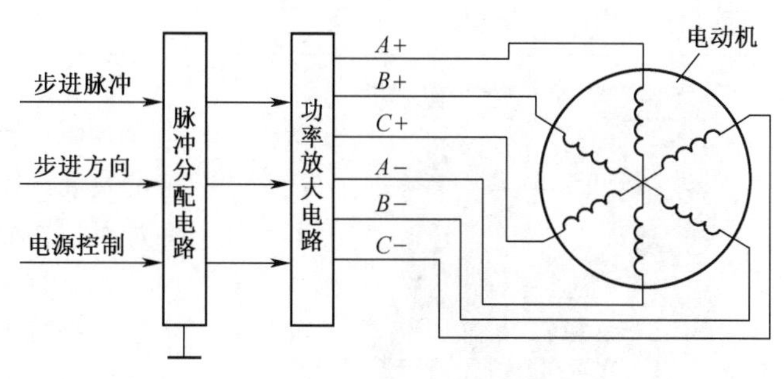

图 2-21　环形分配器功能框图

脉冲分配电路也称环行分配器，用来对输入的步进脉冲进行逻辑变换，产生给定工作方式

</td></tr>
</table>

<table>
<tr><td></td><td>所需的各相脉冲序列信号。功率放大电路对脉冲分配电路输出的信号进行放大，产生使电动机旋转所需的激磁电流。步进方向信号指定各相导通的先后次序，用以改变步进电动机的旋转方向。电源控制信号用来在必要时使各相电流为0，以达到降低功耗等的目的。</td></tr>
<tr><td>并行控制</td><td>用微机系统的数条端口线直接去控制步进电动机各相驱动电路的方法称为并行控制。在驱动电源内，不包含环形分配器，其功能必须由微机系统完成。并行控制方案的功能框图如图2-22所示。
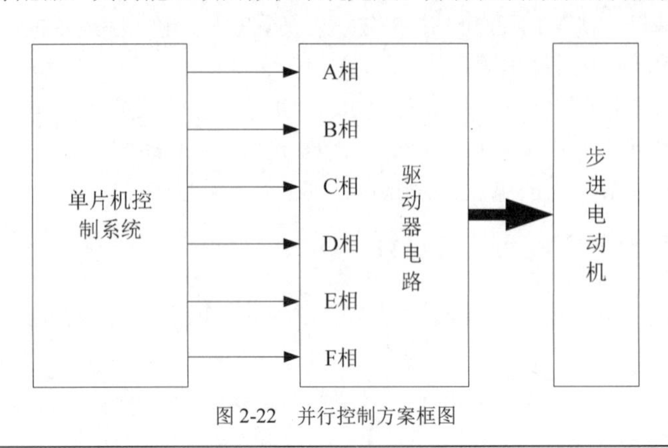

图2-22 并行控制方案框图</td></tr>
<tr><td colspan="2">步进电动机闭环控制系统</td></tr>
<tr><td colspan="2">开环控制步进电动机驱动系统的输入脉冲不依赖于转子的位置，而事先按照一定的规律给定。缺点是电动机输出转矩加速度在很大程度上取决于驱动源和控制方式。对不同电动机或同种电动机不同的负载，很难找到通用的加减速规律，因此，提高步进电动机的性能指标受到限制。闭环控制是直接或间接地检测转子的位置和速度，并通过反馈和适当的处理自动给出驱动的脉冲串。用闭环控制可以获得更加精确的位置控制和较高、较平稳的转速，而且可以在步进电动机的其他领域内获得更大的通用性。步进电动机的输出转矩是励磁电流和失调角的函数。为获得高输出转矩，必须考虑电流的变化和失调角的大小，这对开环控制很难实现。</td></tr>
</table>

子学习情境2.4 步进电动机的使用与故障诊断

步进电动机的使用与故障诊断工作任务单

<table>
<tr><td>情　境</td><td colspan="6">步进电动机的认知和应用</td></tr>
<tr><td>学习任务</td><td colspan="4">子学习情境2.4：步进电动机的使用与维修</td><td>完成时间</td><td></td></tr>
<tr><td>任务完成</td><td>学习小组</td><td></td><td>组长</td><td></td><td>成员</td><td></td></tr>
<tr><td>任务要求</td><td colspan="6">掌握：
1．步进电动机的选型原则。
2．步进电动机的故障诊断方法。</td></tr>
<tr><td>任务载体和资料</td><td colspan="3">
图2-23 不同系列步进电动机外形结构图</td><td colspan="3">步进电动机结构简单、价格低廉、容易控制、维修方便，而且随着计算机技术的发展，其驱动控制除大功率放电电路外，都可以由软件实现，所以步进电动机在开环控制领域有较广泛的使用价值。用好步进电动机（图2-23），如何选型和维修是关键。本任务就是要掌握步进电动机的选型及故障诊断相关知识。（步进电动机如何维修？可以查阅资料深入了解。）</td></tr>
</table>

引导文	1．团队分析任务要求：讨论在完成本次任务前，你和你的团队缺少哪些必要的理论知识？需要具备哪些方面的操作技能？你们该如何解决这些困难？ 2．你了解步进电动机选型应该考虑哪些因素吗？其动态参数和静态参数如何衡量协调？ 3．步进电动机的故障诊断有哪些依据？ 4．不同类型的步进电动机在选型上有什么区别？可以查阅网上的资料进行辨别、区分。 5．请认真学习“知识链接”的内容。思考这样一个问题：步进电动机的选型如何权衡各个参数？具体是怎样的关系？必须仔细分析并理解这个问题。 6．你已经具备完成此情境学习的所有资料了吗？如果没有，还缺少哪些？应该通过哪些渠道获得？ 7．实现我们的核心任务“步进电动机的使用与故障诊断”，思考其中的关键是什么？和你之前学过的步进电动机的任务有什么相似之处？ 8．通过引导文的指引，你和你的团队是否明白，实现本情境任务的学习，包括哪些具体任务？你们团队该如何分工合作，共同完成这项庞大的任务？ 9．将任务的实施情况（可以包括你学到的知识点和技能点、团队分工任务的完成情况等）整理成文档。 10．将你们的成果提交给指导教师，让其对任务完成情况进行检查。 11．就你们团队的知识、技能、能力和素质进行自我评价、互相评价和教师评价。正确认识自己的不足之处，取长补短，争取在下次任务训练中得到进步。

学习目标	学习内容	任务准备
1．掌握步进电动机选型、使用及故障诊断、维修等基础知识。 2．具有查阅有关标准的能力。 3．培养学生课程标准教学目标中的方法能力、社会能力，达成素质目标。	1．步进电动机的选型原则。 2．步进电动机的使用方法。 3．步进电动机的故障诊断方法。	可以将步进电动机相关性能参数的相关知识作为切入点，逐步由伺服电动机引入到步进电动机。

1　步进电动机的选型与使用

步进电动机的选型与计算概述	
步进电动机结构简单、价格低廉、容易控制、维修方便，而且随着计算机技术的发展，其驱动控制除功率放大电路外，都可以由软件实现。因此，步进电动机在开环控制领域有广泛的使用价值。用好步进电动机，正确选型和必要的计算是关键。	
步进电动机的使用特性	
步距误差	步距误差是指空载时实测的步距角与理论步距角之差，它反映了步进电动机角位移的精度。由于步进电动机主要用于开环控制的伺服系统中，这一误差无法测量和补偿，因此，在选用步进电动机时，应分析它对整个伺服系统的影响。国产步进电动机的步距误差一般在±10°～±30°，精度较高的步进电动机的步距误差可以达到±2°～±5°。
最大静力矩	最大静力矩是指步进电动机在某相始终通电而处于静止不动的状态时所能承受的最大外加力矩。该力矩也就是电动机所能输出的最大电磁力矩。它反映了步进电动机的制动能力和低速时步进运行的负载能力。

<table>
<tr><td>启动矩频特性</td><td>启动矩频特性是指步进电动机在有外加负载力矩时，不失步地正常启动所能接受的启动频率（又称最大阶跃输入脉冲频率）与负载力矩的对应关系。负载力矩越大，所允许的最大启动频率越小。选用步进电动机时，应该使实际应用的启动频率与负载力矩所对应的启动工作点位于启动矩频曲线之下，才能保证步进电动机不失步地正常启动。</td></tr>
<tr><td>运行矩频特性</td><td>运行矩频特性是指步进电动机运行时，输出力矩与输入脉冲频率之间的关系。步进电动机的输出力矩随运行频率的增加而减小，即高速时其负载能力变差，这一特性是步进电动机应用范围受到限制的主要原因之一。选用步进电动机时，应该使实际应用的运行频率与负载力矩所对应的运行工作点位于运行矩频曲线之下，才能保证步进电动机不失步地正常运行。</td></tr>
<tr><td colspan="2">步进电动机初步选型要考虑的问题</td></tr>
<tr><td colspan="2">对步进电动机的初步选型，主要考虑以下三个方面的问题：
（1）步进电动机的步距角要满足进给传动系统脉冲当量的要求。
（2）步进电动机的最大静力矩要满足进给传动系统的空载快速启动力矩要求。
（3）步进电动机的启动矩频特性和工作矩频特性必须满足进给传动系统对启动力矩与启动频率、工作运行力矩与运行频率的要求。</td></tr>
<tr><td colspan="2">步进电动机的选型原则</td></tr>
<tr><td colspan="2">（1）步距角和机械系统相匹配。应使步距角和机械系统相匹配，以得到机床所需的脉冲当量。有时为了在机械传动过程中得到更小的脉冲当量，一是改变丝杠的导程，二是通过电动机的细分驱动来完成。但细分只能改变其分辨率，不能改变其精度。精度是由电动机的固有特性决定的。
（2）正确计算机械系统的负载转矩。要正确计算机械系统的负载转矩，使电动机的矩频特性能满足机械负载要求并有一定的余量，保证其运行可靠。在实际工作过程中，各种频率下的负载力矩必须在特性曲线的范围内。一般来说，最大静力矩大的电动机，其承受的负载力矩也大。
（3）估算机械负载的负载惯量和机床要求的启动频率。应当估算机械负载的负载惯量和机床要求的启动频率，使之与步进电动机的惯性频率特性相匹配且还有一定的余量，使之最高速连续工作频率能满足机床快速移动的需要。
（4）合理确定脉冲当量和传动链的传动比。
1）脉冲当量应该根据进给传动系统的精度要求来确定。如果取得太大，无法满足系统精度要求；如果取得太小，要么机械系统难以实现，要么对系统的精度和动态特性提出的要求过高，使经济性降低。对开环系统来说，一般取 0.005～0.01mm 为宜。
2）传动链的传动比为：
$$i=\frac{\alpha L_0}{360°\delta_p} \quad (2\text{-}4)$$
式中，α 为步进电动机的步距角，°；L_0 为滚珠丝杠的基本导程，mm；δ_p 为移动部件的脉冲当量，mm。
一般来说，步进电动机的步距角 α、滚珠丝杠的基本导程 L_0 和脉冲当量 δ_p 给定后，采用式（2-4）计算传动链的传动比时，传动比的值一般情况下不会等于 1，这表明采用步进电动机作为驱动的传动系统，电动机轴与滚珠丝杠轴不能直接连接，必须有一个减速装置进行过渡。当传动比的数值不大时，可以采用同步齿形带或一级齿轮副传动。否则，可以采用多级齿轮副传动。</td></tr>
</table>

2 步进电动机的故障诊断

步进电动机的故障诊断
步进电动机与一般电动机最显著的不同，在于一定要配备专用的驱动电源才能正常工作。因此，步进电动机拖动系统的维修就不仅是电动机的维修，也包括对控制线路和驱动线路的维修。步进电动机的故障与一般电动机的故障有共性的地方，但也有其特性的地方。步进电动机特性故障共表现在以下六个方面。

步进电动机出现严重发热现象	在精密步进拖动系统中，电动机温升过高将影响整个系统的精度。据测定，滚珠、丝杆每增加 5℃时，热变形量可达 0.01mm。造成电动机严重发热的原因有以下三点： （1）使用电动机时偏离了说明书的规定值。使用说明书提供的性能，如三相步进电动机一般用六拍工作方式。其中的性能和温升均是在六拍工作时测定的，如果在使用时改为双三拍工作，则温升可能很高。因此，如果非改不可，则在使用前必须补做一个温升实验。若发现温升确实较高，发热严重，则可以降低参数指标使用或改选适用的步进电动机。有时希望电动机能有较高的力能指标，如采用加高电压、改善时间常数、加大高压脉宽、直接或间接加大工作电流等方法，结果都可能造成电动机的温升增高。因此在改变使用条件后，也必须补做温升实验，证明无特高温升时才能使用。 （2）电动机的工作条件恶劣。如果电动机工作在高温或密闭的环境中，无法散热或散热条件非常差，造成工作时电动机严重发热，此时只能加强散热通风，改善使用条件。 （3）设计原因。如果转子采用整体钢制成，其温升就要比硅钢片叠加结构的要高。这种情况对高频电动机表现得更为突出。另一个原因是设计参数不合理。解决的办法只能是降低出力使用，或者加风扇进行强迫空冷，或者采用其他冷却办法。
定子绕组烧坏	定子绕组烧坏主要是指电动机的绝缘结构由于温度过高或长期工作在超过允许温升的条件下，绝缘层老化而被烧坏所致，通常用绝缘电阻表可以测出。步进电动机的定子绕组在一般情况下是不容易烧坏的。烧坏的主要原因大致有以下四点： （1）使用不慎，误将电动机接入市电工频交流电源上。 （2）高频电动机在高频下连续运转的时间过长。例如，在校调数控机床时，连续使用高速走刀或运转。 （3）在用高低压驱动电源时，线路已坏，致使电动机长期在高压下工作。 （4）长期在温升较高的情况下运行，造成绕组绝缘电阻层加速老化而烧坏。
电动机不能启动	步进电动机装入整机后，调整整机时启动不起来，其原因有以下几点： （1）一般三相步进电动机的说明书只提供六拍工作方式的电动机特性，其出力优于单、双三拍工作方式，而且无失步区。因此，六拍运行时能拖动的负载，单、双三拍就不一定能拖动，而且可能在某个频率段有振荡或失步。因此，若在使用中有工作方式要偏离使用说明书的规定，不能贸然使用。 （2）驱动线路的电参数没有达到样本规定值，致使电动机出力下降，这时需要改进线路。 （3）遥控时，若距离过远，必须考虑线路的压降。否则由于线路压降的影响，等于降低电动机输入电压，也减小了电流。 （4）电动机安装不合理，造成了定子变形，使定转子相卡而不能启动。安装好后可以尝试用手旋动转子检查，能转动灵活的即可。 （5）接线差错，即 N、S 极接错。 （6）存放不善，造成定转子生锈卡住。 （7）使用环境温升过高，使电动机内阻增大，驱动电流减小，于是无力拖动负载。其他还有如负载惯性过大或利用加大传动比、减小电动机轴端当量的转动惯量。上述情况在设计步进系统时就应该解决，不在故障范围内。 至于电动机工作一段时间后不能启动的原因大致如下：①驱动电源有故障；②电动机线圈匝间短路或碰壳；③电动机绕组烧坏；④电动机修理过，但没有彻底修好；⑤外电源压降太大，致使线路电压不足，电动机出力过小，带不动负载；⑥没有控制脉冲信号输入；⑦电动机运转一段时期后，可能有异物吸入电动机内使定转子卡住；⑧电动机停机时间过长，可能内部生锈卡住定转子。
电动机运行过程中噪声较大	电动机在运行过程中噪声较大，原因如下： （1）电动机运行在低频区或共振区，均会产生振动或噪声。消除的办法有消除齿轮间隙或其他间隙、采用尼龙齿轮、使用细分线路、使用阻尼器、降低电压以降低出力、采用隔声措施。

	（2）纯惯性负载、短程序、正反转频繁也会产生振动和噪声。消除的方法有可以改长程序并增加适当的摩擦阻尼以消振。 （3）磁路混合式或永磁式步进电动机转子有磁钢可消振，但磁钢退磁后以单步运行或在失步区又会重新出现振动或噪声，这种情况下，只需重新充磁即可解决或得到改善。 （4）永磁单相旋转步进电动机的定向机构已坏，也会引起振荡或噪声。
电动机运行时失步（或多步）	在伺服步进拖动系统中，失步是绝对不允许的。适成失步的原因有多种，主要是由于使用不当或一些机械上的原因，大致包括以下几点： （1）负载不当。①负载过大，超过电动机的承载能力；②负载为一变量，有时大于或小于电动机的承载能力。当小于电动机的承载能力时，能正常工作；而当大于电动机的承载能力时，就不能正常启动；③负载的转动惯量过大。在启动时出现失步，而在停车时可能停不住，造成过冲（即多步）。 解决的办法有变换大电动机；减小负载，主要是减小负载的转动惯量；采用逐步升频来加速启动，刹车时采用逐步减速到启动频率区内再停车。应当指出，在上述三种方法中，减小负载转动惯量的办法是比较方便和经济的。 （2）传动间隙引起的失步。 1）由于传动间隙有大小，因此失步数也有多有少。解决的办法是首先采取机械的消隙措施。若采用机械消隙机构后，仍然不能满足系统的精度要求，则采用电子间隙补偿信号发生器，即当系统反向运转时，人为地增加几个脉冲，用以补偿。 2）传动间隙中的零件有弹性形变。例如绳传动中，若传动绳的材料弹性变形较大，也会引起系统的失步或多步。解决的办法是增加绳传动的张紧轮和张紧力，同时增大阻尼或提高传动零件的精度，以保持接触良好。 3）电动机工作在振荡失步区。这在频率特性曲线上就是无力矩输出区。这种情况下的失步数一般没有规律，可以用降低电压或增大阻尼的办法来解决。 4）线路总清零键使用不当。驱动电源的总清零键是对电动机的起始状态进行定位的，因此在电动机执行程序的中途暂停时不应再使用总清零键，否则必定会造成失步或多步。这时的失步数或多步数不超过电动机的拍数。 5）定转子局部相擦。若电动机正在定转子相擦时启动，就可能造成失步。由于步进电动机的气隙较小，如在定转子之间有灰尘、铁削、锈斑或安装不良等原因，均可能造成定转子间的碰擦。
电动机运行时无力或出力降低	电动机运行时无力或出力降低的原因是： （1）驱动电源故障。 （2）电动机绕组碰壳、相间漏电或线头脱落。可以用万用表或绝缘电阻表进行检测。 （3）电动机绕组内部接线错误，尤其是在修理后。具体检查时可以用指南针来检查每相磁场方向，而接错的二相指南针无法定位，同时应该依次单相通电进行检查。 （4）电动机输出轴有断裂隐伤。由于电动机负荷较重，启停和正反频繁使轴金属疲劳而致有断裂隐伤，因此电动机虽然运转正常，但没有转轴矩输出。 （5）定转子间隙过大。定转子间隙超过规定间隙值的下限，造成整个频率特性下降，对此，只能换转子。 （6）电源电压过低。

子学习情境 2.5　步进电动机的工程应用

步进电动机的工程应用工作任务单

<table>
<tr><td>情　　境</td><td colspan="6">步进电动机的认知和应用</td></tr>
<tr><td>学习任务</td><td colspan="4">子学习情境 2.5：步进电动机的工程应用</td><td>完成时间</td><td></td></tr>
<tr><td>任务完成</td><td>学习小组</td><td></td><td>组长</td><td></td><td>成员</td><td></td></tr>
<tr><td>任务要求</td><td colspan="6">掌握：基于单片机的步进电动机控制系统应用。</td></tr>
<tr><td>任务载体和资料</td><td colspan="3">图 2-24　精密立式平面薄膜丝网印刷机</td><td colspan="3">步进电动机是将电脉冲信号转变为角位移或线位移的开环控制电动机，是现代数字程序控制系统中的主要执行元件，应用极为广泛。如图 2-24 所示，步进电动机可以应用于精密立式平面薄膜丝网印刷机中。本任务就是通过讲解单片机步进电动机控制系统的应用，掌握步进电动机控制系统的一些基本知识。（步进电动机的应用领域还有哪些？是如何实现功能的？可以查阅资料深入了解。）</td></tr>
<tr><td>引导文</td><td colspan="6">1．团队分析任务要求：讨论在完成本次任务前，你和你的团队缺少哪些必要的理论知识？需要具备哪些方面的操作技能？你们该如何解决这些困难？
2．基于单片机的步进电动机控制系统的设计包括几方面的内容？是如何实现的？
3．不同类型的步进电动机控制系统的实现有什么区别？可以查阅网上的资料进行辨别、区分。
4．请认真学习“知识链接”的内容。思考这样一个问题：基于单片机的步进电动机控制系统的工作原理是什么？它的实现分几部分？具体是怎样的关系？必须仔细分析并理解这些问题。
5．你已经具备完成此情境学习的所有资料了吗？如果没有，还缺少哪些？应该通过哪些渠道获得？
6．实现我们的核心任务“基于单片机的步进电动机控制系统”，思考其中的关键是什么？和你之前学过的步进电动机的任务有什么相似之处？
7．通过引导文的指引，你和你的团队是否明白，实现本情境任务的学习，包括哪些具体任务？你们团队该如何分工合作，共同完成这项庞大的任务？
8．将任务的实施情况（可以包括你学到的知识点和技能点、团队分工任务的完成情况等）整理成文档。
9．将你们的成果提交给指导教师，让其对任务完成情况进行检查。
10．就你们团队的知识、技能、能力和素质进行自我评价、互相评价和教师评价。正确认识自己的不足之处，取长补短，争取在下次任务训练中得到进步。</td></tr>
</table>

学习目标	学习内容	任务准备
1．掌握基于单片机的步进电动机控制系统基础知识。 2．具有查阅有关标准的能力。 3．培养学生课程标准教学目标中的方法能力、社会能力，达成素质目标。	1．基于单片机的步进电动机控制系统的控制原理。 2．基于单片机的步进电动机控制系统硬件系统的实现。 3．基于单片机的步进电动机控制系统软件系统的实现。	可以将步进电动机控制系统组成的相关知识作为切入点，逐步由步进电动机控制系统组成各部分的作用及原理引入到基于单片机的步进电动机控制系统中。

基于单片机的步进电动机控制系统

概述

步进电动机控制系统由控制器、驱动器和步进电动机构成，三者缺一不可。目前的驱动器一般都为集成产品，价格昂贵，结构复杂，主要应用于各种工业场合。而对于学校教学实验研究等步进电动机控制要求较低的场合，则使用专用驱动器来控制步进电动机，有一定的局限性，其价格也是必须考虑的重要因素。因此，本例对单片机控制步进电动机的方法进行了实验研究，结合应用对硬件接口进行了设计，并提出了软件设计方案。该方法灵活可靠、成本低廉、具有一定的工程实用价值，应用于实验教学和科研的效果良好。

步进电动机的单片机控制原理

步进电动机是数字控制电动机，它将脉冲信号转变成角位移，即给一个脉冲信号，步进电动机就转动一个角度。其最大的特点是通过输入脉冲信号来进行控制，即电动机的总转动角度由输入脉冲数决定，而电动机的转速由脉冲信号频率决定，因此非常适合于单片机控制。基于单片机的步进电动机控制系统由单片机 I/O、驱动电路、步进电动机、负载组成。

单片机的作用是产生驱动步进电动机的脉冲信号，并送给驱动电路，驱动电路根据控制信号工作，实现步进电动机的转速与方向控制。具体过程需要编程实现，通过改变单片机输出控制信号的循环次序，来完成步进电动机转动方向的改变；通过改变单片机输出信号的频率，来完成步进电动机速度的切换。

硬件系统

选用 35BY48L02 步进电动机，该电动机使用 24V 直流电源，步距角为 7.5°，电动机线圈由四相组成，即 A、B、C、D 四相，驱动方式为两相激磁方式。电动机外形图如图 2-25 所示。

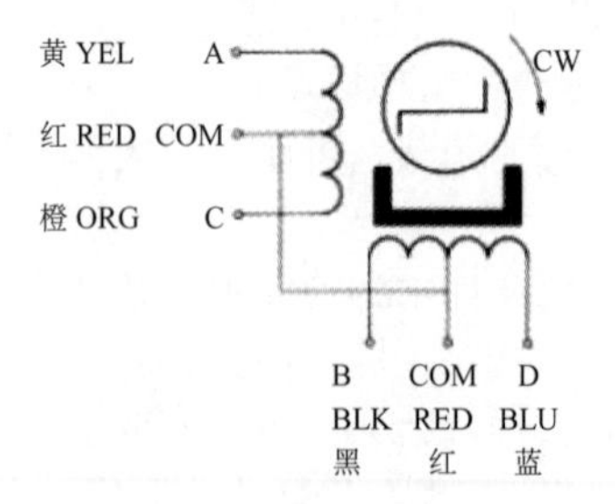

图 2-25 电动机外形图

驱动电路由脉冲信号控制，调节脉冲信号的频率便可以改变步进电动机的转速。驱动器输出端连接步进电动机。因其工作电压为 24V，最大电流为 0.22A，因此用一块开路输出达林顿驱动器（VS2003）作为驱动。为了节省单片机 I/O 资源，使用 74LS02（或非门）集成芯片进行时序的切换，通过 P0.2、P0.3、P0.6 来控制各线圈的接通与切断，步进电动机接口与单片机接口电路如图 2-26 所示。

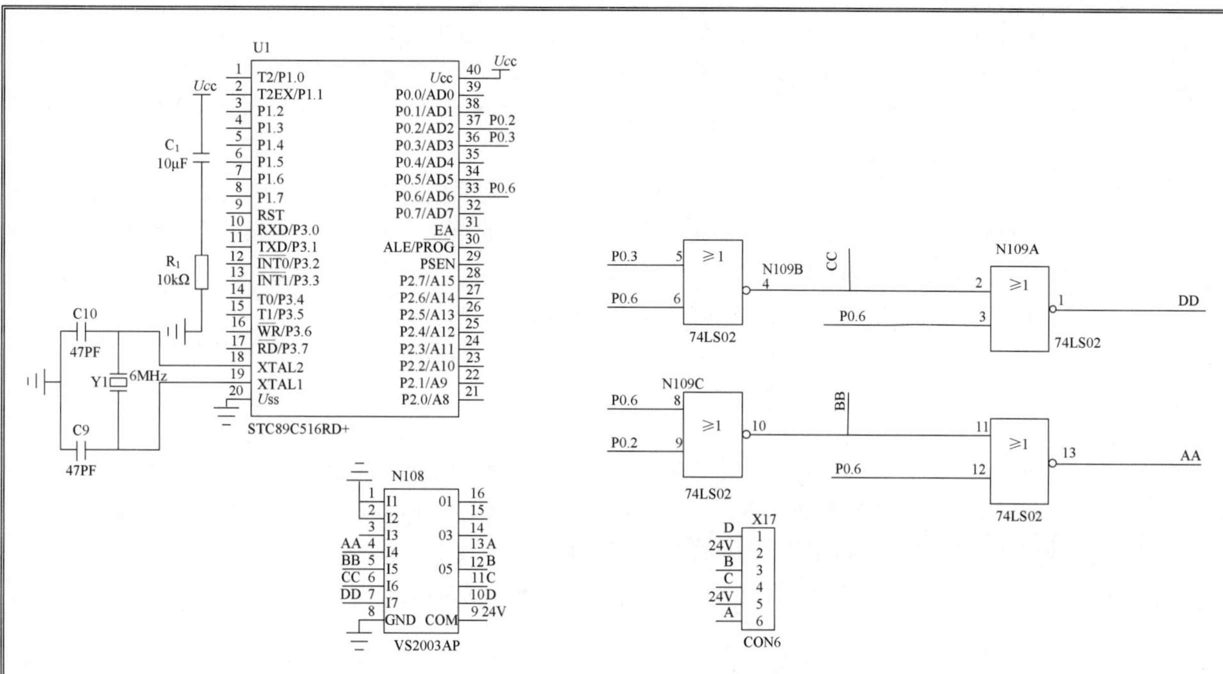

图 2-26　步进电动机接口与单片机接口电路

该电路使用 STC89C516RD+进行控制，该单片机具有增强型 6 时钟/机器周期功能，提高了指令执行速度，同时具有超强抗干扰、低功耗、在线编程等特点，在工业控制领域有着广泛的应用。X17 为电动机输入端口，网络标号与电动机实际引线相同。根据电路设计方案，步进电动机运行控制表见表 2-2。

表 2-2　步进电动机运行控制表

P0.2	P0.3	P0.6	A	B	C	D
1	1	0	0	1	1	0
0	1	1	1	0	1	0
0	0	1	1	0	0	1
1	0	0	0	1	0	1

单片机复位时，P0.2、P0.3、P0.6 均为高电平，依次将 P0.2、P0.3、P0.6 按表 2-2 进行切换，即可驱动步进电动机运行，在切换之前将前一个输出引脚变为高电平。如果需要改变电动机的转动速度，只要改变两次接通之间的时间；而要改变电动机的转动方向，只要改变各线圈接通的顺序。

软件系统	
脉冲的形成	实现对步进电动机的控制，单片机应能输出有一定周期的控制脉冲。先输出一个高电平，延时一段时间后，再输入一个低电平，然后再延时。改变延时时间的长短，即可改变脉冲的周期，脉冲的周期由步进电动机的工作频率确定。
方向控制	在实际的控制系统中，有时需要根据要求控制步进电动机的换向，步进电动机的旋转方向和内部绕组的通电顺序及通电方式有密切关系。对于本次设计中所使用的四相双四拍工作方式，正相旋转时，通电顺序为 BC→CA→AD→DB→BC；反相旋转时，通电顺序为 BC→DB→AD→CA→BC。
速度控制	步进电动机的转动是机械运动，如果转速改变过大，会出现所谓的“失步”现象。当从静止开始启动时，启动频率越高，启动转矩就越小，带负载能力下降，当转矩与负载相当时转速即为最高速运行频率。所以控制步进电动机的运行速度，实际上是控制系统发出时钟脉冲的频率或换相的周期，即在升速过程中，使脉冲的输出频率逐渐增加；在减速过程中，使脉冲的输出频率逐渐减少。软件控制步进电动机转速的方法有以下三种： （1）改变脉冲分配方式，利用步进电动机四相八拍与四相四拍工作方式变换，改变步进

脉冲的频率，从而改变转速。例如，启动时用四相八拍方式，约 1 秒后改为四相四拍方式，步距角增大一倍，速度加快，这种调速方法控制简单，但效率较低。

（2）软件延时。通过均匀改变输出控制字的时间间隔来改变步进电动机的频率，由于延时不受限制，故步进电动机调速范围较宽。

（3）定时器延时。可编程的硬件定时器直接对系统时钟脉冲或某一固定频率的时钟脉冲进行计数，计数值则由编程决定。当计数到预定的脉冲数时，产生中断信号，得到所需的延时时间或定时间隔。由于计数的初始值由编程决定，因而在不改动硬件的情况下，只通过程序变化即可满足不同的定时和计数要求，因此使用很方便。

控制程序设计

通过标志位 FLAG 来判断电动机的旋转方向，然后输出相应的控制脉冲个数；判断要求的脉冲信号是否输出完毕。

首先根据步进电动机运行控制表来建立控制数组，该数组中存放电动机转动时单片机端口的状态值。以上述接口电路为例，数组中应存放 0XBF、0XBB、0XB3.0、0XB7、0XBF，电动机正转时，数组正序调用；电动机反转时，数组反序调用。为了实现这一功能，可以定义两个指针变量指向数组地址，单片机就根据指针变量指向的内容在定时中断到来时进行控制输出。具体主程序流程及中断服务子程序流程分别如图 2-27 和图 2-28 所示。

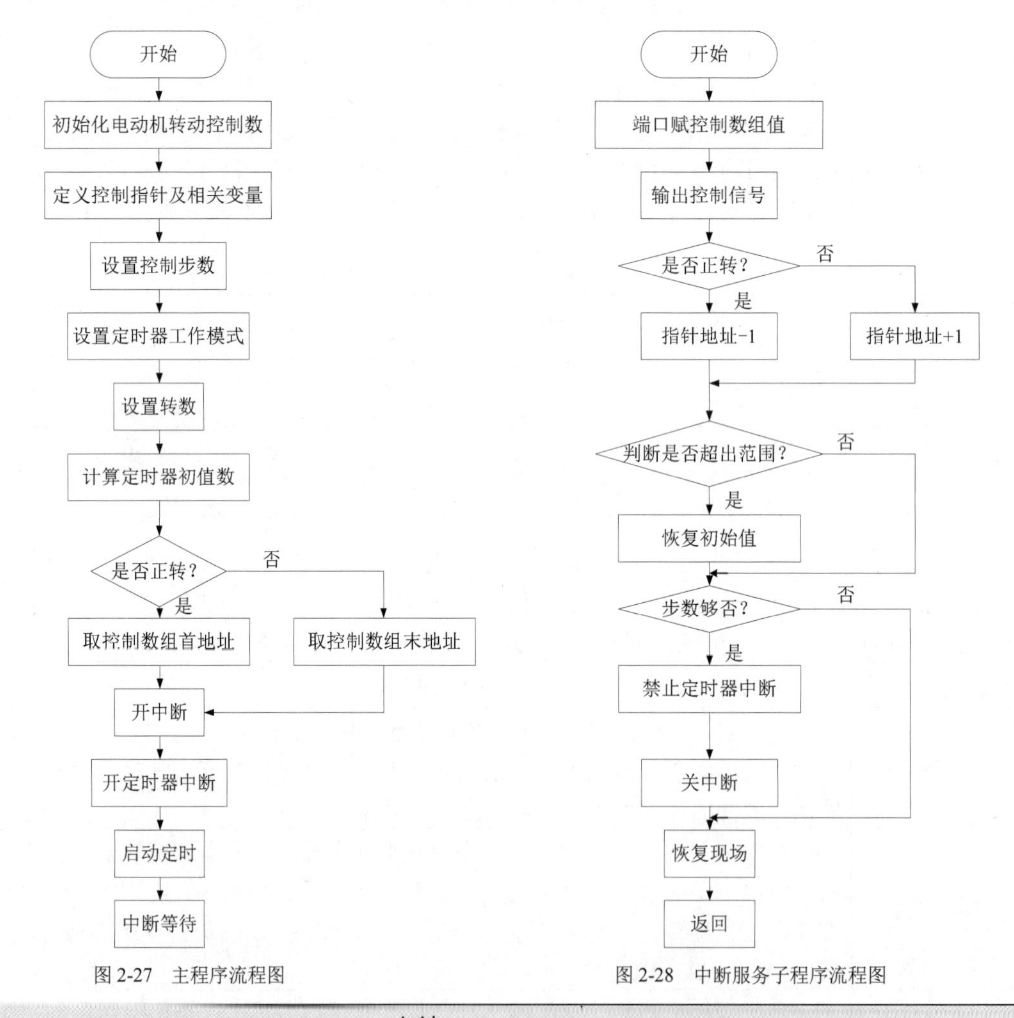

图 2-27 主程序流程图

图 2-28 中断服务子程序流程图

小结

由单片机控制步进电动机的方法，解决了传统步进控制器线路复杂的问题。通过编程可以在一定范围内自由设定步进电动机的转速、往返转动的角度和转动次数等，增加了控制的灵活性。同时，运用中断方式，使系统在运行时可以随时改变步进电动机的运行方式，做到实时控制。该设计已应用到有纸记录仪的走纸控制中，实现了走纸机构的精确步进。对于不同的步进电动机，可以通过修改相应的电路及相关程序来实现。

学习情境 3　交直流调速技术的认知

学习目标

知识目标：掌握调速的定义、性能指标、分类；掌握直流电动机的结构、工作原理、分类、调速方案；理解单闭环直流调速系统、直流脉宽调速系统；了解交流调速系统的发展及概况；了解交流电动机的结构、工作原理、分类；了解 MM420 变频调速系统的调速方法、故障诊断及维修方法。

能力目标：能够对直流电动机进行调速；能够通过变频器操作面板对电动机的启动、正反转、点动、调速控制；能够利用外部线路控制 MM420 变频器的运行，实现电动机正转和反转控制；能够实现变频器的模拟信号操作控制；能够实现变频器的多段速运行操作。培养学生获取、筛选信息的能力；培养学生制定工作计划、方案及实施、检查和评价的能力；培养学生独立分析、解决问题的能力；培养学生的创造和审美能力；培养学生的团队工作、交流、组织协调的能力和责任心。

素质目标：养成严谨细致、一丝不苟的工作作风，严格按照国家标准进行绘图和标注尺寸；培养学生的自信心、竞争和效率意识；培养学生爱岗敬业、诚实守信、服务群众、奉献社会、素质修养等职业道德。

子学习情境 3.1　直流调速控制系统的认知

情境导入

直流调速控制系统的认知工作任务单

<table>
<tr><td>情　　境</td><td colspan="6">交直流调速技术的认知</td></tr>
<tr><td>学习任务</td><td colspan="4">子学习情境 3.1：直流调速控制系统的认知</td><td>完成时间</td><td></td></tr>
<tr><td>任务完成</td><td>学习小组</td><td></td><td>组长</td><td></td><td>成员</td><td></td></tr>
<tr><td>任务要求</td><td colspan="6">掌握：
1．调速的定义。
2．调速系统的性能指标。
3．调速系统的分类。
4．直流电动机的结构、工作原理、分类。
5．直流电动机的调速方案。
6．单闭环直流调速系统。
7．直流脉宽调速系统。</td></tr>
<tr><td>任务载体和资料</td><td colspan="4">图 3-1　直流电动机外形结构图</td><td colspan="2">直流电动机（图 3-1）作为执行元件，是机电一体化的关键设备之一，直流电动机具有良好的启动、调速和制动性能，在早期的重型和精密机床上应用广泛，目前在电力牵引和冶金领域应用较多，无刷直流电动机及其调速系统现在也是调速技术的发展方向之一。（本任务就是掌握直流电动机及其调速系统。那么，直流电动机调速有哪几种方法呢？各自的优缺点是什么？常用的是哪种？典型的调速系统有哪些？可以查阅资料深入分析。）</td></tr>
</table>

引导文	1．团队分析任务要求：讨论在完成本次任务前，你和你的团队缺少哪些必要的理论知识？需要具备哪些方面的操作技能？你们该如何解决这些困难？ 2．你是否需要认识直流调速系统？包括直流电动机的认知、调速方案、典型调速系统的理解。 3．调速系统分为哪几类？分别有什么特点？ 4．请认真学习“知识链接”的内容。思考这样一个问题：直流电动机为什么要调速？怎么调？ 5．你已经具备完成此情境学习的所有资料了吗？如果没有，还缺少哪些？应该通过哪些渠道获得？ 6．实现我们的核心任务“对直流电动机进行调速”，思考其中的关键是什么？ 7．通过引导文的指引，你和你的团队是否明白，实现本情境任务的学习，包括哪些具体任务？你们团队该如何分工合作，共同完成这项庞大的任务？ 8．将任务的实施情况（可以包括你学到的知识点和技能点、团队分工任务的完成情况等）整理成文档。 9．将你们的成果提交给指导教师，让其对任务完成情况进行检查。 10．就你们团队的知识、技能、能力和素质进行自我评价、互相评价和教师评价。正确认识自己的不足之处，取长补短，争取在下次任务训练中得到进步。

学习目标	学习内容	任务准备
1．掌握直流调速控制系统的知识和技能。 2．具有查阅相关资料的能力。 3．培养学生课程标准教学目标中的方法能力、社会能力，达成素质目标。	1．调速的定义。 2．直流电动机的结构、工作原理、分类。 3．直流电动机的调速方案。 4．单闭环直流调速系统。 5．直流脉宽调速系统。	可以将高中物理中所讲述的直流发电动机和电动机的基本结构、原理、判别方式作为切入点引入。

1 调速的基础知识

调速及调速系统
电动机是用来拖动某种生产机械的动力设备，所以需要根据工艺要求调节其转速。例如，在加工毛坯工件时，为了防止工件表面对生产刀具的磨损，因此加工时要求电动机低速运行；而在对工件进行精加工时，为了缩短加工时间，提高产品的成本效益，因此加工时要求电动机高速运行。所以，我们将调节电动机转速以适应生产要求的过程称为调速，而用于完成这一功能的自动控制系统称为调速系统。 调速具有两方面的含义：一是能在一定范围内“变速”，即电动机的负载不变，转速变化；二是“恒速”，当生产机械在某一速度下运行，总要受外界干扰，如负载增加，电动机转速降低，为维持转速恒定，就要调整转速，使之等于或接近原来的转速。 电力拖动系统的调速主要包括：①机械调速，通过改变传动机构速比进行调速的方法；②电气调速，通过改变电动机参数进行调速的方法。
调速系统的作用
（1）调速。调速控制系统能够保证电动机在启动、制动、调速过程中迅速改变速度。 （2）稳速。调速控制系统能迅速消除扰动而引起的转速波动，保证电动机运行速度平稳。 对控制系统的扰动主要来自于负载和电枢电压的波动。

<table>
<tr><th colspan="3">调速系统的性能指标</th></tr>
<tr><td colspan="3">根据生产机械对调速系统提出的要求，调速应按一定的技术指标执行，技术指标有静态指标和动态指标。静态指标包括调速范围和静差度；动态指标是指跟随性和抗扰性。</td></tr>
<tr><td rowspan="3">静态指标</td><td>调速范围 D</td><td>调速范围是指在转矩不低于额定值时的最高转速和最低转速之比，用式（3-1）表示：
$$D=\frac{n_{\max}}{n_{\min}} \tag{3-1}$$</td></tr>
<tr><td>静差率 δ</td><td>静差率是指电动机在一定机械特性上额定负载时的转速降落 Δn_N 与该机械特性的理想空载转速 n_0 之比，用式（3-2）表示：
$$\delta=\frac{n_0-n_N}{n_0}\times 100\%=\frac{\Delta n_N}{n_0}\times 100\% \tag{3-2}$$
静差率相关参量关系如图 3-2 所示。
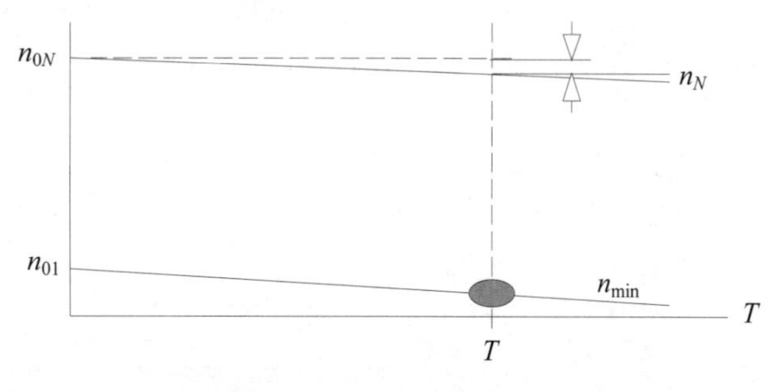

图 3-2　静差率相关参量关系</td></tr>
<tr><td>D 与 δ 的关系</td><td>如图 3-3 所示，从式（3-2）可以看出，在 n_0 相同时，机械特性越“硬”，额定负载时转速降 Δn_N 越小，静差率 δ 越小，转速的相对稳定性越好，负载波动时，转速变化也越小。图 3-3 中机械特性 1 比机械特性 2“硬”，所以 $\delta_1<\delta_2$。静差率除与机械特性硬度有关外，还与理想空载转速 n_0 成反比。
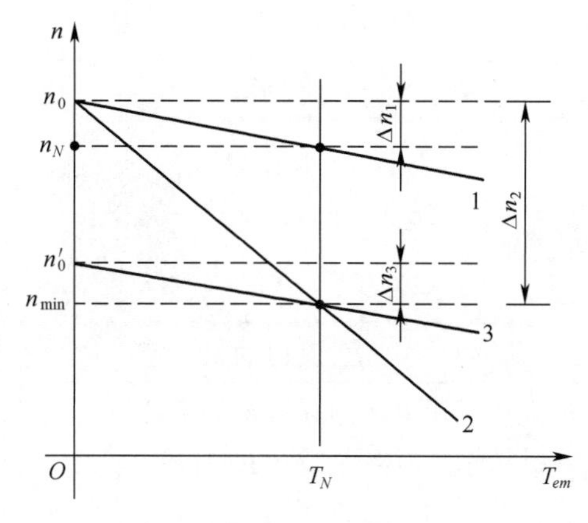

图 3-3　静差率与调速范围的关系
对于同样“硬度”的特性，如图 3-3 中的特性 1 和特性 3，虽然转速降相同 $\Delta n_1=\Delta n_3$，但其静差率却不同，有 $\delta_1<\delta_3$。为了保证转速的相对稳定性，常要求静差率 δ 应不大于某一允许值。
D 与 δ 相互制约，如式（3-3）所示：
$$D=\frac{n_{\max}}{n_{\min}}=\frac{n_{\max}}{n_{0\min}-\Delta n_N}=\frac{n_{\max}}{\frac{\Delta n_N}{\delta}-\Delta n_N}=\frac{n_{\max}\delta}{\Delta n_N(1-\delta)} \tag{3-3}$$
δ 越小，D 越小，相对稳定性越好。在保证一定的 δ 指标的前提下，要扩大 D，必须减小 Δn_N，即提高机械特性的硬度，如图 3-4 所示。</td></tr>
</table>

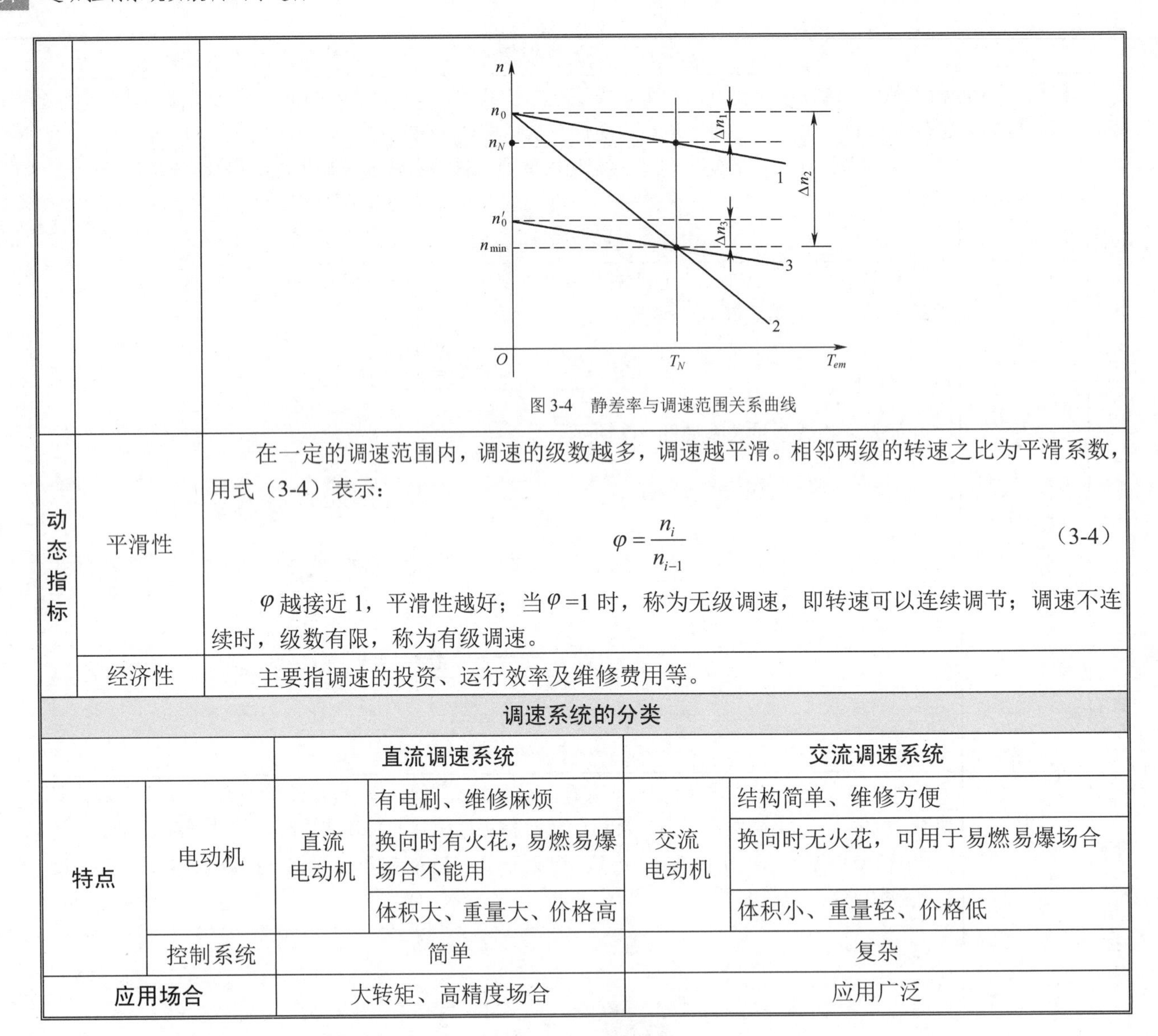

图 3-4　静差率与调速范围关系曲线

动态指标	平滑性	在一定的调速范围内，调速的级数越多，调速越平滑。相邻两级的转速之比为平滑系数，用式（3-4）表示： $$\varphi=\frac{n_i}{n_{i-1}} \tag{3-4}$$ φ 越接近 1，平滑性越好；当 $\varphi=1$ 时，称为无级调速，即转速可以连续调节；调速不连续时，级数有限，称为有级调速。
	经济性	主要指调速的投资、运行效率及维修费用等。

调速系统的分类

		直流调速系统		交流调速系统	
特点	电动机	直流电动机	有电刷、维修麻烦	交流电动机	结构简单、维修方便
			换向时有火花，易燃易爆场合不能用		换向时无火花，可用于易燃易爆场合
			体积大、重量大、价格高		体积小、重量轻、价格低
	控制系统	简单		复杂	
应用场合		大转矩、高精度场合		应用广泛	

2 直流电动机的认知

直流电动机的定义及用途

直流电动机是进行机械能和直流电能相互转换的旋转机电设备。将机械能转变为直流电能，称为直流发电动机；将直流电能转变为机械能，则称为直流电动机。

由于直流电动机具有良好的启动、调速和制动性能，能在宽广的范围内平滑且经济地调节速度，所以它在精密机床和以蓄电池为电源的小型起重运输机械等设备中应用较多；在机器人领域，小容量直流电动机的应用也很广泛。

直流电动机的工作原理

如图 3-5 所示是最简单的直流电动机的物理模型，N 和 S 是一对固定的磁极（一般是电磁铁，也可以是永久磁铁）。磁极之间有一个可以转动的铁质圆柱体，称为电枢铁芯。铁芯表面固定一个用绝缘导体构成的电枢线圈 abcd，线圈的两端分别接到相互绝缘的两个圆弧形铜片上。弧形铜片称为换向片，它们的组合体称为换向器。在换向器上放置固定不动而与换向片滑动接触的电刷 A 和 B，线圈 abcd 通过换向器和电刷接通外电路。电枢铁芯、电枢线圈和换向器构成的整体叫作转子，又称为电枢。

此模型作为直流电动机运行时，将直流电源加于电刷 A 和 B。例如，将电源正极加于电刷 A，电源负极加于电刷 B，则线圈 abcd 中流过电流。在导体 ab 中，电流由 a 流向 b；在导体 cd 中，电流由 c 流向 d。载流导体

ab 和 cd 均处于 N、S 极之间的磁场当中，受到电磁力的作用，其方向由左手定则确定，可知这一对电磁力形成一个转矩，称为电磁转矩，电磁转矩的方向为逆时针方向，使整个电枢逆时针方向旋转。当电枢旋转 180°时，导体 cd 转到 N 极下，ab 转到 S 极，如图 3-5 所示。由于电流仍从电刷 A 流入，使 cd 中的电流方向变为由 d 流向 c，而 ab 中的电流由 b 流向 a，从电刷 B 流出，用左手定则可以判别，电磁转矩的方向仍是逆时针方向。

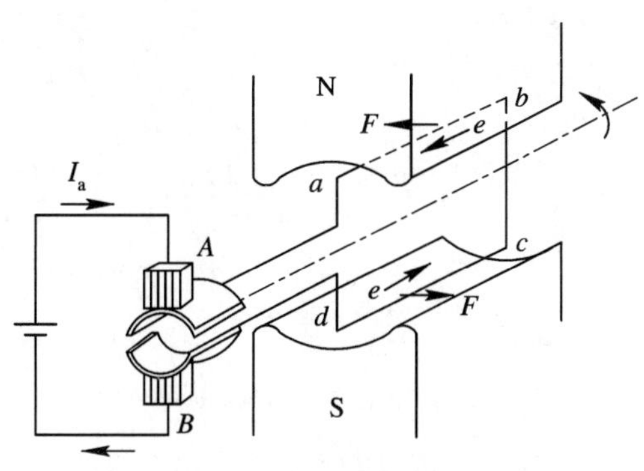

图 3-5　直流电动机物理模型

由此可见，加于直流电动机的直流电源，借助于换向器和电刷的作用，使直流电动机电枢线圈中流过电流的方向是交变的，从而使电枢产生的电磁转矩的方向恒定不变，确保了直流电动机朝确定的方向连续旋转。这就是直流电动机的基本工作原理。

实际的直流电动机的电枢四周上均匀地嵌放许多线圈；相应地，换向器由许多换向片组成，使电枢线圈所产生的总电磁转矩足够大且比较均匀，电动机的转速也就比较均匀。

直流发电动机的基本工作原理

直流发电动机的工作原理就是把电枢线圈中感应的交变电动势，靠换向器配合电刷的换向作用，使之从电刷端引出时变为直流电动势。

直流发电动机的模型与直流电动机相同，不同的是电刷上不加直流电压，而是利用原动机拖动电枢朝某一方向（如逆时针方向）旋转，如图 3-6 所示。

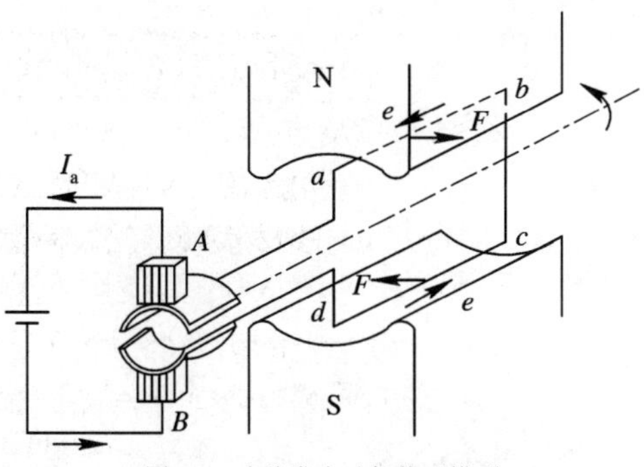

图 3-6　直流发电动机物理模型

这时导体 ab 和 cd 分别切割 N 极和 S 极下的磁力线，感应产生电动势，电动势的方向用右手定则确定。图 3-6 中，导体 ab 中电动势的方向由 b 指向 a，导体 cd 中电动势的方向由 d 指向 c，所以电刷 A 为正极性，电刷 B 为负极性。电枢旋转 180°时，导体 cd 转至 N 极下，感应电动势的方向由 c 指向 d，电刷 A 与 d 所连换向片接触，仍为正极性；导体 ab 转至 S 极下，感应电动势的方向变为 a 指向 b，电刷 B 与 a 所连换向片接触，仍为负极性。可见，直流发电动机电枢线圈中感应电动势的方向是交变的，而通过换向器和电刷的作用，在电刷 A、B 两端输出的电动势是方向不变的直流电动势。若在电刷 A、B 之间接上负载，发电动机就能向负载供给直流电能，这就是直流发电动机的基本工作原理。

可逆原理

从以上分析可见：一台直流电动机原则上既可以作为电动机运行，也可以作为发电动机运行，取决于外界不同的条件。如果在电刷端外加直流电压，则电动机把电能转变成机械能，作为电动机运行；如果用原动机拖动直流电动机的电枢旋转，电动机将机械能转变为直流电能，作为发电动机运行。这种同一台电动机既能作电动机运行，又能作发电动机运行的原理，在电动机理论中称为可逆原理。

直流电动机的基本结构

目前使用的直流电动机主要有 Z2 和 Z4 两种系列，其外形分别如图 3-7（a）和（b）所示。Z4 系列直流电动机上部的骑式鼓风机用于电动机冷却。

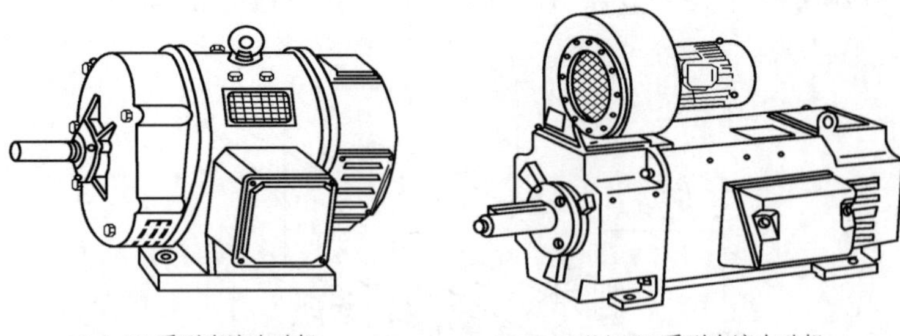

（a）Z2 系列直流电动机　　（b）Z4 系列直流电动机

图 3-7　Z2 和 Z4 系列直流电动机外形

由直流电动机和直流发电动机的工作原理可以看到，直流电动机的结构由定子和转子两大部分组成。直流电动机运行时静止不动的部分称为定子，其主要作用是产生磁场，由机座、主磁极、换向极、端盖、轴承和电刷装置等组成；运行时转动的部分称为转子，其主要作用是产生电磁转矩和感应电动势，是直流电动机进行能量转换的枢纽，所以通常又称为电枢，由转轴、电枢铁芯、电枢绕组、换向器和风扇等组成。直流电动机结构图如图 3-8 所示，直流电动机横剖面示意图如图 3-9 所示。

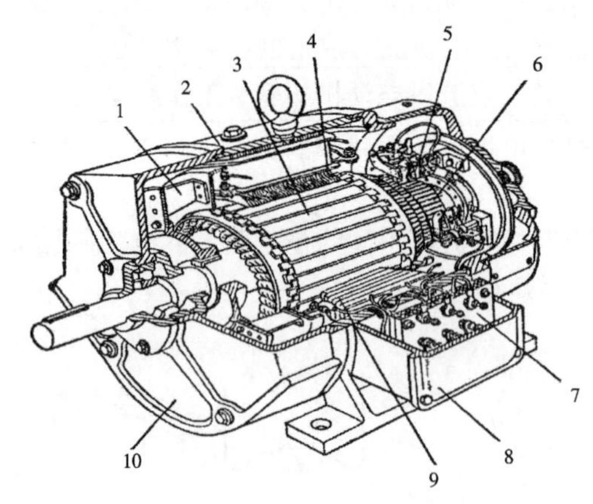

图 3-8　直流电动机结构图

1—风扇　2—机座　3—电枢　4—主磁极　5—刷架　6—换向器　7—接线板　8—出线盒　9—换向极　10—端盖

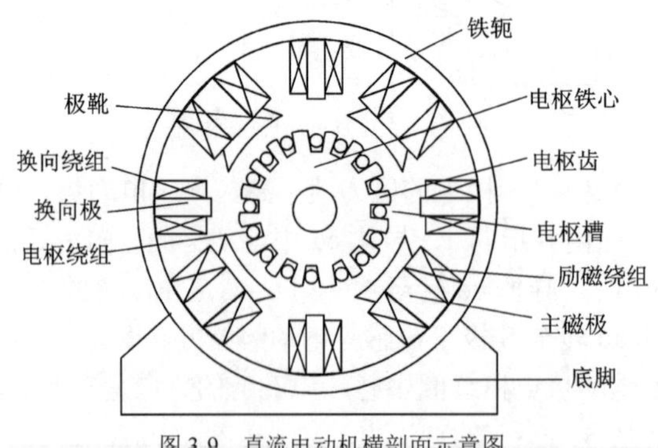

图 3-9　直流电动机横剖面示意图

	主磁极	主磁极的作用是产生气隙磁场。主磁极由主磁极铁芯和励磁绕组两部分组成，如图 3-10 所示。铁芯用 0.5～1.5mm 厚的钢板冲片叠压铆紧而成，上面套有励磁绕组的部分称为极身，下面扩宽的部分称为极靴，极靴宽于极身，既可以使气隙中磁场分布得比较理想，又便于固定励磁绕组。励磁绕组用绝缘铜线绕制而成，套在极身上，再将整个主磁极用螺钉固定在机座上。

		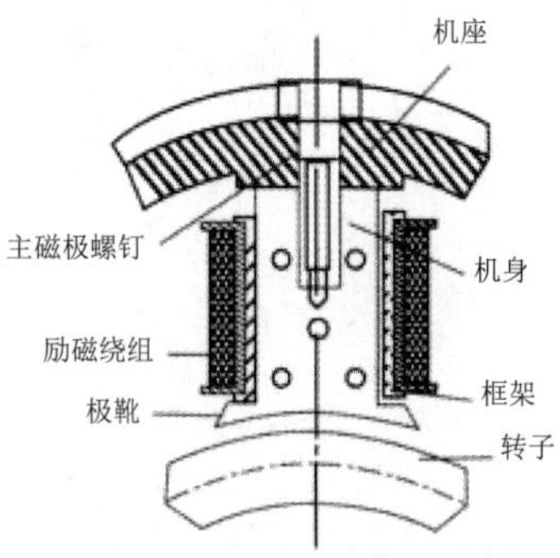 图 3-10　主磁极
定子部分	换向极	两个相邻主磁极之间的小磁极叫作换向极，也叫作附加极或间极，如图 3-11 所示。换向极的作用是改善电动机换向，减小电动机运行时电刷与换向器之间可能产生的火花。换向极由换向极铁芯和换向极绕组构成。换向极铁芯一般用整块钢制成。换向极绕组用绝缘导线绕制而成，套在换向极铁芯上。整个换向极用螺钉固定于机座上。换向极的数目一般与主磁极相等。 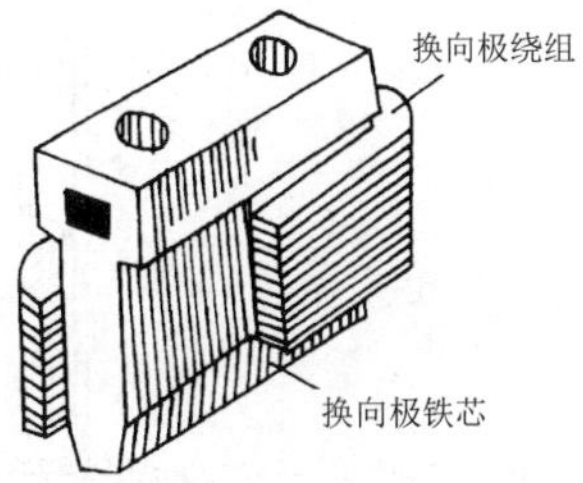 图 3-11　换向极
	机座	电动机定子部分的外壳称为机座。机座一方面用来固定主磁极、换向极和端盖，并起到整个电动机的支撑和固定作用；另一方面也是磁路的一部分，借以构成磁极之间的通路，磁通通过的部分称为磁轭。为保证机座具有足够的机械强度和良好的导磁性能，一般为铸钢件或由钢板焊接而成。
	电刷装置	电刷装置用以引入或引出直流电压和直流电流。电刷装置由电刷、刷握杆和刷杆座等组成。电刷放在刷握内，用弹簧压紧，使电刷与换向器之间有良好的滑动接触，如图 3-12 所示，刷握固定在刷杆上，刷杆装在圆环形的刷杆座上，相互之间必须绝缘。刷杆座装在端盖或轴承内盖上，圆周位置可以调整，调好以后加以固定。 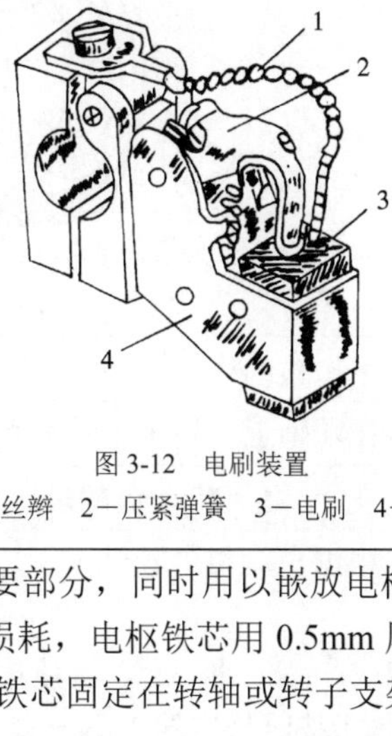 图 3-12　电刷装置 1—钢丝辫　2—压紧弹簧　3—电刷　4—刷握
转子部分	电枢铁芯	电枢铁芯是主磁通磁路的主要部分，同时用以嵌放电枢绕组。为了降低电动机运行时电枢铁芯中产生的涡流损耗和磁滞损耗，电枢铁芯用 0.5mm 厚的硅钢片冲制的冲片叠压而成，冲片形状如图 3-13 所示。叠成的铁芯固定在转轴或转子支架上。铁芯的外圆开有电枢槽，槽内嵌放电枢绕组。

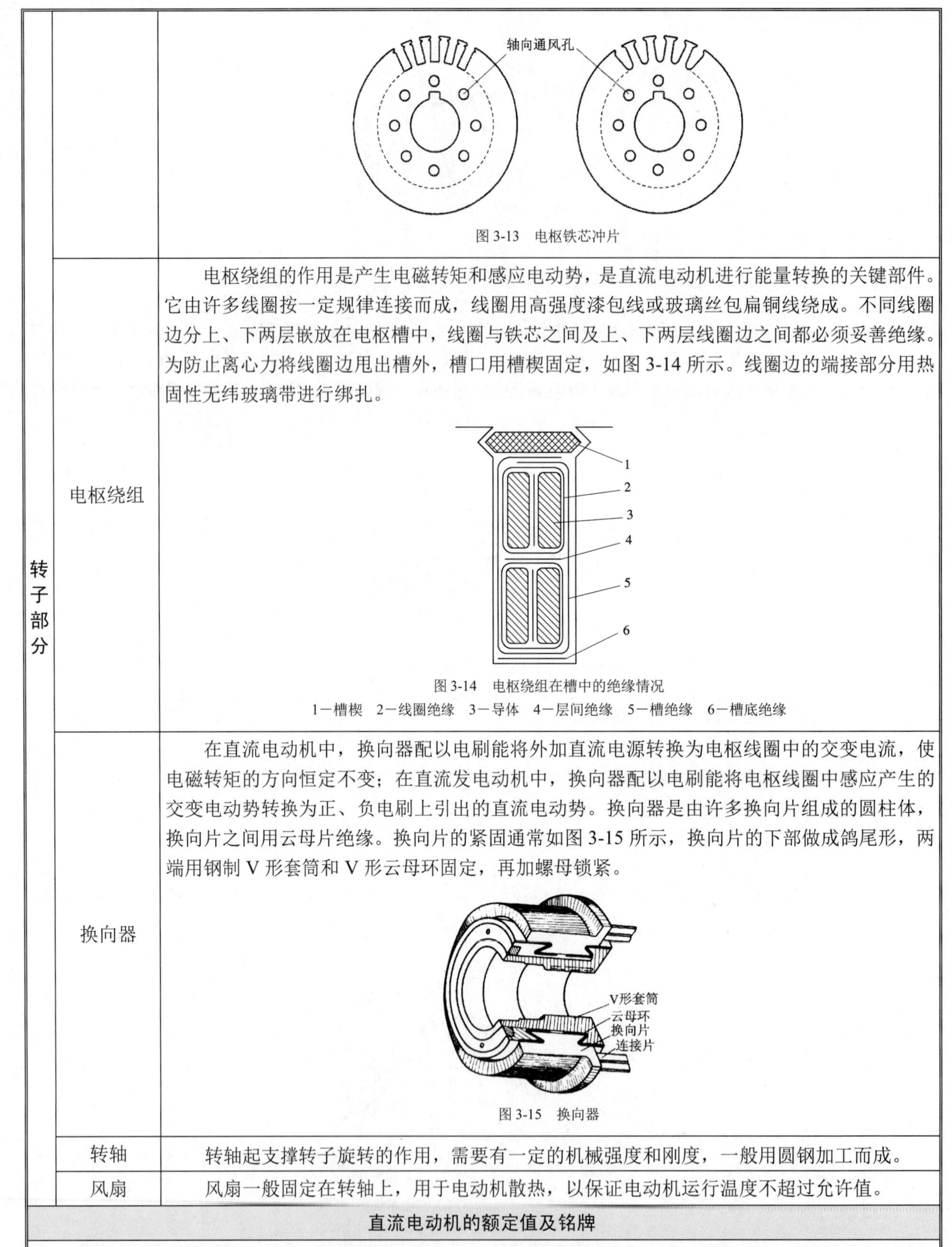

转子部分		图 3-13　电枢铁芯冲片
	电枢绕组	电枢绕组的作用是产生电磁转矩和感应电动势，是直流电动机进行能量转换的关键部件。它由许多线圈按一定规律连接而成，线圈用高强度漆包线或玻璃丝包扁铜线绕成。不同线圈边分上、下两层嵌放在电枢槽中，线圈与铁芯之间及上、下两层线圈边之间都必须妥善绝缘。为防止离心力将线圈边甩出槽外，槽口用槽楔固定，如图 3-14 所示。线圈边的端接部分用热固性无纬玻璃带进行绑扎。 图 3-14　电枢绕组在槽中的绝缘情况 1—槽楔　2—线圈绝缘　3—导体　4—层间绝缘　5—槽绝缘　6—槽底绝缘
	换向器	在直流电动机中，换向器配以电刷能将外加直流电源转换为电枢线圈中的交变电流，使电磁转矩的方向恒定不变；在直流发电动机中，换向器配以电刷能将电枢线圈中感应产生的交变电动势转换为正、负电刷上引出的直流电动势。换向器是由许多换向片组成的圆柱体，换向片之间用云母片绝缘。换向片的紧固通常如图 3-15 所示，换向片的下部做成鸽尾形，两端用钢制 V 形套筒和 V 形云母环固定，再加螺母锁紧。 图 3-15　换向器
	转轴	转轴起支撑转子旋转的作用，需要有一定的机械强度和刚度，一般用圆钢加工而成。
	风扇	风扇一般固定在转轴上，用于电动机散热，以保证电动机运行温度不超过允许值。

直流电动机的额定值及铭牌

电动机制造厂按照国家标准，根据电动机的设计和试验数据所规定的每台电动机的主要数据称为电动机的额定值。

额定值一般标在电动机的铭牌或产品说明书上。直流电动机的额定值主要有以下几项：

（1）额定功率 P_N。额定功率是指按照规定的工作方式运行时所能提供的输出功率。对电动机来说，额定功率是指轴上输出的机械功率；对发电动机来说，额定功率是指电枢输出的电功率，单位为 kW（千瓦）。

（2）额定电压 U_N。额定电压是指电动机电枢绕组能够安全工作的最大外加电压或输出电压，单位为 V（伏）。

（3）额定电流 I_N。额定电流是指电动机按照规定的工作方式运行时电枢绕组允许流过的最大电流，单位为 A（安）。

（4）额定转速 n_N。额定转速是指电动机在额定电压、额定电流和输出额定功率的情况下运行时，电动机的旋转速度，单位为 r/min（转/分）。

额定值一般标在电动机的铭牌上，故又称为铭牌数据。还有一些额定值，如额定转矩 T_N、额定效率 η_N 和额定温升 τ_N 等，不一定标在铭牌上，可以查看产品说明书或由铭牌上的数据计算得到。

额定功率与额定电压和额定电流的关系如式（3-5）和式（3-6）所示。

直流电动机：$$P_N = U_N \cdot I_N \cdot \eta_N \times 10^{-3} \tag{3-5}$$

直流发电动机：$$P_N = U_N \cdot I_N \times 10^{-3} \tag{3-6}$$

直流电动机运行时，如果各个物理量均为额定值，就称电动机工作在额定运行状态，也称为满载运行。在额定运行状态下，电动机利用充分，运行可靠，并具有良好的性能。如果电动机的电流小于额定电流，称为欠载运行；如果电动机的电流大于额定电流，称为过载运行。欠载运行，电动机利用不充分，效率低；过载运行，易引起电动机过热损坏。根据负载选择电动机时，最好使电动机接近于满载运行。

直流电动机的励磁方式

直流电动机的励磁方式是指直流电动机主磁通的产生方式。直流电动机主磁通的产生通常有两种方式：一种是由永久磁铁产生；另一种是在励磁绕组中通入直流励磁电流产生。主磁极上励磁绕组通以直流励磁电流产生的磁动势称为励磁磁动势。励磁磁动势单独产生的磁场是直流电动机的主磁场，又称为励磁磁场。励磁绕组的供电方式称为励磁方式。

采用励磁绕组通入直流励磁电流时，根据励磁绕组与电枢绕组连接方式的不同，可以对直流电动机进行分类。直流电动机励磁电流如果由独立的直流电源供给，称为他励直流电动机；直流电动机励磁电流和电枢电流如果由同一个直流电源提供，按励磁绕组连接方式的不同，又可以分为并励直流电动机、串励直流电动机和复励直流电动机。它们的绕组连接方式分别如图 3-16（a）、（b）、（c）、（d）所示。

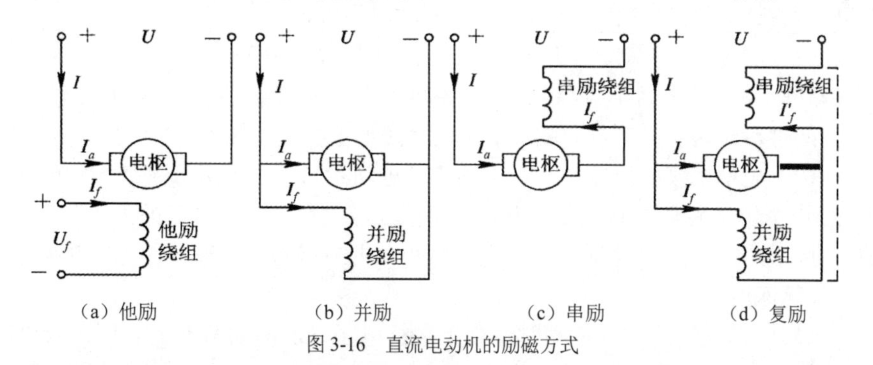

（a）他励　（b）并励　（c）串励　（d）复励

图 3-16　直流电动机的励磁方式

他励直流电动机	他励直流电动机的励磁绕组由其他直流电源供电，与电枢绕组之间没有电的联系，如图 3-16（a）所示。永磁直流电动机也属于他励直流电动机，其励磁磁场与电枢电流无关。图 3-16 中的电流正方向是以电动机为例设定的。
并励直流电动机	并励直流电动机的励磁绕组与电枢绕组并联，如图 3-16（b）所示，励磁电压等于电枢绕组端电压。 他励直流电动机和并励直流电动机的励磁电流只有电动机额定电流的 1%～5%，因此，励磁绕组的导线细且匝数多。
串励直流电动机	串励直流电动机的励磁绕组与电枢绕组串联，如图 3-16（c）所示，励磁电流等于电枢电流，因此，励磁绕组的导线粗且匝数较少。
复励直流电动机	复励直流电动机的每个主磁极上套有两个励磁绕组：一个与电枢绕组并联，称为并励绕组；另一个与电枢绕组串联，称为串励绕组，如图 3-16（d）所示。 两个绕组产生的磁动势方向相同，称为积复励；磁动势方向相反，称为差复励。通常采用积复励方式。
总结	直流电动机的励磁方式不同，运行特性和适用场合也不同。

<table>
<tr><th colspan="2">他励直流电动机的启动、制动和反转</th></tr>
<tr><td colspan="2">电动机从静止到稳定运行的过程称为启动。他励直流电动机有三种启动方法：直接启动、降压启动、电枢串电阻启动。</td></tr>
<tr><td>直接启动</td><td>直接启动是在电动机电枢绕组上直接加以额定电压的启动方法。启动开始瞬间，由于机械惯性，n=0，E=0，启动电流 I_{st} 很大，电动机绕组可能过热，电网电压可能因此而下降，影响其他设备正常运行；同时，启动转矩也很大，可能会造成电动机和机械负载的损坏。所以，除了小容量的直流电动机可以直接启动外，中大容量的直流电动机不能直接启动。</td></tr>
<tr><td>降压启动</td><td>降压启动是启动时降低电枢两端的电源电压 U，以减小启动电流 I_{st} 的启动方法。随着电动机转速 n 不断升高，反电势 E 逐渐增大，再逐渐提高电源电压 U，使启动电流和启动转矩保持在一定数值，保证一定的上升加速度，直到电动机在额定电压值稳定运行，以缩短生产机械的启动时间，提高生产效率。</td></tr>
<tr><td>电枢串电阻启动</td><td>为限制启动电流 I_{st}，可在电枢回路中串接启动电阻，并在启动过程中，用自动控制设备逐级将启动电阻短接切除。</td></tr>
<tr><td colspan="2">他励直流电动机的制动是指使用电力拖动系统停车，可以采用自由停车，即断开电源使转速逐渐减慢，以及最后停车。为使系统加速停车，可以使用两种方法：一是用机械、电磁制动器，俗称“抱闸”制动停车；二是用电气制动，使电动机产生制动转矩，加快减速过程。
电气制动运行的特点是采取某种控制方式，使电动机电磁转矩 T 与转速 n 方向相反，从而达到制动停车的目的，常用的电气制动方法有能耗制动、反接制动和回馈制动。</td></tr>
<tr><td>能耗制动</td><td>电动机在电动状态下稳定运行时，若突然将其电枢从电源上断开，而与一个制动电阻构成回路，由于机械惯性，转速 n 不变，电动势 E 不变，电流 I 的方向将与电动状态时相反，电磁转矩 T 的方向也会与转速 n 的方向相反，电磁转矩 T 起制动作用，使系统的动能变为电能，消耗在电枢回路电阻和制动电阻上。
能耗制动在零速时没有转矩，可准确停车。车床、镗床的主轴可以采用能耗制动停车，但能耗制动在低速时电磁转矩较小，因而制动时间较长。</td></tr>
<tr><td>反接制动</td><td>（1）倒拉反接制动。电动机在提升重物时，如电枢回路串入的电阻 R_b 逐渐加大，电磁转矩逐渐减小，转速 n 将不断降低。当电磁转矩小于负载转矩时，电动机被负载带动反转，即“倒拉”，此时，转速 n 与 T 方向相反，拖动系统被重物拖动转为下放。
（2）电枢反接的反接制动。电动机在电动状态下稳定运行时，如将电动机电枢断开，并反接到电源上，由于机械惯性，转速 n 不能立即改变，电动势 E 的大小和方向不变，此时，电流 I 的方向将与电动状态时相反，电磁转矩 T 的方向将与转速 n 的方向相反，起制动作用，使电动机迅速停车。
采用电枢反接的反接制动时，由于电枢电压与反电动势方向相同，所以制动电流很大以限制电枢电流，电枢电路必须串接很大的制动电阻，以保证电枢电流不超过额定电流的 1.5～2.5 倍。
如果电动机不需要反转，则必须在制动结束（n=0）后切断电源，否则电动机将反向启动。</td></tr>
<tr><td>回馈制动</td><td>回馈制动也称发电反馈制动、再生制动。电动机处于电动状态稳定运行时，在电动机轴上加一个外力矩 T_L，外力矩的方向与电磁转矩 T 的方向相同，两者共同驱动电动机，使转速 n 不断升高；当转速 n 超过理想空载转速 n_0 时，则反电势 E 高于电源电压 U，使电枢电流 I_a 反向，电磁转矩 T 也随之反向，起制动作用，电动机处于发电状态，在高于理想空载转速的速度下运行，向电网输送电流，即回馈电能。
回馈制动既可以出现在电动机拖动位能负载下放重物的过程中，也可以出现在电动机转速由高变低的过程中，如他励直流电动机由弱磁恢复到正常励磁时，或者电枢电压迅速降低时。</td></tr>
<tr><td colspan="2">他励直流电动机的反转指直流电动机的转向是由电枢电流方向和主磁场方向共同决定的，改变电枢电流方向或改变励磁电流方向，即可改变其转向。</td></tr>
</table>

3 直流电动机调速方案

直流电动机转速公式

直流电动机转速公式如式（3-7）所示：

$$n = \frac{U_a - I_a R_a}{C_e \phi} \tag{3-7}$$

式中，U_a为电枢电压；I_a为电枢电流；R_a为电枢回路总电阻；ϕ为励磁磁通；C_e为电动势系数。

由式（3-7）可以看出，要想改变直流电动机的转速 n，有三种方式：串电阻调速、弱磁调速、调压调速。

直流电动机调速方式

调速方式	特性曲线	特点
串电阻调速	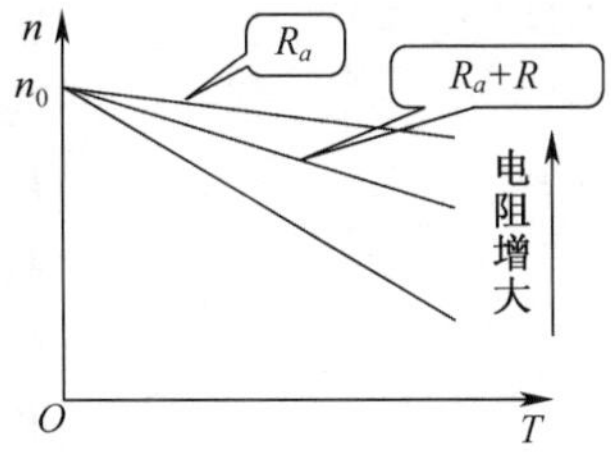 图 3-17　串电阻调速	电枢回路串电阻调速需在电枢中串入专用电阻，电阻增大，则转速下降，因此，n 只能下调，如图 3-17 所示。 特点： （1）设备简单，操作方便。 （2）机械特性“软”，稳定性差。 （3）能量损耗大，只能用于小型直流机。
弱磁调速	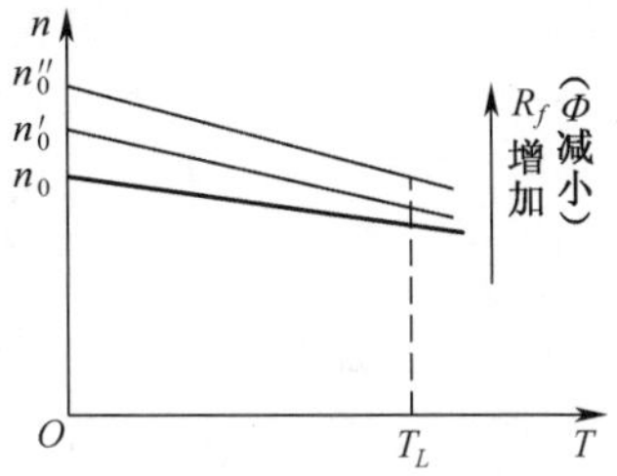 图 3-18　弱磁调速	保持电枢电压 U 不变，采用减少励磁电流（减弱磁通）的方法调速。由图 3-18 可以看出，$R_f\uparrow \rightarrow I_f\downarrow \rightarrow \Phi\downarrow \rightarrow n\uparrow$。弱磁调速往往只是配合调压方案，在基速（额定转速）以上作小范围的弱磁升速。
调压调速	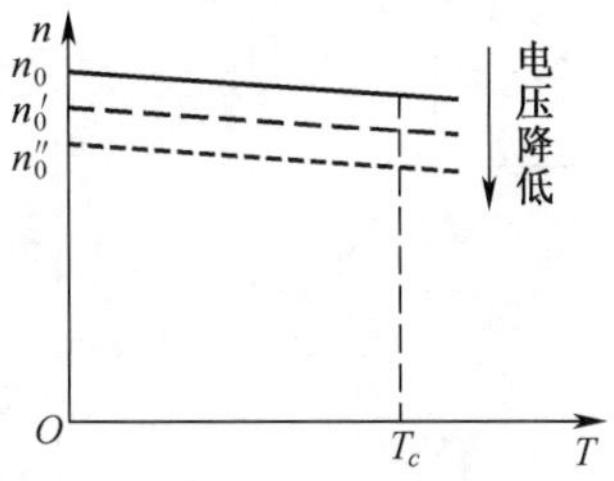 图 3-19　调压调速	如图 3-19 所示为调压调速特性曲线，可以看出电压降低，转速下降。工作时电压不允许超过 U_N，所以调速只能向下调。这种调速方法的机械特性较“硬”，并且电压降低后硬度不变，稳定性好。
总结	直流电动机的调速方法有电枢回路串电阻、降低电枢电压和减弱励磁磁通三种。对于数控机床、工业机器人等要求能连续改变转速的工作机械，希望电动机转速调节的平滑性好，即无级调速。改变电阻只能进行有级调速；减弱磁通虽然能够平滑调速，但只能在基速以上进行小范围的升速，因此，直流电动机调速都是以降低电枢电压调速为主。	

直流调速控制系统的分类

在调压调速方案中，常用的可控直流电源主要有直流发电动机、静止可控整流装置、脉宽调制变换器三种。与之相对应，直流调速控制系统可以分为旋转变流机组调速控制系统、静止可控整流调速控制系统、脉宽调制调速控制系统三类。

调速控制系统	调速示意图	原理及特点
旋转变流机组调速控制系统	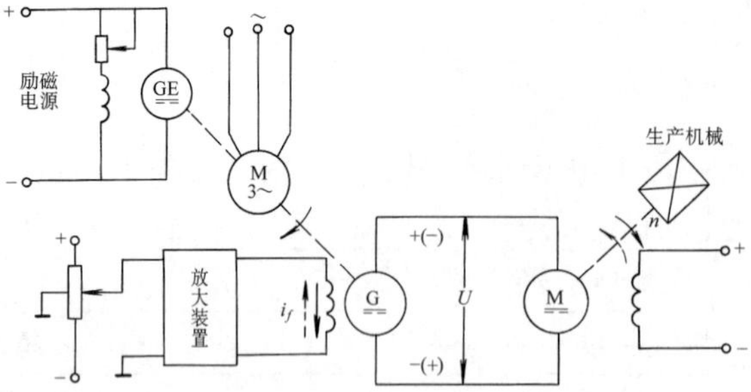 图 3-20 旋转变流机组调速控制系统（G-M 系统）	由原动机（柴油机、交流异步或同步电动机）拖动直流发电动机 G 实现变流，由 G 给需要调速的直流电动机 M 供电，调节 G 的励磁电流 I_f 即可改变其输出电压 U，从而调节电动机的转速 n。这样的调速系统简称 G-M 系统，国际上通称 Ward- Leonard 系统，如图 3-20 所示。 它的优点是容易实现电动机的正反转；在停车或改变转向时，可以实现回馈制动。缺点是系统至少需要两台发电动机组，还要一台励磁发电动机，设备多、体积大、费用高、损耗大、效率低，安装需要打地基，运行有噪声，维护不方便。
静止可控整流调速控制系统	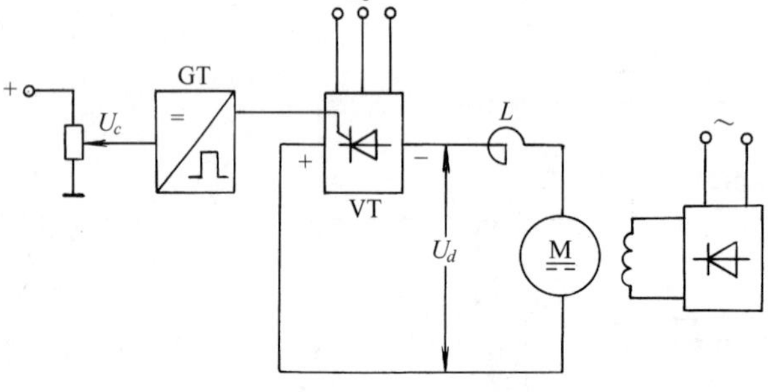 图 3-21 可控整流调速控制系统（V-M 系统）	晶闸管一电动机调速系统（简称 V-M 系统，又称为静止的 Ward-Leonard 系统），图 3-21 中 VT 是晶闸管可控整流器，通过调节触发装置 GT 的控制电压 U_c 来移动触发脉冲的相位，即可改变整流电压 U_d，从而实现平滑调速，如图 3-21 所示。 它的优点是调速范围宽、工作可靠、效率高、经济性好。 缺点是： （1）晶闸管具有单向导电性。如要实现电动机的正反转运行，需要两套晶闸管变流装置，主电路元器件多，结构较为复杂。 （2）晶闸管对过电压、过电流和过高的 dU/dt、dI/dt 都十分敏感。 （3）系统工作时，会产生较大的谐波电流，引起电网电压波形畸变，殃及附近的用电设备，形成“电力公害”，因此还需要增加滤波装置。 V-M 系统是目前工业生产中应用最为广泛的直流调速系统。
脉宽调制调速控制系统	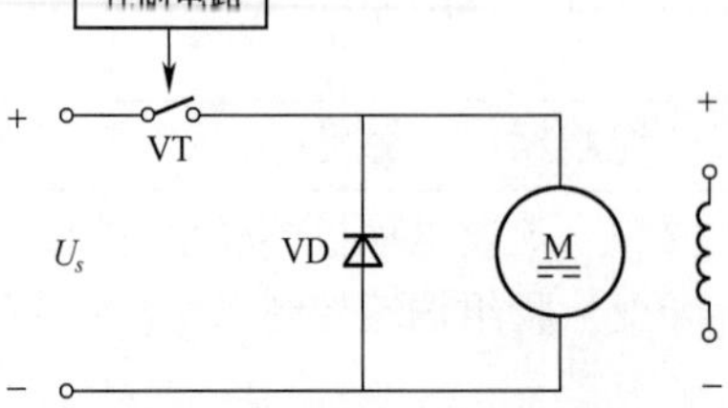 图 3-22 脉宽调制调速控制系统（PWM）	利用现代电力电子器件的通断控制进行脉宽调制，以产生可变的平均直流电压进行电动机调速。若采用简单的单管控制，称为直流斩波器；若采用微处理器的数字输出控制，称为脉宽调制变换器（PWM），如图 3-22 所示。

		它的优点是主电路线路简单，需要的功率器件少；开关频率高，电流连续且谐波少，使电动机转矩脉动小、发热少；低速性能好，稳速性能高，调速范围宽；转速调节迅速，动态性能好，抗干扰能力强；器件工作在开关状态，损耗小，装置的效率较高。 与 V-M 系统相比，PWM 系统采用不可控整流电路，从电网侧看进去，其设备功率因数较高。

4 单闭环直流调速系统

闭环直流调速系统的组成

单闭环直流调速系统是指只有一个转速负反馈构成的闭环控制系统。如图 3-23 所示为晶闸管整流装置供电的直流调速系统结构图。

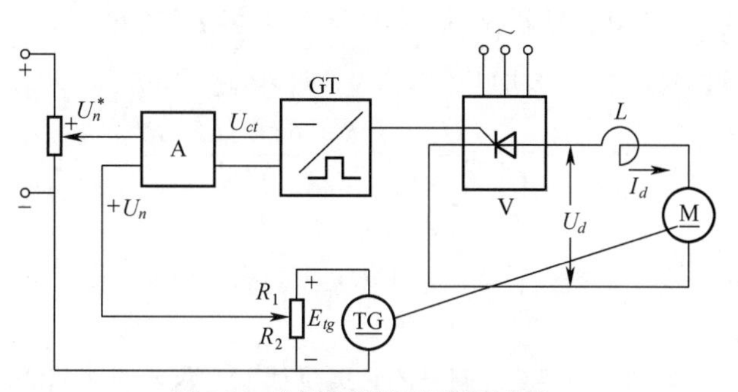

图 3-23 单闭环直流调速系统结构图

工作原理

单闭环直流调速系统的工作原理是电动机轴上安装测速发电动机 G，得到与转速成正比的电压U_n。与给定电压U_n^*比较后，得到偏差电压ΔU，再经放大器 A 调节触发装置 GT 的控制电压U_{ct}，移动触发脉冲的相位，以改变晶闸管整流装置 KZ 的输出电压，调节直流电动机的转速。当平波电抗器 L 足够大时，直流电动机的电枢电流保持连续。

系统的静特性

图 3-23 中，单闭环直流调速系统可视为由一些典型环节所组成，各环节的输入及输出稳态关系如下：

电压比较环节：$\Delta U_n = U_n^* - U$

放大器：$U_{ct} = K_p \Delta U_n$

触发和整流装置：$U_d = K_s U_{ct}$

电动机端电压方程：$E = U_d - I_d R$

测速反馈环节：$U_n = \alpha n$

电动机环节：$E = C_e n$

其中，K_p为放大器电压放大系数；K_s为晶闸管整流装置的电压放大系数；α为转速反馈系数，$\alpha = \dfrac{R_2 C_e}{R_1 + R_2}$；$C_e$为测速发电动机的电势常数；$R_1$和$R_2$分别为测速发电动机并联的分压电阻。

根据以上各环节的稳态输入及输出关系，可以画出系统的稳态结构图，如图 3-24 所示。

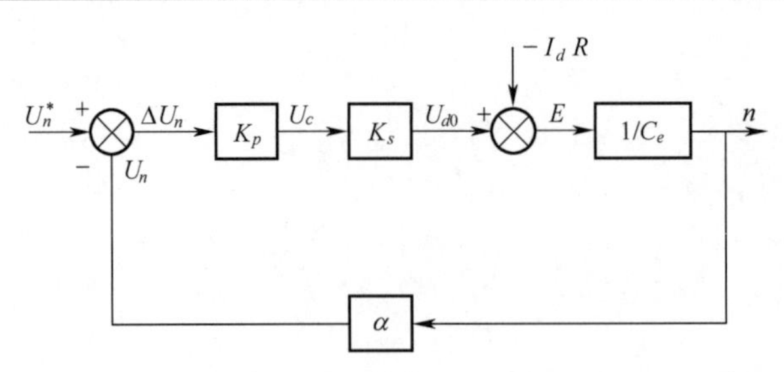

图 3-24 单闭环直流调速系统稳态结构图

简化可得系统的稳态方程为：

$$n=\frac{K_pK_sU_n^*-I_dR}{C_e(1+K_pK_s\alpha/C_e)}=\frac{K_pK_sU_n^*}{C_e(1+K)}-\frac{I_dR}{C_e(1+K)}=n_{0b}-\Delta n_b \tag{3-8}$$

式中，K 为闭环系统的开环放大系数，$K=\frac{K_pK_s\alpha}{C_e}$，其物理意义为：从测速发电动机输出端将反馈回路断开，从放大器输入 ΔU 计起，直到测速发电动机输出 U_f 为止的总电压放大倍数，它是系统各环节单独放大系数的乘积；n_{0b} 是闭环系统的理想空载转速；Δn_b 是闭环系统的静态转速降落。

在闭环条件下，电动机转速与负载电流（或转矩）之间的稳态关系，称为静特性。它在形式上与开环机械特性相似，但本质上却有很大不同，是由不同机械特性的运行点所组成，故定名为“静特性”，以示区别。

开环系统机械特性和闭环系统静特性的比较

在图 3-23 中，断开反馈回路，可以导出开环机械特性，其方程式为：

$$\begin{aligned}n&=\frac{U_{d0}-I_dR}{C_e}=\frac{K_pK_sU_n^*}{C_e}-\frac{RI_d}{C_e}\\&=n_{0k}-\Delta n_k\end{aligned} \tag{3-9}$$

式中，n_{0k} 为开环系统的理想空载转速；Δn_k 为开环系统的静态转速降落。通过比较式（3-8）与式（3-9），可以得出如下结论：

（1）闭环系统速降小，静特性“硬”。在同样的负载扰动下，两者的转速降落分别为：

$$\Delta n_k=\frac{RI_d}{C_e},\quad \Delta n_b=\frac{RI_d}{C_e(1+K)}$$

它们的关系为 $\Delta n_b=\frac{\Delta n_k}{1+K}$。显然，当 K 值较大时，Δn_b 要比 Δn_k 小得多，即闭环系统静特性硬度大大提高。

（2）系统的静差率小，稳速精度高。开环和闭环系统的静差率分别为：

$$s_b=\frac{\Delta n_b}{n_{0b}},\quad s_k=\frac{\Delta n_k}{n_{0k}}$$

显然，当 $n_{0b}=n_{0k}$ 时，$s_b=\frac{s_k}{1+K}$。

（3）当要求的静差率一定时，闭环系统可以大大提高调速范围。假设闭环系统和开环系统的电动机的最高转速都为额定转速，易推出：

$$D_b=(1+K)D_k$$

综上所述，K 值足够大时，闭环系统能得到比开环系统“硬”得多的稳态特性，从而在保证一定静差率的条件下，获得较宽的调速范围，因此系统必须设置放大器。

系统的基本性质

单闭环直流调速系统是一种最基本的反馈控制系统，具有反馈控制的基本规律，体现出以下基本特征。

（1）应用比例调节器的闭环系统有静差。由静特性方程可知，开环放大系数 K 值对闭环系统稳态性能影响很大，K 值越大，稳态性能越好。但只要所设置的调节器是比例放大器（K_p=常数），则稳态速度差只能减小，而不能消除，因为：

$$\Delta n_b = \frac{RI_d}{C_e(I+K)}$$

只有当 $K=\infty$ 时，才能 $\Delta n_b = 0$，但这是不可能的。只有实际转速与理想空载转速存在偏差，才能检测出偏差，从而控制系统减少偏差，故也称偏差调节系统。

（2）系统绝对服从给定输入。给定输入 U_n^* 是和反馈作用相比较的量，也称为参考输入量。给定输入的微弱变化会引起输出量（转速）的变化，改变给定输入就是调节转速，若给定电源出现不应有的波动，系统也当作正常的调节处理。

（3）抵抗扰动。闭环系统中，给定输入 U_n^* 不变时，所有能引起输出量（转速）变化的因素称为扰动。

在单闭环直流调速系统中，负载的变化、交流电源电压的波动、放大器放大系数的漂移、电动机励磁变化等扰动，系统都能检测出来，通过反馈控制，减小其对稳态转速的影响。但是在反馈通道中的扰动，系统无法抑制，如测速发电动机的励磁变化或其输出电压中的换向波纹，以及定子和转子间的偏心距，都会给系统带来周期性的干扰，所以，高精度的调速系统必须具有高精度的检测装置。

单闭环无静差直流调速系统

单闭环调速系统若采用比例调节器，则稳定运行时，转速不可能完全等于给定值，即使提高开环增益或引入电流正反馈，也只能减少而不能消除静差。

为实现转速无静差调节，可以用比例积分调节器代替比例调节器。

比例积分调节器

在集成运算放大器的反馈电路中串入一个电阻及电容，即可构成比例积分调节器，简称 PI 调节器，如图 3-25 所示。

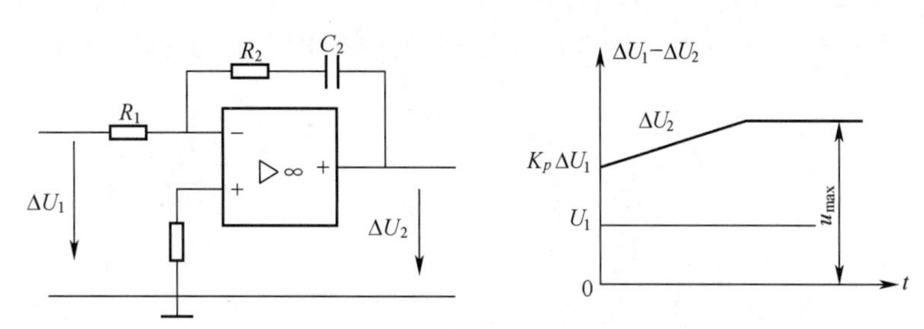

图 3-25　比例积分调节器的原理和特性

比例积分调节器输出由输入信号的比例和积分两部分叠加而成，其传递函数为：

$$H(s) = \frac{K_p(\tau s+1)}{\tau s} \tag{3-10}$$

式中，τ 为调节器积分部分的时间常数；K_p 为调节器比例部分的放大系数。

单闭环无静差调速系统的工作原理

单闭环无静差调速系统的组成如图 3-26 所示。比例积分调节器的输入信号为 $\Delta U = U^* - U_f$，输出信号为 $U_K = K_p\Delta U + \frac{1}{\tau}\int \Delta U \mathrm{d}t$。在启动过程中，PI 调节器输出的动态响应波形与 ΔU 相关，当 U^* 给定时，ΔU 的变化值取决于 U_f。

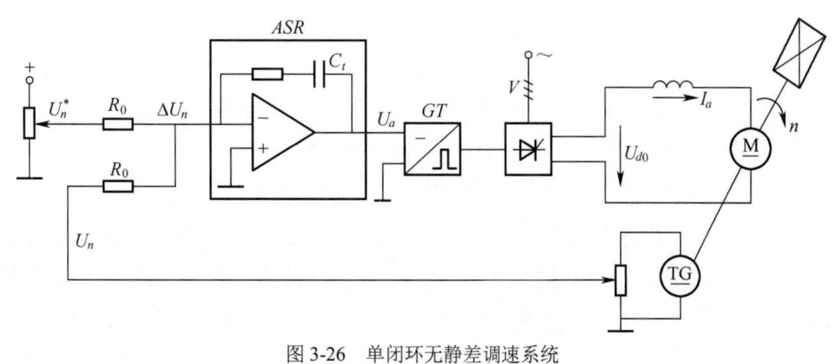

图 3-26　单闭环无静差调速系统

因此，只要有偏差ΔU，其积分$\int \Delta U \mathrm{d}t$一定使控制电压增加，从而提高直流电动机两端的电压，直至直流电动机转速偏差消除，此时，PI 调节器输出电压可以保持直流电动机两端电压不变，维持系统在没有偏差下稳定运行。

所以，使用比例积分调节器的闭环调速系统是无静差调速系统。

带电流截止环节的单闭环直流调速系统

单闭环直流调速系统虽然解决了转速调节问题，但当系统突然输入给定电压U_{gd}时，由于系统的惯性，电动机转速为 0，则启动时转速反馈电压$U_f=0$、$\Delta U=U_{gd}$，偏差电压几乎是其稳态工作时的(1+K)倍。由于晶闸管整流装置和触发电路及放大器的惯性都较小，使整流电压U_d迅速达到最大值，直流电动机全压启动，若没有限流措施，启动电流I_{st}过高，不仅对电动机换向不利，而且会损坏晶闸管。

此外，工作机械有时会遇到堵转的情况，如机械轴被卡住，或者挖土机运行时碰到坚硬的石块，由于闭环系统的特性很硬，若没有限流措施，电动机电流将大大超过允许值，如果只依靠自动开关或熔断器保护，一过载就跳闸或断电，会给正常工作带来不便。

为解决上述问题，系统中必须有自动限制电枢电流过大的装置，为此，在启动和堵转时，引入电流负反馈，以保证电枢电流不超出允许值；而正常运行时，电流负反馈不起作用，可以保持较好的静特性硬度，这种当电流大到一定程度才出现的电流负反馈，称为电流截止负反馈，简称截流反馈。

截流反馈装置

截流反馈装置如图 3-27 所示，电流负反馈信号来自小阻值R_c，该电阻串入电枢回路，I_aR_c正比于电枢电流。设I_{aj}为临界的截止电流，当电流大于I_{aj}时，将电流负反馈信号加到放大器的输入端；而当电流小于I_{aj}时，将电流负反馈切断。为实现此作用，需要引入比较电压U_{bj}。如图 3-27（a）所示为利用独立直流电源做比较电压，用电位器调压；如图 3-27（b）所示则为利用稳压管的击穿电压U_w做比较电压。

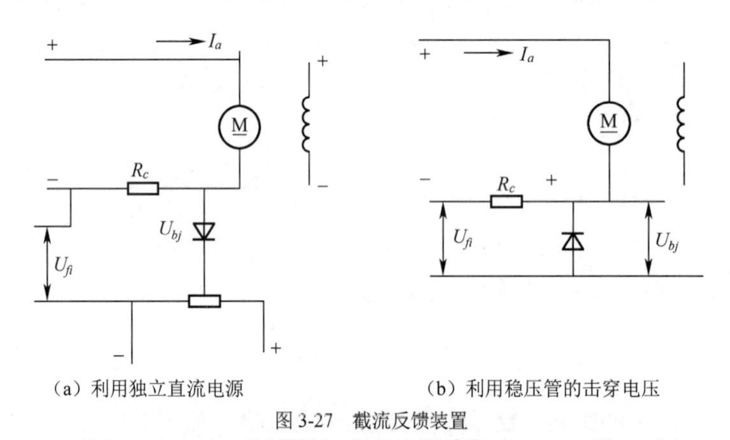

（a）利用独立直流电源　　（b）利用稳压管的击穿电压

图 3-27　截流反馈装置

带截流反馈装置的单闭环直流调速系统的静特性

截流反馈装置的输入输出特性如图 3-28 所示，当输入信号$I_aR_c-U_{bj}$为负值时，输出即电流负反馈电压为 0；当$I_aR_c-U_{bj}$为正值时，输出等于输入。

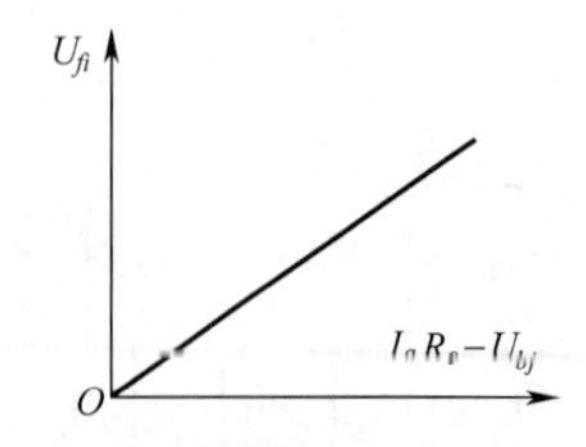

图 3-28　截流反馈装置的输入输出特性

电流负反馈的作用相当于在电路中串联一个大阻值电阻，随着负载电流的增大，电动机转速急剧下降，直到堵转点；同时由于比较电压与给定电压同极性，使理想空载转速升高。这种静特性常被称为“挖土机特性”。在实际应用过程中，采用电流截止环节解决限流启动并不十分精确，只适用于小容量且对动态特性要求不太高的系统。

5 直流脉宽调速系统

直流脉宽调速系统的含义
直流脉宽调速系统是一种采用脉宽调速的直流斩波器，主电路采用脉宽调制式变换器（PWM），用于中小容量系统。
特点
（1）采用绝缘栅极晶体管（IGBT）、功率场效应管（P-MOSEFT）、门极可关断晶闸管（GTO）、全控电力晶体管（GTR）等电力电子器件，电路简单，能耗少，效率高。 （2）开关频率高，电流连续，谐波成分少，电动机损耗小。 （3）系统频带宽，快速性能好，动态抗干扰性强。 （4）系统低速性能好，调速范围宽，稳态精度高。 随着相关器件的迅速发展，直流脉宽调速系统的用途将日益广泛，技术将日渐成熟，直流脉宽调速系统的静、动态特性的分析方法，和前面讨论的晶闸管相位控制的直流调速系统基本相同，区别仅在于主电路和脉宽调制的控制电路。
脉宽调制式变换器
脉宽调制式（PWM）变换器有可逆与不可逆两类。可逆 PWM 变换器又有单极式、双极式和受限单极式等多种电路。这里只介绍可逆 PWM 变换器中的双极式 H 型 PWM 变换器。 1. 主电路 桥式主电路如图 3-29 所示，直流电源 U_s 和电动机 M 接在桥对角线上，桥臂为大功率晶体管 VT1～VT4，起开关作用；基极驱动电压分为两组 U_{b1}、U_{b4} 和 U_{b2}、U_{b3}；并联续流二极管 VD1～VD4 起过压保护作用。 2. 工作原理 四个大功率晶体管分成两组：VT1、VT4 和 VT2、VT3，交替导通和截止；在 0～t_1 期间，VT1、VT4 导通，电动机电枢电压 U_{AB}=+U_S；在 t_1～T 期间，VT2、VT3 导通，U_{AB}=−U_S。两组晶体管不能同时导通，以免电源短路。这样，变换器的输出电压时正时负，称为双极式工作制，其波形如图 3-30 所示。 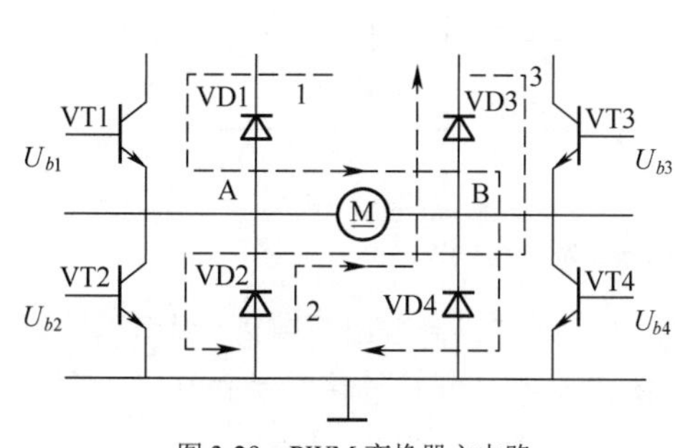 图 3-29 PWM 变换器主电路 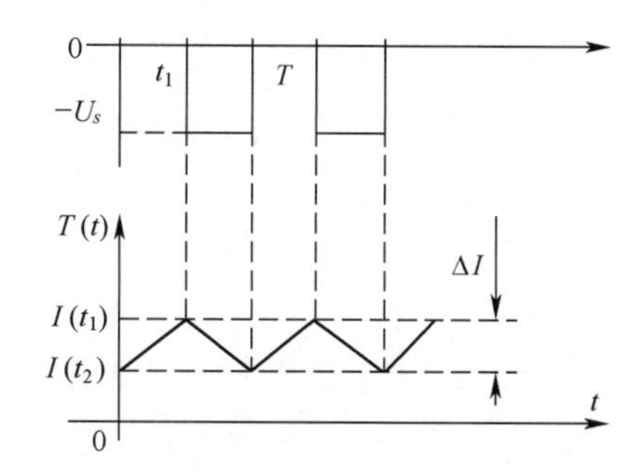 图 3-30 双极式输出电压和电流波形 输出电压的平均值 U_{ave} 的大小和极性取决于正、反两对晶体管导通时间的长短。若 $t_1>T-t_1$，则 U_{ave} 为正，反之为负。 通过改变 PWM 变换器的输入控制信号 U_r 的大小与极性，来控制 t_1 的长短，即可实现脉宽调制（改变脉冲宽度）。而 U_r 来自电压放大器或校正装置的输出。设 U_r 的正负限幅值为±U_{rm}，则 $R=U_r/U_{rm}$（$-1\leqslant\rho\leqslant1$），$R$ 为 PWM 的占空比，则输出平均电压 $U_{ave}=\rho U_s$。当 ρ 在 $-1\leqslant\rho\leqslant1$ 范围内变化时，可以实现调速。ρ 为正值，电动机正转；ρ 为负值，电动机反转；当 ρ=0 值，电动机停转，但此时电枢电压和电流的瞬时值是交变的，不为 0，只是平均值为 0，所以电动机虽不产生转矩但增大了能量损耗，但同时产生了高频微振，以消除正、反向的静摩擦死区。 3. 特点 双极式 H 型 PWM 变换器的主要优点有：电枢电流连续；ρ=0，启动力润滑作用，消除静摩擦死区；低速平稳性好，调速范围宽，电动机可以在四个象限运行。 缺点主要是工作过程中，四个晶体管都处于开关状态，损耗大，易发生上下两管直通事故，降低可靠性。

典型双闭环控制的直流脉宽调速系统

控制的基本方案仍采用转速、电流双闭环系统，脉宽调速系统部分有脉宽调制器（UPW）、调制波发生器（GM）、逻辑延时电路（DLD）、PWM 开关变换器、晶体管基极驱动器（GD）、瞬时动作的限流保护（FA）等，原理框图如图 3-31 所示。

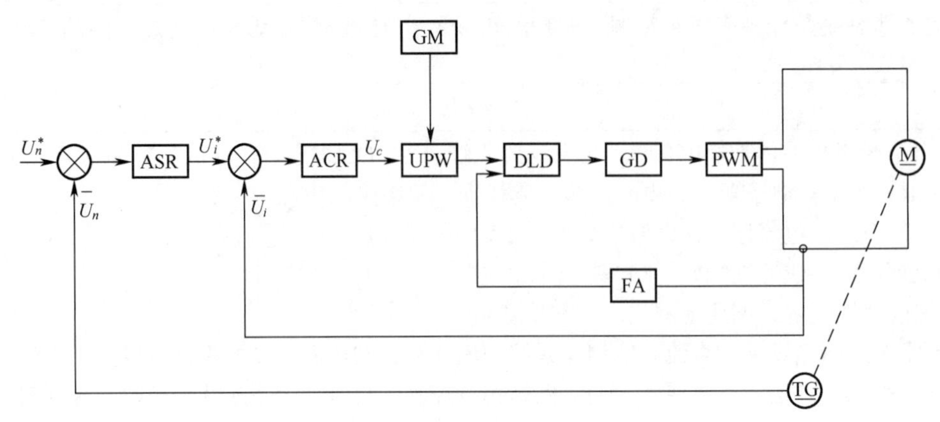

图 3-31 直流脉宽调速系统原理框图

1. 脉宽调制器

脉宽调制器是将控制电压信号转换为与之成比例的脉宽可调的脉冲电压装置。其种类很多，常见的为锯齿波脉宽调制器，其电路图和输入一输出特性如图 3-32（a）和（b）所示，它是一个由放大器和几个输入信号组成的电压比较器。

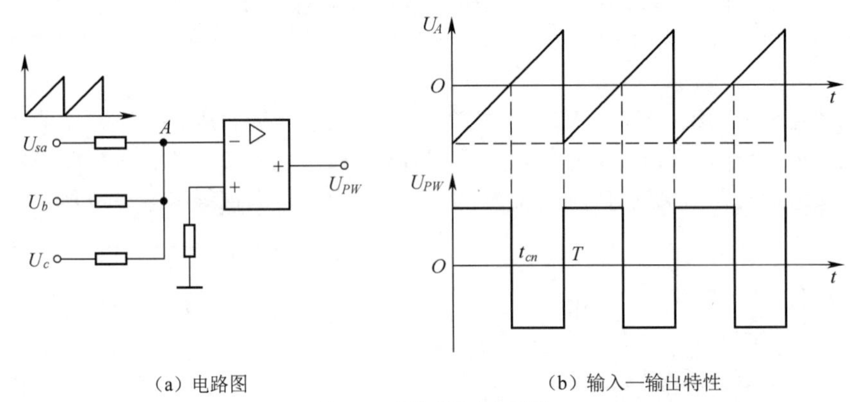

（a）电路图　　（b）输入一输出特性

图 3-32 锯齿波脉宽调制器

在电压比较器输入端，控制电压 U_c 与锯齿波信号 U_{sa} 相加，则比较器输出端得到一个宽度与 U_c 成比例的脉冲电压 U_{PW}。而偏移电压 U_b 的作用是当 U_c 等于 0 时，使比较器的输出端得到一个正、负半周脉宽相等的 U_{PW}，$U_b=U_{samax}/2$。

U_c=0V 时，使产生脉冲的占空比 ρ=0。PWM 功率放大器在不同控制方式下，占空比为 0 的控制脉冲是不一样的，偏移电压 U_b 也是不同的。在双极式控制方式下，波形如图 3-33 所示，即正、负脉冲宽度相等。

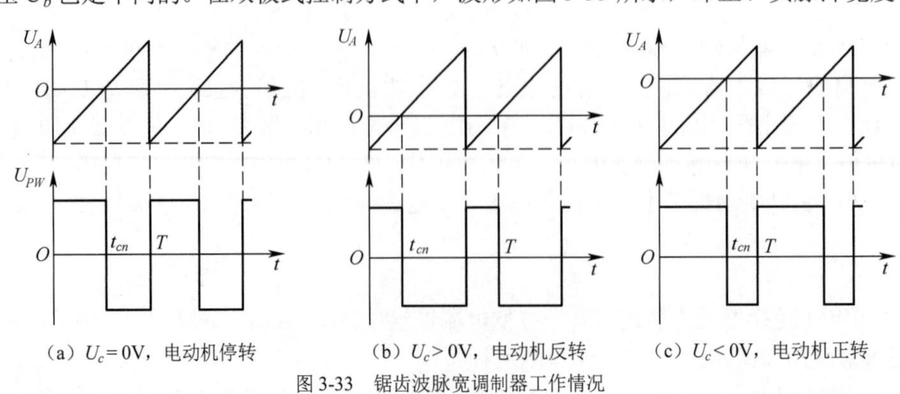

（a）U_c= 0V，电动机停转　（b）U_c> 0V，电动机反转　（c）U_c< 0V，电动机正转

图 3-33 锯齿波脉宽调制器工作情况

改变 U_c 的大小，即可改变 U_{PW} 的占空比；改变 U_c 的极性，即可改变 PWM 变换器平均电压的极性，也改变了电动机方向。

2．逻辑延时电路

逻辑延时电路是为确保跨接于 PWM 变换器电源 V_s 两端的上下两只晶体管不同时仍能导通，避免造成短路，可以防止出现两管直通事故。

3．瞬时动作限流保护环节

可以避免 PWM 变换器某桥臂电流超过最大允许值。

子学习情境 3.2　交流调速控制系统的认知

交流调速控制系统的认知工作任务单

<table>
<tr><td>情　　境</td><td colspan="6">交直流调速技术的认知</td></tr>
<tr><td>学习任务</td><td colspan="4">子学习情境 3.2：交流调速控制系统的认知</td><td>完成时间</td><td></td></tr>
<tr><td>任务完成</td><td>学习小组</td><td></td><td>组长</td><td></td><td>成员</td><td></td></tr>
<tr><td>任务要求</td><td colspan="6">掌握：
1．交流调速系统的发展及概况。
2．交流电动机的结构、工作原理、分类。
3．MM420 变频调速系统的调速方法。
4．变频器的故障诊断及维修方法。
5．高速磨床的变频调速方法。</td></tr>
<tr><td>任务载体和资料</td><td colspan="4">图 3-34　交流电动机外形结构图</td><td colspan="2">交流电动机作为执行元件，是机电一体化的关键设备之一，如图 3-34 所示。由于异步电动机结构简单，价格低廉，具有运行可靠、维护方便、效率较高等一系列优点，而且与同容量的直流电动机相比，重量约为其 1/3，因此大部分生产机械采用三相异步电动机作为原动机。据统计，三相异步电动机的用电量约为总用电量的 2/3。本任务就是掌握交流电动机及其调速系统。（那么，交流电动机调速有哪几种方法？各自的优缺点是什么？常用的是哪种？变频调速系统的调速过程如何？变频器如何诊断及维修故障？可以查阅资料深入分析。）</td></tr>
<tr><td>引导文</td><td colspan="6">1．团队分析任务要求：讨论在完成本次任务前，你和你的团队缺少哪些必要的理论知识？需要具备哪些方面的操作技能？你们该如何解决这些困难？
2. 你是否需要认识交流调速系统？包括对交流电动机的认知和对调速方案、典型调速系统的理解。
3．变频调速系统的调速过程如何？
4．变频器的故障诊断及维修方法有哪些？可以查阅资料进行详细的对比学习。
5．请认真学习“知识链接”的内容。思考这样一个问题：变频调速系统是如何调速的？查阅各种资料，仔细分析它们的关系，彻底理解这个问题。
6．你已经具备完成此情境学习的所有资料了吗？如果没有，还缺少哪些？应该通过哪些渠道获得？</td></tr>
</table>

	7．实现我们的核心任务“交流调速控制系统”，思考其中的关键是什么？ 8．通过引导文的指引，你和你的团队是否明白，实现本情境任务的学习，包括哪些具体任务？你们团队该如何分工合作，共同完成这项庞大的任务？ 9．将任务的实施情况（可以包括你学到的知识点和技能点、团队分工任务的完成情况等）整理成文档。 10．将你们的成果提交给指导教师，让其对任务完成情况进行检查。 11．就你们团队的知识、技能、能力和素质进行自我评价、互相评价和教师评价。正确认识自己的不足之处，取长补短，争取在下次任务训练中得到进步。

学习目标	学习内容	任务准备
1．掌握交流调速控制系统的知识和技能。 2．具有查阅相关资料的能力。 3．培养学生课程标准教学目标中的方法能力、社会能力，达成素质目标。	1．交流调速系统的发展及概况。 2．交流电动机的结构、工作原理、分类。 3. MM420 变频调速系统的调速方法。 4．变频器的故障诊断及维修方法。 5．高速磨床的变频调速方法。	可以将交流电动机的典型调速系统作为切入点，与上一任务中的直流调速系统进行对比分析研究。

1 交流调速系统的发展及概况

交流调速的产生

直流电动机的转速容易控制和调节，在额定转速以下，保持励磁电流恒定，可以用改变电枢电压的方法实现恒转矩控制；在额定转速以上，保持电枢电压恒定，可以用改变励磁的方法实现恒功率调速。采用转速、电流双闭环直流调速系统可以获得优良的静、动态调速特性。因此，长期以来（20 世纪 80 年代以前）在变速传动领域中，直流调速一直占据主导地位。

但是，由于直流电动机本身结构上存在机械式换向器和电刷这一致命弱点，使得直流调速系统的应用相应受到了限制。直到 20 世纪 60～70 年代，随着电力电子技术的发展，使得采用电力电子变换器的交流传动系统得以实现，特别是大规模集成电路和计算机控制的出现，高性能交流调速系统便应运而生。

交直流调速系统的比较

交流调速系统与直流调速系统相比较，主要有以下特点：

（1）交流电动机具有更大的单机容量。

（2）交流电动机的运行转速高且耐高压。

（3）交流电动机的体积、重量、价格均小于同容量的直流电动机。直流电动机的主要劣势在其机械换向部分，相比而言，交流电动机构造简单、坚固耐用、经济可靠、转动惯量小。

（4）交流电动机特别是鼠笼型异步电动机的环境适应性广，在恶劣环境中，直流电动机几乎无法使用。

（5）调速装置方面，随计算机技术、电力电子器件技术的发展及新控制算法的应用，使交流电动机调速装置反应速度快、精度高且可靠性高，达到与直流电动机调速系统同样的性能指标。

（6）在交流电动机的专属领域——风机泵类负载拖动领域，调速就意味着节能。

具体见表 3-1。

表 3-1　直流电动机与交流电动机的比较

比较内容	直流电动机	交流电动机
结构和制造	有电刷，制造复杂	无电刷，结构简单
重量/功率	约两倍	一倍
体积/功率	约两倍	一倍
价格/功率	几倍	一倍
最大容量	12～14MW	几十 MW
最大转速	1000r/min 左右	数千 r/min
最高电枢电压	1kV	6～10kV
安装环境	要求高	要求低
维护	较多	较少
调速性能	好	复杂

交流调速发展趋势

交流调速取代直流调速已是不争的事实，当前交流调速系统正朝着高电压、大容量、高性能、高效率、绿色化、网络化的方向发展。

（1）高性能交流调速系统的进一步研究与技术开发。将先进的控制策略应用到交流调速系统中，提高直接转矩控制技术中低速时的控制性能等。

（2）新型拓扑结构功率变换器的研究与技术开发。提高变频器的输出效率，降低开关损耗（零关断技术），抑制高频、大功率变频器的电磁干扰。

（3）PWM 模式的改进与优化研究。例如，多电平中压变频器控制模式。

（4）中压变频装置的研究与开发。1kV～10kV 电压及 300kW 以上功率。

交流调速系统的应用领域

（1）风机、水泵、压缩机耗能占工业用电的 40%，进行变频、串级调速，可以节能。

（2）对电梯等垂直升降装置实现无级调速，运行平稳，档次提高。

（3）纺织、造纸、印刷、烟草等各种生产机械，采用交流无级变速，提高产品质量和生产效率。

（4）钢铁企业在轧钢、输料、通风等多种电气传动设备上使用交流变频传动。

（5）有色冶金行业，如冶炼厂对回转炉、焙烧炉、球磨机、给料机等进行变频无级调速控制。

（6）油田利用变频器拖动输油泵控制输油管线输油。此外，在炼油行业变频器还被应用于锅炉引风、送风、输煤等控制系统。

（7）变频器用于供水企业及高层建筑的恒压供水。

（8）变频器在食品、饮料、包装生产线上被广泛使用，提高调速性能和产品质量。

（9）变频器在建材、陶瓷行业也获得大量应用，如水泥厂的回转窑、给料机、风机均可采用交流无级变速。

（10）机械行业是企业最多、分布最广的基础行业。从电线电缆的制造到数控机床的制造，电线电缆的拉制需要大量的交流调速系统；一台高档数控机床上就需要多台交流调速甚至精确定位传动系统，主轴一般采用变频器调速（只调节转速）或交流伺服主轴系统（既是无级变速又使刀具准确定位停止），各伺服轴均使用交流伺服系统，各轴联动完成指定坐标位置移动。

2　交流电动机的认知

交流电动机的概述

交流电动机是将交流电能转换为机械能的电气装置，主要分为同步电动机和异步电动机两大类，两者的工作原理和运行性能都有很大差别。同步电动机的转速与电源频率之间保持严格的同步对应关系，不随负载变化而变化；异步电动机的转速虽然也与电源频率有关，但其转速随负载变化而略有变化。

<table>
<tr><td colspan="2">由于异步电动机结构简单，价格低廉，具有运行可靠、维护方便、效率较高等一系列优点，而且与同容量的直流电动机相比，重量约为其 1/3，因此大部分生产机械采用三相异步电动机作为原动机。据统计，三相异步电动机的用电量约为总用电量的 2/3。
近年来，随着电子计算机的发展和新型电力电子器件的出现，采用变频器的异步电动机变频调速系统得到了广泛的应用，目前已经取代了直流电动机调速系统。</td></tr>
<tr><td colspan="2">异步电动机的分类</td></tr>
<tr><td>按外壳防护方式分类</td><td>异步电动机按其外壳防护方式的不同，可以分为开启型（IP11）、防护型（IP22、IP23）、封闭型（IP44、IP54）三大类。防护型和封闭型三相笼型异步电动机外形如图 3-35（a）和（b）所示。

（a）防护型

（b）封闭型
图 3-35　三相笼型异步电动机外形
（1）开启型。电动机除必要的支撑结构外，转动部分及绕组没有专门的防护，与外界空气直接接触，散热性能较好，适用于干燥、清洁、没有灰尘和腐蚀性气体的场所。开启型目前已不再使用。
（2）防护型。能防止水滴、尘土、铁屑或其他物体从上方或斜上方落入电动机内部，适用于较清洁的场所。
（3）封闭型。能防止水滴、尘土、铁屑或其他物体从任意方向侵入电动机内部，适用于粉尘较多的场所，如拖动碾米机、球磨机及纺织机械等。由于封闭型结构能防止固体、水滴等进入内部，并能防止人与物触及电动机带电部位和运动部位，因而目前使用最为广泛。</td></tr>
<tr><td>按转子结构分类</td><td>三相异步电动机按电动机转子结构的不同，又可以分为三相笼型异步电动机和三相绕线转子异步电动机。机床中常用的则是三相笼型异步电动机。</td></tr>
<tr><td>其他分类</td><td>除以上分类外，还有按相数分为三相异步电动机和单相异步电动机，按安装方式分为立式电动机和卧式电动机，按冷却方式分为空气冷却电动机和液体冷却电动机等。</td></tr>
<tr><td colspan="2">三相异步电动机的结构</td></tr>
<tr><td colspan="2">三相异步电动机由定子和转子两大部件组成，三相笼型异步电动机各主要组成部件结构如图 3-36 所示。
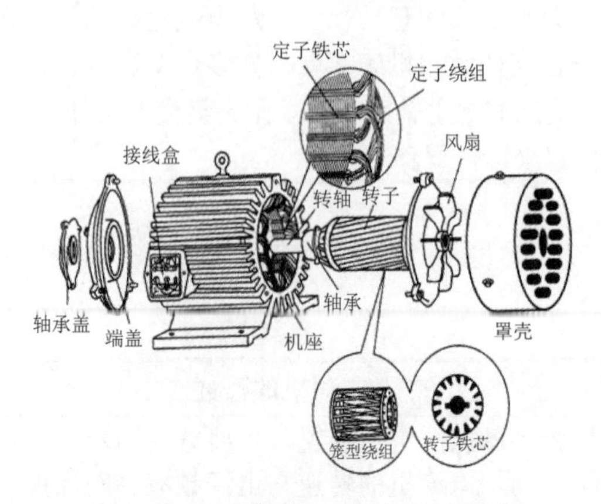

图 3-36　三相笼型异步电动机的部件结构</td></tr>
</table>

机座	用于固定定子铁芯，并通过两侧的端盖和轴承支撑转子，同时用于电动机的整体安装，保护整台电动机的电磁部分和运动部分，散发电动机热量。中小型电动机的机座一般用铸铁铸造而成，大型电动机的机座多采用钢板焊接结构。
定子铁芯	定子铁芯是电动机磁路的一部分，由厚 0.5mm 的硅钢片冲片叠压而成，冲片上涂有绝缘漆作为片间绝缘，以减少涡流损耗。铁芯内圆有均匀分布的槽，用以嵌放定子绕组。
定子绕组	定子绕组是一个三相对称绕组，它由三个完全相同的绕组组成，每个绕组即为一相。三个绕组在空间上相差 120°电角，每相绕组的两端分别用 U1－U2、V1－V2、W1－W2 表示，可以根据需要接成星形或三角形。
端盖	端盖除了起防护作用外，还装有轴承，用以支撑转子轴。
转子铁芯	作用和定子铁芯相同，一方面作为电动机磁路的一部分，另一方面用来安放转子绕组，转子铁芯也是用厚 0.5mm 的硅钢片叠压而成，套在转轴上。
转子绕组	三相异步电动机的转子绕组分为绕线型与笼型两种，根据转子绕组的不同，分为绕线型转子异步电动机与笼型异步电动机。 （1）绕线型转子绕组。和定子绕组一样，绕线型转子绕组也是一个三相绕组，一般接成星形，三根引出线分别接到固定在转轴上的三个集电环上，集电环与转轴绝缘，绕线型转子绕组通过电刷装置与外电路相连，可以在转子电路中串接电阻以改善电动机的运行性能，如图 3-37 所示。 （2）笼型绕组。在转子铁芯的每一个槽中插入一个铜条，在铜条两端各用一个铜环（称为端环）把铜条连接起来，这称为铜排转子笼型绕组，如图 3-38（a）所示。 也可以用铸铝的方法：把转子导条和端环连接起来，风扇叶片用铝液依次浇铸而成，称为铸铝转子，如图 3-38（b）所示，100kW 以下的异步电动机一般采用铸铝转子。笼型绕组以其结构简单、制造方便、运行可靠得到广泛应用。 绕组　集电环　轴　电刷　变阻器 图 3-37　绕线转子结构示意图 1　2　3　4 （a）铜排转子笼型绕组　（b）铸铝转子 图 3-38　笼型绕组

三相异步电动机的工作原理

三相异步电动机的工作原理如图 3-39 所示。

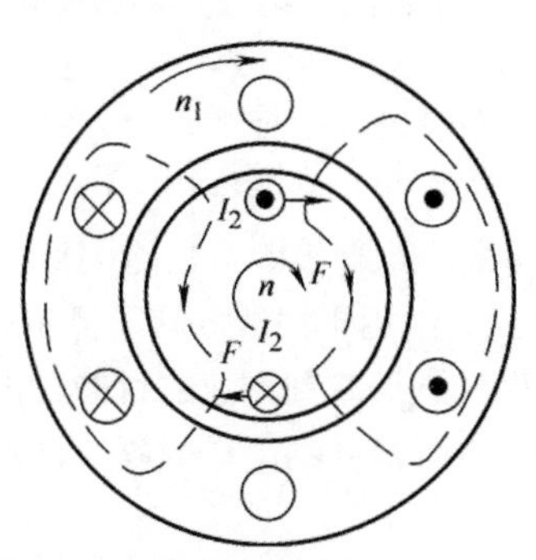

图 3-39　三相异步电动机工作原理

三相异步电动机的定子绕组通入三相交流电流，产生正弦分布的旋转磁场，以同步转速 n 顺时针方向旋转。其转速 $n_1=\dfrac{60f_1}{p}$，称为同步转速，其中，f_1 为电源频率，p 为电动机极对数。

当转子静止或低于同步转速时，转子导条相对切割旋转磁场的磁力线，在转子的各个导体中会产生感应电动势，根据右手定则，可以判定转子导体中的电动势方向。

因为转子导体两端被端环短接，构成闭合回路，所以转子导体电流的方向与感应电动势的方向相同。根据左手定则即可判定转子导体所受到的电磁力的方向，如图 3-39 中的 F 所示，这一对电磁力形成一个顺时针方向的电磁转矩，转子在电磁转矩的作用下按顺时针方向旋转。

如果转子转速达到同步转速，则转子与旋转磁场之间的相对运动就会消失，转子导体不再切割磁力线，转子导体中便没有感应电动势和感应电流。这时电磁转矩等于 0，即转子旋转的动力消失。在转子固有的阻力矩的作用下，转子的速度将低于同步转速。一旦转子速度小于同步转速，转子导体又开始切割旋转磁场磁力线，转子重新受到电磁转矩的作用。

因此，异步电动机的转子转向与旋转磁场转向一致，其转速总是小于旋转磁场的同步转速 n_1，故被称为异步电动机。

n_1-n 称为异步电动机的转差。转差与同步转速 n_1 的比值称为转差率，用 s 表示：

$$s=\frac{n_1-n}{n_1} \tag{3-11}$$

异步电动机额定运行时的转差率约在 0.01～0.06，说明其额定转速与同步转速较为接近。

三相异步电动机的启动

异步电动机的启动电流一般为额定电流的 4～7 倍，直接启动时，过大的启动电流会使电源电压在启动时下降过大，影响电网其他设备的正常运行，另外还会在线路及电动机中产生较大的损耗引起发热。因此，启动时一般要考虑以下四个问题：

（1）应有足够大的启动力矩和适当的机械特性曲线。

（2）启动电流尽可能小。

（3）启动装置应尽可能简单、经济。

（4）启动过程中的功率损耗应尽可能小。

普通异步电动机在启动过程中为了限制启动电流，常用的启动方法有三种：串联电抗器启动、自耦变压器降压启动、星形—三角形转接启动。

目前，采用电子器件构成的异步电动机软启动系统以其良好的性能和平稳的启动过程而得到了迅速的发展和应用。

异步电动机调速方式及性能比较

异步电动机转速的表达式为：

$$n=\frac{60f_1}{p}(1-s) \tag{3-12}$$

式中，f_1 为电源频率；p 为电动机极对数；s 为转差率。

从式（3-12）看来，对异步电动机的调速有三个途径，即改变定子绕组极对数 p、改变转差率 s、改变电源频率 f_1。

实际应用的交流调速方式有多种，仅介绍以下几种常用的方式。

（1）变极调速。这种调速方式只适用于专门生产的变极多速异步电动机，通过绕组的不同组合连接方式，可以获得多种速度，这种调速方式的速度变化是有级的，只能达到在较大范围实现速度粗调的目的。

（2）转子串电阻调速。这种调速方式只适用于绕线式转子异步电动机，它是通过改变串联于转子电路中的电阻阻值的方式来改变电动机的转差率，进而达到调速的目的。由于外部串联电阻的阻值可以多级改变，故可以实现多种速度的调节，但由于串联电阻消耗功率，效率较低，同时这种调速方式的机械特性较软，因此只适合于调速性能要求不高的场合。

（3）串级调速。这种调速方式也只适用于绕线式异步电动机，它是通过一定的电子设备将转差功率反馈到电网中加以利用来实现调速，在风机、泵等传动系统上应用广泛。串级调速通常由电气串级、电动机串级、低同步串级、超同步串级四种结构方案来实现。

（4）调压调速。这是将晶闸管反并联连接构成交流调速电路，通过调整晶闸管的触发角，改变异步电动机的端电压进行调速。这种方式也可以改变转差率，转差功率消耗在转子回路中，效率较低，适用于特殊转子电动机（深槽电动机等高转差率电动机）。这种调速方式应构成转速或电压闭环，才能实际应用。

（5）电磁调速异步电动机调速。这种系统是在三相异步电动机与负载之间通过电磁耦合来传递机械功率，调节电磁耦合器的励磁，可调整转差率 S 的大小，从而达到调速的目的。该调速系统结构简单，价格便宜，适用于简单的调速系统。但它的转差功率消耗在耦合器上，效率低。

（6）变频调速。采用半导体器件构成的静止变频器电源，通过改变供电频率，可以使异步电动机获得不同的同步转速。目前这类调速方式已成为交流调速发展的主流。对于要求较高的调速系统，可以采用矢量控制方式的电流、速度双闭环系统，能获得令人满意的动、静态性能。

可以采用三种不同的变频调速原则，分别为恒磁通变频调速、恒流变频调速和恒功率变频调速。

永磁同步电动机应用基础	
数控机床中多采用永磁式交流同步电动机，常称永磁交流伺服电动机。该电动机与异步电动机相比，具有速度稳定、功率因数高、效率高、体积小等优点。	
永磁交流伺服电动机的结构	（1）定子：永磁交流伺服电动机的定子和三相异步电动机相同，定子铁芯有齿槽，内有三相绕组。但定子外圆多呈多边形，无外壳，以利于散热，避免电动机发热对数控机床的精度产生影响。 （2）转子：永磁交流伺服电动机的转子由转轴、转子铁芯、永久磁极组成。和永磁直流伺服电动机一样，其永久磁极也是采用剩磁和高矫顽力的稀土类磁铁材料制成。 （3）检测元件组成：目前常用的检测元件是脉冲码器。
永磁交流伺服电动机的工作原理	在定子三相对称绕组中通入三相交流电流时，将在气隙中产生旋转磁场。由于磁极异性相吸，所以该旋转磁场将以同步转速吸引转子磁极，带着转子以同步转速旋转。 当转子加上负载转矩后，转子磁极轴线将落后于定子磁场轴线一个角度，称为功率角。随着负载增加，这一角度随之增大，负载减小时，角度也减小。只要不超过一定限度，转子始终跟随定子旋转磁场以恒定的同步转速旋转。 当负载超过一定极限后，将造成定转子磁极有时相吸、有时相斥，转子不再按同步转速旋转，不能正常运行，这称为同步电动机的失步。此时负载的极限称为最大同步转矩。
永磁交流伺服电动机的启动	永磁交流伺服电动机启动困难，不能自启动。原因是电动机本身存在惯性，当三相对称绕组中通入三相交流电流产生旋转磁场时，转子仍处于静止状态，由于惯性作用，转子跟不上旋转磁场的转动，定子磁极和转子磁极的作用力平均为0，平均转矩也为0。 因此，永磁交流伺服电动机设计时降低了转子惯量，并采用低速启动，再提高到所需要的转速运行。
永磁交流伺服电动机的调速和制动	永磁交流伺服电动机是采用改变电源频率的方法实现调速的。永磁交流伺服电动机可以在机座内安装电磁制动装置，通电时制动装置松开，电动机可以自由旋转；停电时制动装置夹紧，进行机械制动。

3　MM420变频调速系统

变频器概述
在交流调速控制系统中，通过半导体功率变换器改变输出的电压、电流和频率，给交流电动机提供调速电源，从而进行转速的调节。异步电动机的变频调速在高速到低速都可以保持有限的转差率，具有高效率、宽范围和高精度的调速性能，已在工业中获得了广泛的应用，是交流电动机调速的重要发展方向。

变频器 MM420 系列（MicroMaster420）是德国西门子公司广泛应用于工业场合的多功能标准变频器。它采用高性能的矢量控制技术，提供低速高转矩输出和良好的动态特性，同时具备超强的过载能力，以满足广泛的应用场合。

变频器的基本构成

变频器分为交－交变频器和交－直－交变频器两种。交－交变频器可以将工频交流电直接变换成频率、电压均可控制的交流电，又称直接式变频器。而交－直－交变频器则是先把工频交流电通过整流变成直流电，然后再把直流电变换成频率、电压均可控制的交流电，称为间接式变频器，这里主要研究的是交－直－交变频器（以下简称变频器）。

变频器的基本构成如图 3-40 所示，由主电路（包括整流器、中间直流环节、逆变器）和控制电路组成。

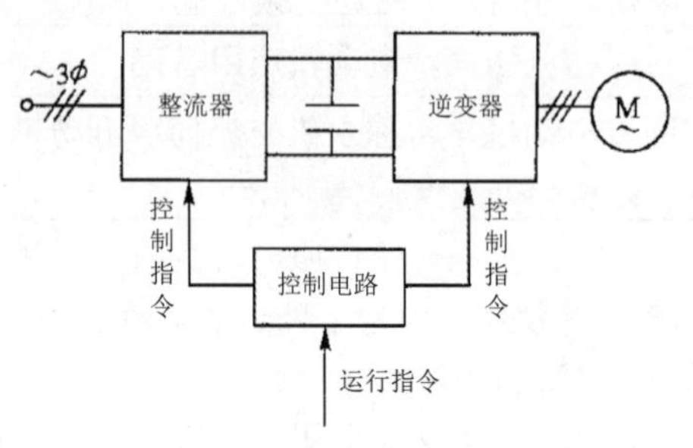

图 3-40 变频器的基本构成

整流器	整流器的作用是把三相或单相交流电变成直流电。
逆变器	逆变器最常见的结构是利用六个半导体主开关器件组成的三相桥式逆变电路。有规律地控制逆变器中主开关器件的通与断，可以得到任意频率的三相交流电输出。
中间直流环节	由于逆变器的负载为异步电动机，属于感性负载。无论电动机处于电动或发电制动状态，其功率因数总不为 1。因此，在中间直流环节和电动机之间总会有无功功率的交换。这种无功能量要靠中间直流环节的储能元件（电容器或电抗器）来缓冲。所以，又常称中间直流环节为中间直流储能环节。
控制电路	控制电路通常由运算电路、检测电路、控制信号的输入和输出电路、驱动电路等构成。其主要任务是完成对逆变器的开关控制、对整流器的电压控制和完成各种保护功能等。控制方法可以采用模拟控制或数字控制。高性能的变频器目前已经采用微型计算机进行全数字控制，采用尽可能简单的硬件电路，主要靠软件来完成各种功能。由于软件的灵活性，数字控制方式常可以完成模拟控制方式难以完成的功能。
关于变流器名称的说明	对于交－直－交变频器，在不涉及能量传递方向的改变时，常简明地称变流器 I 为整流器，变流器 II 为逆变器。实际上，对于再生能量回馈型变频器，两个变流器均可能有两种工作状态：整流状态和逆变状态。当讨论中涉及变流器工作状态的转变时，不再简称为“整流器”和“逆变器”，而称为“网侧变流器”和“负载侧变流器”。

交－直－交变频器的工作原理

整流器为晶闸管三相桥式电路，它的作用是将定频交流电变换为可调直流电，然后作为逆变器的直流供电电源。逆变器也是晶闸管三相桥式电路，但它的作用与整流器相反，它是将直流电变换为可调频率的交流电，是变频器的主要组成部分。中间直流环节由电容器或电抗器组成，它的作用是对整流的电压或电流进行滤波。

在逆变器中，所用的晶闸管或晶体管，都是作为开关元件使用的，因此要求它们有可靠的开通和关断能力。晶闸管的触发导通比较容易，只要对门极加入正的触发信号且阳阴极间有正向电压即可。但晶闸管的关断却不太容易，因为普通晶闸管一旦触发导通后，门极就失去了控制作用。要使普通晶闸管元件由导通转为截止，必须在阳阴极间施以反向电压或使阳极电流小于维持电流，因而在交－直－交变频的逆变器中，需要增设专门的换流电路以保证晶闸管按时关断。从这个意义上来说，用可关断晶闸管 GTO 及电力晶体管 GTR 作为开关元件就会有突出的优越性。

MM420 变频器功能介绍	
基本功能	用于控制三相交流电动机的速度，变频器由微处理器控制，可以实现过电压或欠电压保护、变频器过热保护、接地故障保护、短路保护、电动机过热保护、PTC 电动机保护。基本操作面板（BOP）可以改变变频器的各个参数。
通用操作	MicroMaster420 变频器简称 MM420 变频器，是用于控制三相交流电动机速度的变频器系列，本系列有多种型号供用户选用。MM420 变频器系列如图 3-41 所示。  图 3-41　MM420 变频器系列 依据如下步骤，我们就可以实现西门子 MM420 变频器盖板的拆卸，如图 3-42 所示。 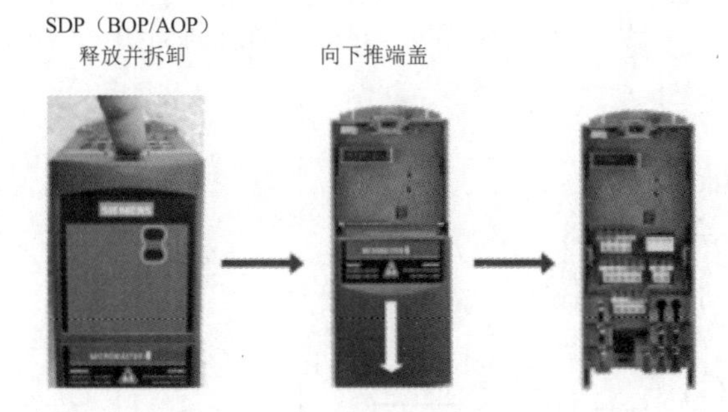 图 3-42　变频器盖板拆卸过程 拆开以后，我们就可以看到 MM420 的配线端子，如图 3-43 所示。如图 3-44 所示为它的功率接线端子。（它们各自的作用是什么？查阅资料进行了解。） 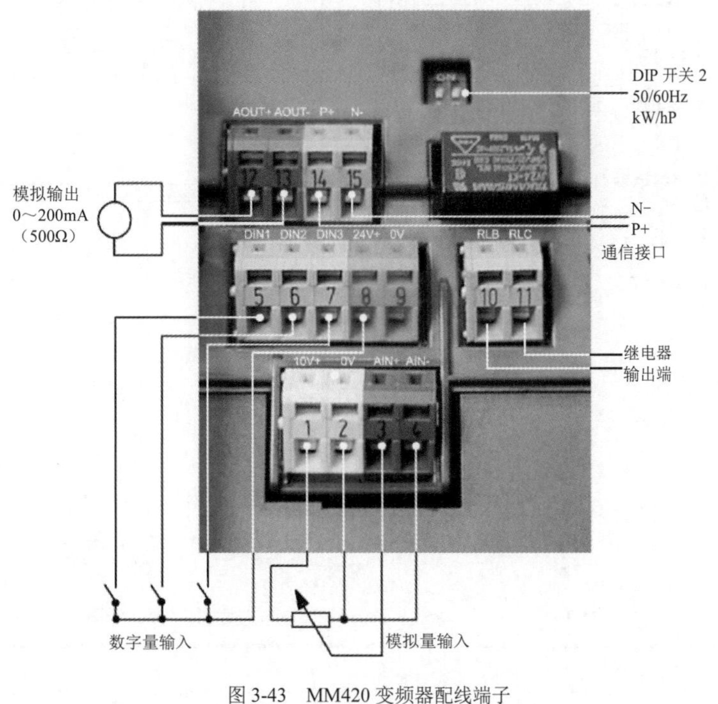 图 3-43　MM420 变频器配线端子

MM420 变频器各端子的意义如下：

1：+10V 直流电压输出　　2：0V（即 10V 直流电压接地）

3：模拟量输入的正电压接线端　　4：模拟量输入的负电压接线端

5、6、7：数字量（开关量）输入接线端　　8：+24V 直流电压输出

9：0V（即 24V 直流电压接地）　　10、11：开关量输出接线端

12、13：模拟量输出接线端　　14、15：RS485 串行通信接线端

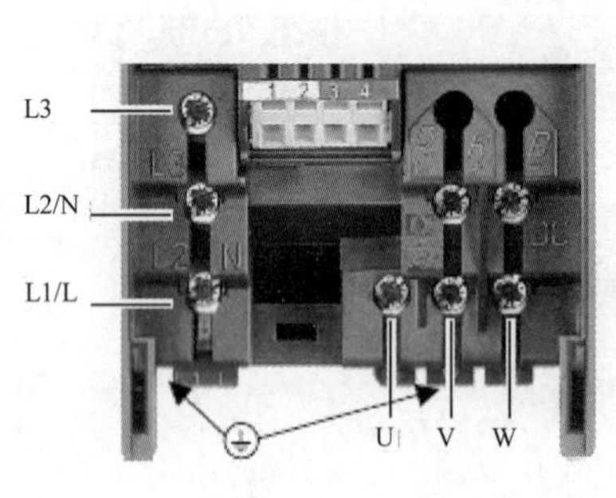

图 3-44　功率接线端子

它们为什么具有上面各种作用呢？这是由于内部结构决定的，如图 3-45 所示。分析图 3-45，牢记各端子的意义。所以，变频器控制电动机时应该按照如下思路接线，如图 3-46 所示。

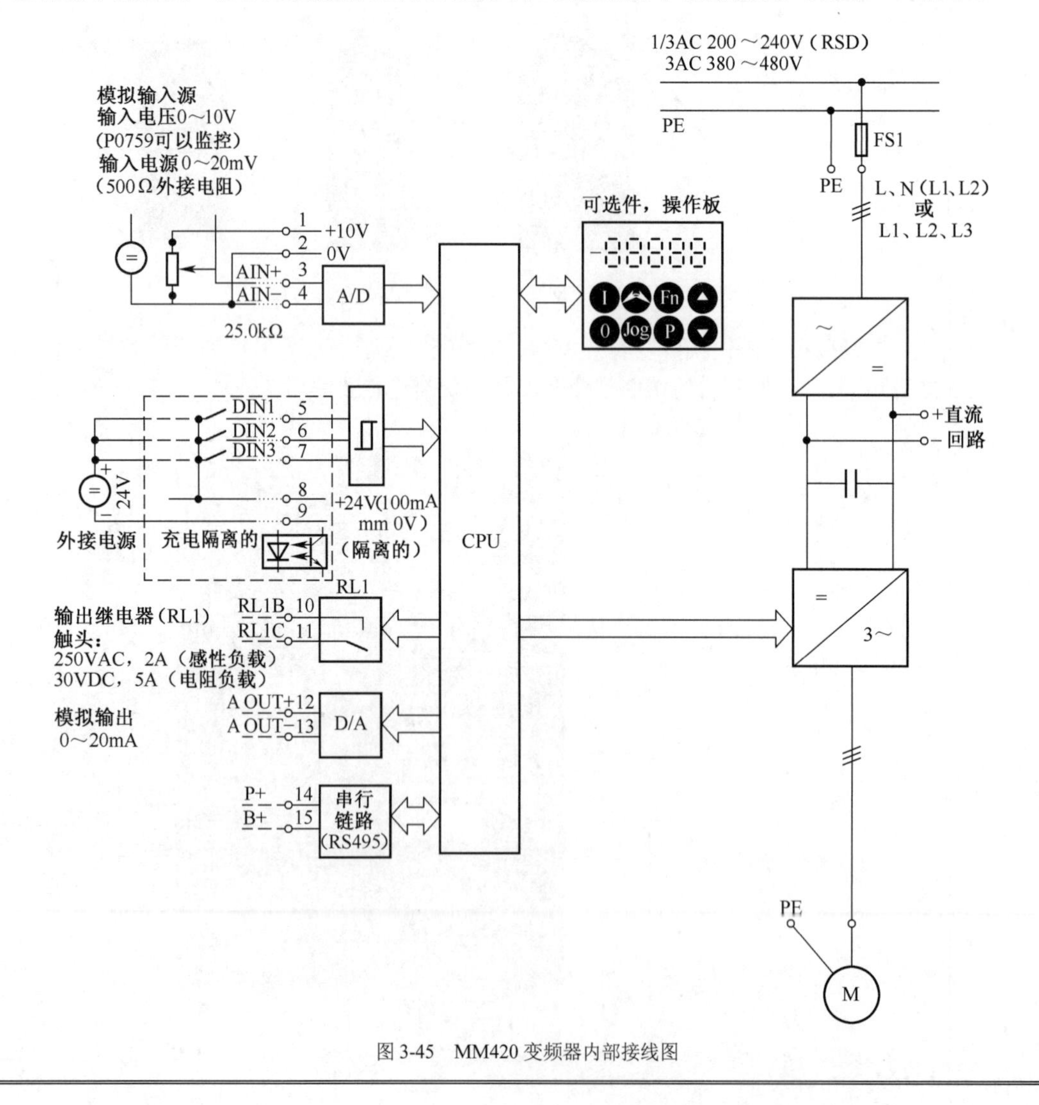

图 3-45　MM420 变频器内部接线图

<table>
<tr><td></td><td colspan="2">
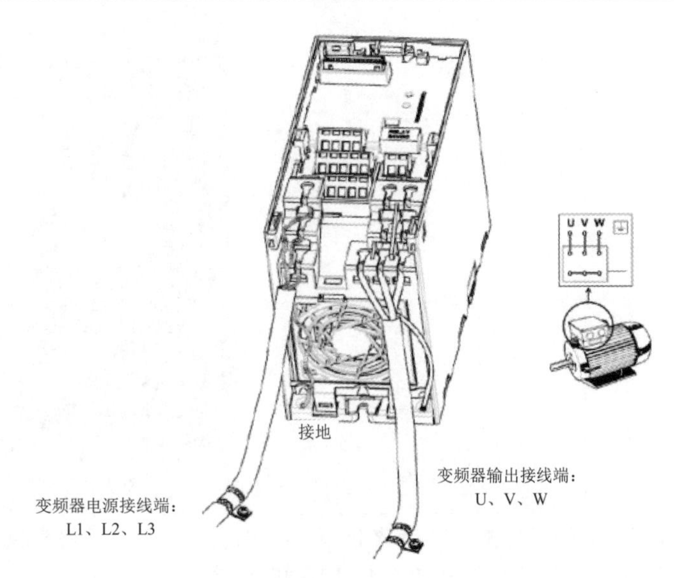

图 3-46　MM420 变频器的配线端子
我们在配线端子上看到了一个标志 50/60 Hz DIP 的开关，它是负责什么的呢？MicroMaster420 变频器缺省设置的电动机基本频率为 50Hz。如果实际使用的电动机基本频率为 60Hz，那么，变频器可以通过 DIP 开关将电动机的基本频率设定为 60Hz。DIP 开关位置如图 3-47 所示。
OFF 位置：欧洲地区的缺省设置（50Hz，kW）。
ON 位置：北美地区的缺省设置（60Hz，hP）。
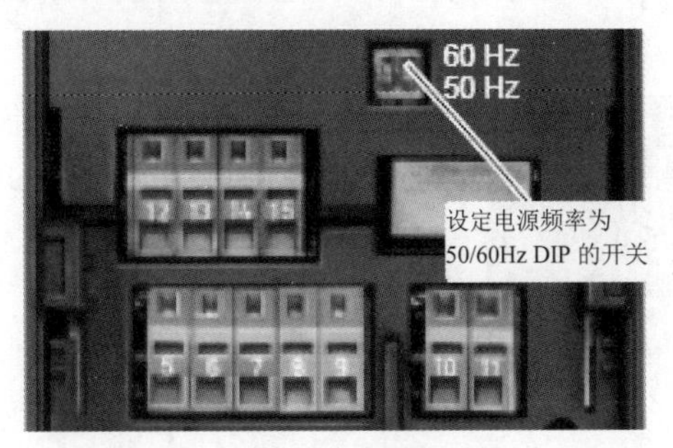

图 3-47　DIP 的开关
</td></tr>
<tr><td rowspan="3">MM420 变频器的频率给定方式</td><td>端子控制</td><td>这是较常用的控制方式。</td></tr>
<tr><td>面板控制</td><td>通过可选件 BOP 和 AOP 面板控制，BOP（6SE6400-0PB00-0AA0）或 AOP（6SE6400-0AP00-0AA1），如图 3-48 和图 3-49 所示。
图 3-48　BOP　　图 3-49　AOP</td></tr>
<tr><td>通信方式控制</td><td>通过通信方式控制，如 USS、PROFIBUS（选件 6SE6400-1PB00-0AA0）等，如图 3-50 所示为 PROFIBUS 模板。</td></tr>
</table>

图 3-50 PROFIBUS 模板

对于不同的控制方式，在参数 P0700 和 P1000 中应该设置相应的命令源及频率设定源：

（1）通过端子控制，P0700=2，P1000=2（模拟输入）。

（2）通过面板控制，P0700=1，P1000=1，如面板需安装在现场或控制柜盘面上，则需通过面板安装组件将 BOP 或 AOP 引出，其中又可以分为：用于单机控制的 BOP 面板安装组件 6SE6400-0PM00-0AA0；用于多机控制的 AOP 面板安装组件 6SE6400-0MD00-0AA0。

（3）通信的控制方式，如 USS、PROFIBUS（选件）等。

MM420 变频器面板图

利用状态显示板（SDP）和制造厂的默认设置值，就可以使变频器投入运行；如果工厂的默认设置值不适合所控对象的情况，可以利用基本操作面板（BOP）或高级操作面板（AOP）进行参数修改。

状态显示板（SDP）

基本操作面板（BOP）

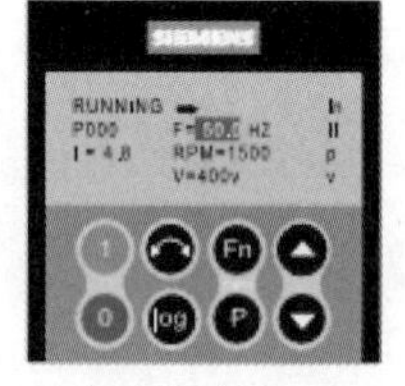

高级操作面板（AOP）

图 3-51 变频器面板

基本操作面板 BOP 上的按钮功能见表 3-2。

表 3-2 变频器 BOP 功能说明

显示/按钮	功能	说明
r0000	状态显示	LCD 显示变频器当前的设定值
I	启动变频器	按此按钮启动变频器，缺省值运行时此按钮是被封锁的，为了使用此按钮，应设定 P0700=1
0	停止变频器	OFF1：按此按钮，变频器将按选定的斜坡下降速率减速停车，缺省值运行时此按钮被封锁；为了使用此按钮，应设定 P0700=1 OFF2：按此按钮两次（或一次，但时间较长），电动机将在惯性作用下自由停车，此功能总是“使能”的
	改变电动机的转动方向	按此按钮可以改变电动机的转动方向，电动机的反向用负号（-）表示或用闪烁的小数点表示，缺省值运行时此按钮是被封锁的，为了使用此按钮，应设定 P0700=1
jog	电动机点动	在变频器无输出的情况下按此按钮，将启动电动机，并按预设定的点动频率运行，释放此按钮时，变频器停车；如果变频器或电动机正在运行，按此按钮将不起作用

续表

显示/按钮	功能	说明
Fn	功能	此按钮用于浏览辅助信息 在变频器的运行过程中，在显示任何一个参数时按下此按钮并保持不动 2 秒钟，将显示以下参数值（在变频器运行中，从任何一个参数开始）： （1）直流回路电压（用 *d* 表示，单位为 V） （2）输出电流（单位为 A） （3）输出频率（单位为 Hz） （4）输出电压（用 *o* 表示，单位为 V） （5）由 P0005 选定的数值（如果 P0005 选择显示上述参数中的任何一个（3、4 或 5），这里将不再显示） 连续多次按下此按钮，将轮流显示以上参数 跳转功能：在显示任何一个参数（rXXXX 或 PXXXX）时短时间按下此按钮，将立即跳转到 r0000，如果需要的话，你可以接着修改其他的参数；跳转到 r0000 后，按此按钮将返回原来的显示点
P	访问参数	按此按钮即可访问参数
▲	增加数值	按此按钮即可增加面板上显示的参数数值
▼	减少数值	按此按钮即可减少面板上显示的参数数值

基本操作面板修改设置参数的方法

MM420 在缺省设置时，用 BOP 控制电动机 Z 的功能是被禁止的。如果要用 BOP 进行控制，参数 P0700 应设置为 1，参数 P1000 也应设置为 1。用基本操作面板（BOP）可以修改任何一个参数。修改参数的数值时，BOP 有时会显示 busy，表明变频器正忙于处理优先级更高的任务。下面就以设置 P1000=1 的过程为例，来介绍通过基本操作面板（BOP）修改设置参数的流程，见表 3-3。

表 3-3 修改设置参数的流程

序号	操作步骤	BOP 显示结果
1	按 P 按钮，访问参数	r0000
2	按 ▲ 按钮，直到显示 P1000	P1000
3	按 P 按钮，直到显示 in000，即 P1000 的第 0 组值	in000
4	按 P 按钮，显示当前值 2	2
5	按 ▼ 按钮，达到所要求的值 1	1
6	按 P 按钮，存储当前设置	P1000
7	按 Fn 按钮，显示 r0000	r0000
8	按 P 按钮，显示频率	50.00

任务训练

1. 训练内容

通过变频器操作面板对电动机的启动、正反转、点动、调速进行控制。

2. 训练工具、材料和设备

西门子 MM420 变频器一台、三相异步电动机一台、电气控制柜一台、电工工具一套、连接导线若干等。

3. 操作方法和步骤

（1）按要求接线。系统接线如图 3-52 所示，检查电路无误后，合上主电源开关 QS。

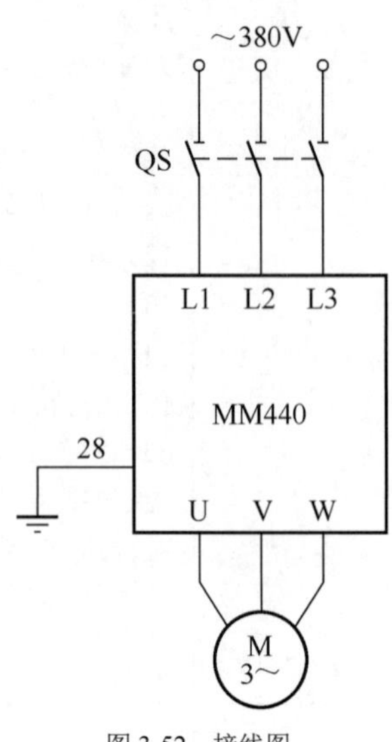

图 3-52　接线图

（2）设置参数。

1）设定 P0010=30 和 P0970=1，按下 P 键，开始复位，复位过程大约 3 分钟，这样就可以保证变频器的参数恢复到工厂默认值。

2）设置电动机参数。为了使电动机与变频器相匹配，需要设置电动机参数。电动机参数设置见表 3-4。电动机参数设定完成后，设 P0010=0，变频器当前处于准备状态，可以正常运行。

表 3-4　设置电动机参数

参数号	出厂值	设置值	说明
P0003	1	1	设定用户访问级为标准级
P0010	0	1	快速调试
P0100	0	0	功率以 kW 表示，频率为 50Hz
P0304	230	380	电动机额定电压（V）
P0305	3.25	1.05	电动机额定电流（A）
P0307	0.75	0.37	电动机额定功率（kW）
P0310	50	50	电动机额定频率（Hz）
P0311	0	1400	电动机额定转速（r/min）

3）设置面板操作控制参数，见表 3-5。

表 3-5　设置面板控制参数

参数号	出厂值	设置值	说明
P0003	1	1	设用户访问级为标准级
P0010	0	0	正确地进行运行命令的初始化
P0004	0	7	命令和数字 I/O
P0700	2	1	由键盘输入设定值（选择命令源）
P0004	0	10	设定值通道和斜坡函数发生器
P1000	2	1	由键盘（电动电位计）输入设定值
P1080	0	0	电动机运行的最低频率（Hz）

续表

参数号	出厂值	设置值	说明
P1082	50	50	电动机运行的最高频率（Hz）
P0003	1	2	设用户访问级为扩展级
P1040	5	20	设定键盘控制的频率值（Hz）
P1058	5	10	正向点动频率（Hz）
P1059	5	10	反向点动频率（Hz）
P1060	10	5	点动斜坡上升时间（s）
P1061	10	5	点动斜坡下降时间（s）

（3）变频器运行操作。

1）变频器启动。在变频器的前操作面板上按运行按钮，变频器将驱动电动机升速，并运行在由 P1040 所设定的 20Hz 频率对应的 560r/min 的转速上。

2）正反转及加减速运行。电动机的转速（运行频率）及旋转方向可以直接通过按前操作面板上的增加按钮或减小按钮（▲或▼）来改变。

3）点动运行。按下变频器前操作面板上的点动按钮，则变频器驱动电动机升速，并运行在由 P1058 所设置的正向点动 10Hz 频率值上。当松开变频器前操作面板上的点动按钮，则变频器将驱动电动机降速至 0。这时，如果按下变频器前操作面板上的换向按钮，再重复上述的点动运行操作，电动机可以在变频器的驱动下反向点动运行。

4）电动机停车。在变频器的前操作面板上按停止按钮，则变频器将驱动电动机降速至 0。

变频器的外部运行操作

变频器在实际使用中，电动机经常要根据各类机械的某种状态而进行正转、反转、点动等运行，变频器的给定频率信号、电动机的启动信号等都是通过变频器控制端子给出，即变频器的外部运行操作，大大提高了生产过程的自动化程度。

MM420 变频器的数字输入端口

MM420 变频器有三个数字输入端口，具体如图 3-53 所示。

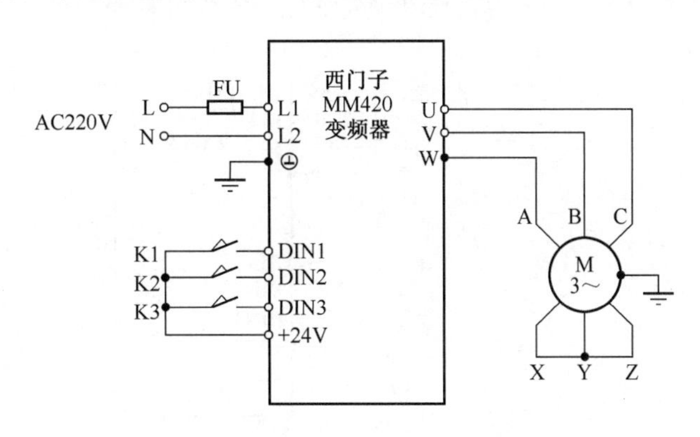

图 3-53　MM420 变频器数字输入端口

数字输入端口的功能

MM420 变频器的三个数字输入端口（DIN1～DIN3），即端口 5、6、7，每一个数字输入端口功能很多，用户可以根据需要进行设置。参数号 P0701～P0703 为端口数字输入 1 功能至数字输入 3 功能，每一个数字的输入功能设置参数值范围均为 0～99，出厂默认值均为 1。以下列出其中几个常用的参数值，各数值的具体含义见表 3-6。

表 3-6　常用参数表

参数值	功能说明
0	禁止数字输入

续表

参数值	功能说明
1	ON/OFF1（接通正转，停车命令 1）
2	ON/OFF1（接通反转，停车命令 1）
3	OFF2（停车命令 2），按惯性自由停车
4	OFF3（停车命令 3），按斜坡函数曲线快速降速
9	故障确认
10	正向点动
11	反向点动
12	反转
13	MOP（电动电位计）升速（增加频率）
14	MOP 降速（减小频率）
15	固定频率设定值（直接选择）
16	固定频率设定值（直接选择+ON 命令）
17	固定频率设定值（二进制编码选择+ON 命令）
25	直流注入制动

任务训练

1. 训练内容

用自锁按钮 SB1 和 SB2 及外部线路控制 MM420 变频器的运行，实现电动机正转和反转控制。其中，端口 5（DIN1）设为正转控制，端口 6（DIN1）设为反转控制。对应的功能分别由 P0701 和 P0702 的参数值设置。

2. 训练工具、材料和设备

西门子 MM420 变频器一台、三相异步电动机一台、断路器一个、熔断器三个、自锁按钮两个、导线若干、通用电工工具一套等。

3. 操作方法和步骤

（1）按要求接线。变频器外部运行操作接线图如图 3-54 所示。

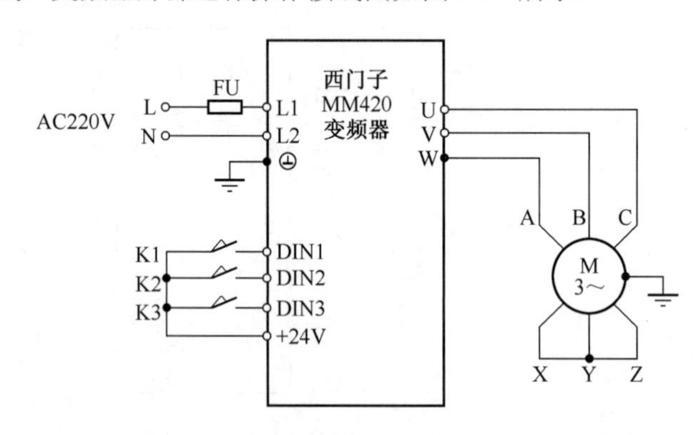

图 3-54　变频器外部接线图

（2）设置参数。接通断路器 QS，变频器在通电的情况下，完成相关参数的设置，具体设置见表 3-7。

表 3-7　具体参数设置

参数号	出厂值	设置值	说明
P0003	1	1	设用户访问级为标准级
P0004	0	7	命令和数字 I/O
P0700	2	2	命令源选择“由端子排输入”

续表

参数号	出厂值	设置值	说明
P0003	1	2	设用户访问级为扩展级
*P0701	1	1	ON 接通正转，OFF 停止
*P0702	1	2	ON 接通反转，OFF 停止
*P0703	9	10	正向点动
P0004	0	10	设定值通道和斜坡函数发生器
P1000	2	1	由键盘（电动电位计）输入设定值
*P1080	0	0	电动机运行的最低频率（Hz）
*P1082	50	50	电动机运行的最高频率（Hz）
*P1120	10	5	斜坡上升时间（s）
*P1121	10	5	斜坡下降时间（s）
*P1040	5	20	设定键盘控制的频率值
*P1058	5	10	正向点动频率（Hz）
*P1059	5	10	反向点动频率（Hz）
*P1060	10	5	点动斜坡上升时间（s）
*P1061	10	5	点动斜坡下降时间（s）

（3）变频器运行操作。

1）正向运行。当按下带锁按钮 SB1 时，变频器数字端口 5 为 ON，电动机按 P1120 所设置的 5s 斜坡上升时间正向启动运行，经 5s 后稳定运行在 560r/min 的转速上，此转速与 P1040 所设置的 20Hz 对应。放开按钮 SB1，变频器数字端口 5 为 OFF，电动机按 P1121 所设置的 5s 斜坡下降时间停止运行。

2）反向运行。当按下带锁按钮 SB2 时，变频器数字端口 6 为 ON，电动机按 P1120 所设置的 5s 斜坡上升时间正向启动运行，经 5s 后稳定运行在 560r/min 的转速上，此转速与 P1040 所设置的 20Hz 对应。放开按钮 SB2，变频器数字端口 6 为 OFF，电动机按 P1121 所设置的 5s 斜坡下降时间停止运行。

3)电动机的正向点动运行。当按下带锁按钮 SB3 时，变频器数字端口 7 为 ON，电动机按 P1060 所设置的 5s 点动斜坡上升时间正向启动运行，经 5s 后稳定运行在 280r/min 的转速上，此转速与 P1058 所设置的 10Hz 对应。放开按钮 SB3，变频器数字端口 7 为 OFF，电动机按 P1061 所设置的 5s 点动斜坡下降时间停止运行。

4）电动机的速度调节。分别更改 P1040、P1058、P1059 的值，按上步操作过程，就可以改变电动机正常运行速度和正、反向点动运行速度。

5）电动机实际转速的测定。电动机运行过程中，利用激光测速仪或转速测试表，可以直接测量电动机的实际运行速度。当电动机处在空载、轻载或重载时，实际运行速度会根据负载的轻重略有变化。

变频器的模拟信号操作控制

MM420 变频器可以通过三个数字输入端口对电动机进行正、反转运行和正、反转点动运行方向控制，可以通过基本操作板的频率调节按钮增加和减少输出频率，从而设置正、反向转速的大小。也可以由模拟输入端控制电动机转速的大小。

MM420 变频器模拟输入端的模拟量控制

MM420 变频器的 1、2 输出端为用户的给定单元提供了一个高精度的+10V 直流稳压电源。可以将转速调节电位器串联在电路中，通过调节电位器改变输入端口 AIN1 和给定的模拟输入电压，变频器的输入量将紧紧跟踪给定量的变化，从而平滑无极地调节电动机转速的大小。

MM420 变频器为用户提供了模拟输入端口，即端口 3、4。通过设置 P0701 的参数值，使数字输入 5 端口具有正转控制功能；通过设置 P0702 的参数值，使数字输入 6 端口具有反转控制功能；

模拟输入3、4端口外接电位器，通过3端口输入大小可调的模拟电压信号，控制电动机转速的大小。即由数字输入端控制电动机转速的方向，由模拟输入端控制转速的大小。

任务训练

1. 训练内容

用自锁按钮SB1控制实现电动机起停功能，由模拟输入端控制电动机转速的大小。

2. 训练工具、材料和设备

西门子MM420变频器一台、三相异步电动机一台、电位器一个、断路器一个、熔断器三个、自锁按钮两个、通用电工工具一套、导线若干等。

3. 操作方法和步骤

（1）按要求接线。变频器模拟信号控制接线如图3-55所示。检查电路正确无误后，合上主电源开关QS。

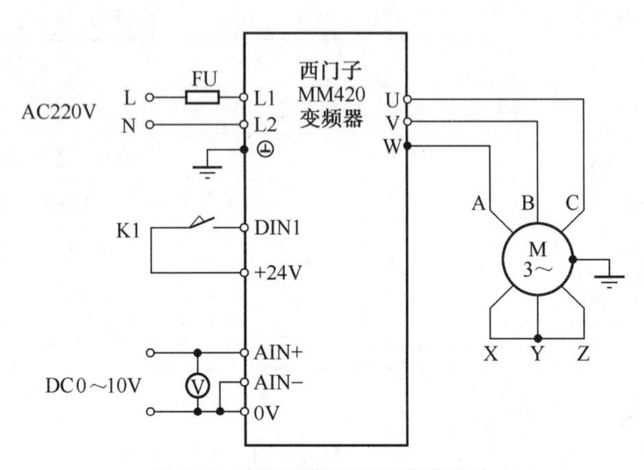

图3-55 变频器模拟信号控制接线图

（2）设置参数。

1）恢复变频器工厂默认值，设定P0010=30和P0970=1，按下P键，开始复位。

2）设置电动机参数，电动机参数的设置见表3-8。电动机参数设置完成后，设P0010=0，变频器当前处于准备状态，可以正常运行。

3）设置模拟信号操作控制参数，模拟信号操作控制参数的设置见表3-9。

表3-8 电动机参数设置

参数号	出厂值	设置值	说明
P0003	1	1	设用户访问级为标准级
P0010	0	1	快速调试
P0100	0	0	功率以kW表示，频率为50Hz
P0304	230	230	电动机额定电压（V）
P0305	3.25	0.9	电动机额定电流（A）
P0307	0.75	0.4	电动机额定功率（kW）
P0308	0	0.8	电动机额定功率（kW）
P0310	50	50	电动机额定频率（Hz）
P0311	0	1400	电动机额定转速（r/min）

表3-9 模拟信号操作控制参数设置

参数号	出厂值	设置值	说明
P0003	1	1	设用户访问级为标准级
P0004	0	7	命令和数字I/O
P0700	2	2	命令源选择由端子排输入

续表

参数号	出厂值	设置值	说明
P0003	1	2	设用户访问级为扩展级
P0701	1	1	ON 接通正转，OFF 停止
P0702	1	2	ON 接通反转，OFF 停止
P0004	0	10	设定值通道和斜坡函数发生器
P1000	2	2	频率设定值选择为模拟输入
P1080	0	0	电动机运行的最低频率（Hz）
P1082	50	50	电动机运行的最高频率（Hz）

（3）变频器运行操作。

1）电动机正转与调速。按下电动机正转自锁按钮 SB1，数字输入端口 DIN1 为 ON，电动机正转运行，转速由外接电位器 RP1 来控制，模拟电压信号在 0～10V 变化，对应变频器的频率在 0～50Hz 变化，对应电动机的转速在 0～1500r/min 变化。当松开带锁按钮 SB1 时，电动机停止运转。

2）电动机反转与调速。按下电动机反转自锁按钮 SB2，数字输入端口 DIN2 为 ON，电动机反转运行，与电动机正转相同，反转转速的大小仍由外接电位器来调节。当松开带锁按钮 SB2 时，电动机停止运转。

变频器的多段速运行操作

由于现场工艺的要求，很多生产机械在不同的转速下运行。为了方便这种负载，大多数变频器均提供了多挡频率控制功能。用户可以通过几个开关的通、断组合来选择不同的运行频率，实现在不同转速下运行的目的。

MM420 变频器的多段速控制功能及参数设置

多段速功能也称作固定频率，就是在设置参数 P1000=3 的条件下，用开关量端子选择固定频率的组合，实现电动机多段速度运行。可以通过以下三种方法实现：

（1）直接选择（P0701－P0703＝15）。在这种操作方式下，一个数字输入选择一个固定频率，端子与参数设置对应见表 3-10。

表 3-10　设置过程

端子编号	对应参数	对应频率设置值	说明
5	P0701	P1001	（1）频率给定源 P1000 必须设置为 3 （2）当多个选择同时激活时，选定的频率是它们的总和
6	P0702	P1002	
7	P0703	P1003	

（2）直接选择+ON 命令（P0701－P0703＝16）。在这种操作方式下，数字量输入既选择固定频率（见表 3-10），又具备启动功能。

（3）二进制编码选择+ON 命令（P0701－P0703＝17）。MM420 变频器的三个数字输入端口（DIN1～DIN3），通过 P0701～P0703 设置实现多频段控制。每一频段的频率分别由 P1001～P1007 参数设置，最多可实现七频段控制，各个固定频率的数值选择见表 3-11。在多频段控制中，电动机的转速方向是由 P1001～P1007 参数所设置的频率正负决定的。三个数字输入端口，哪一个作为电动机运行、停止控制，哪些作为多段频率控制，是可以由用户任意确定的，一旦确定了某一数字输入端口的控制功能，其内部的参数设置值必须与端口的控制功能相对应。

表 3-11　参数设置过程

频率设定	DIN3	DIN2	DIN1
P1001	0	0	1
P1002	0	1	0

续表

频率设定	DIN3	DIN2	DIN1
P1003	0	1	1
P1004	1	0	0
P1005	1	0	1
P1006	1	1	0
P1007	1	1	1

任务训练

1. 训练内容

实现三段固定频率控制，连接线路，设置功能参数，操作三段固定速度运行。

2. 训练工具、材料和设备

西门子 MM420 变频器一台、三相异步电动机一台、断路器一个、熔断器三个、自锁按钮四个、导线若干、通用电工工具一套等。

3. 操作方法和步骤

（1）按要求接线。按如图 3-56 所示连接电路，检查线路正确后，合上变频器电源空气开关 QS。

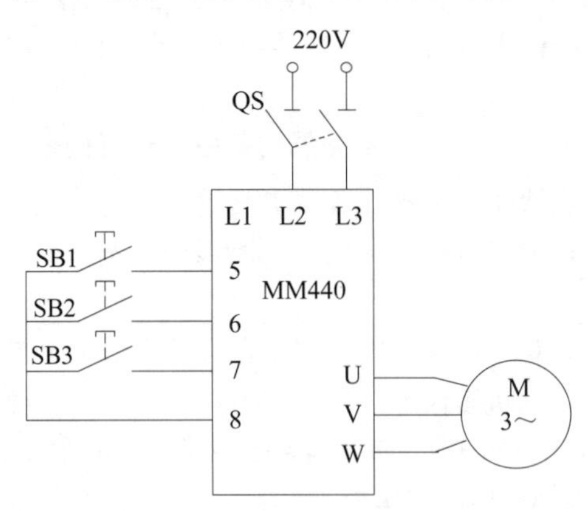

图 3-56　三段固定频率控制接线图

（2）设置参数。

1）恢复变频器工厂缺省值，设定 P0010=30、P0970=1。按下 P 键，变频器开始复位到工厂缺省值。

2）设置电动机参数，见表 3-12。电动机参数设置完成后，设 P0010=0，变频器当前处于准备状态，可正常运行。

表 3-12　电动机参数设置

参数号	出厂值	设置值	说明
P0003	1	1	设用户访问级为标准级
P0010	0	1	快速调试
P0100	0	0	功率以 kW 表示，频率为 50Hz
P0304	230	230	电动机额定电压（V）
P0305	3.25	0.9	电动机额定电流（A）
P0307	0.75	0.4	电动机额定功率（kW）
P0308	0	0.8	电动机额定功率（kW）
P0310	50	50	电动机额定频率（Hz）
P0311	0	1400	电动机额定转速（r/min）

3）设置变频器三段固定频率控制参数，见表 3-13。

表 3-13　固定频率参数设置

参数号	出厂值	设置值	说明
P0003	1	1	设用户访问级为标准级
P0004	0	7	命令和数字 I/O
P0700	2	2	命令源选择由端子排输入
P0003	1	2	设用户访问级为拓展级
P0701	1	17	选择固定频率
P0702	1	17	选择固定频率
P0703	1	1	ON 接通正转，OFF 停止
P0004	2	10	设定值通道和斜坡函数发生器
P1000	2	3	选择固定频率设定值
P1001	0	20	选择固定频率 1（Hz）
P1002	5	30	选择固定频率 2（Hz）
P1003	10	50	选择固定频率 3（Hz）

（3）变频器运行操作。当按下带锁按钮 SB1 时，数字输入端口 7 为 ON，允许电动机运行。

1）第 1 频段控制。当 SB1 按钮开关接通、SB2 按钮开关断开时，变频器数字输入端口 5 为 ON，端口 6 为 OFF，变频器工作在由 P1001 参数所设定的频率为 20Hz 的第 1 频段上。

2）第 2 频段控制。当 SB1 按钮开关断开、SB2 按钮开关接通时，变频器数字输入端口 5 为 OFF，端口 6 为 ON，变频器工作在由 P1002 参数所设定的频率为 30Hz 的第 2 频段上。

3）第 3 频段控制。当按钮 SB1、SB2 都接通时，变频器数字输入端口 5、6 均为 ON，变频器工作在由 P1003 参数所设定的频率为 50Hz 的第 3 频段上。

4）电动机停车。当 SB1、SB2 按钮开关都断开时，变频器数字输入端口 5、6 均为 OFF，电动机停止运行。或者在电动机正常运行的任何频段，将 SB3 断开使数字输入端口 7 为 OFF，电动机也能停止运行。

（4）注意的问题。三个频段的频率值可以根据用户要求 P1001、P1002 和 P1003 参数来修改。当电动机需要反向运行时，只要将相对应频段的频率值设定为负就可以实现。

4　变频器的故障诊断及维修

概述

变频器在调速时转差功率不变，只要平滑调节频率，就可以得到转速的平滑调节，由于变频器调速时，电动机运行在固有特性上，所以在各种电动机调速系统中效率最高，同时性能也最好，其调速范围相当宽，根据不同的变频电源，调速范围可在 100:1 上，甚至可从零频率开始运行，并保持其指标，是交流调速的主要发展方向，在现代工业中已广泛使用。

变频器由于原理、结构复杂，其故障的排除有一定程度的复杂性。变频器在运行中发生故障，有属于硬件方面的品质毛病，也有使用维护不当方面的问题。对于前者，要通过检测找到故障硬件进行修复或更换，但查找重点一般放在控制中心——单片机系统以外的电路上。这是因为单片机系统与其他电路之间都没有可靠的隔离措施，故障率很低，即使发生故障，现场条件和常规手段也难以监测。对于使用维护方面的问题，应以变频器自诊断及保护功能动作时显示的信息为线索进行分析，同时采用适当的检测手段找到故障点并修复。

变频器常见故障诊断

故障	原因
变频器无输出电压	主要原因为： （1）主回路不通。重点检查主回路通道中所有开关，断路器、接触器及电力电子器件是否完好，导线接头有无接触不良或松脱。

	（2）控制回路接线错误。变频器未正常启动以说明书为依据，认真核对控制回路接线，找出错误处并加以纠正。
电动机不能升速	主要原因为： （1）交流电源或变频器输出缺相。电源缺相使变频器输出电压降低，变频器输出缺相造成三相电压不对称而产生负序转矩，都使电动机电磁转矩变小，不能驱动负载加速，应检查熔丝有无烧断，导线接头有无松脱断路。 （2）频率或电流设定值偏小。频率设定在低值点上使频率受到限制无法升高而不能加速，电流值设定偏小，则产生最大转矩的能力被限制，使电动机剩余转矩过小而不能加速。因此，应检查频率和电流设定值是否适当。看电流设定值已达变频器的最大值，这说明变频器容量偏小，应换较大容量变频器。 （3）调速电位器接触不良或相关元件损坏，使频率给定值不能升高。
转速不稳或不能平滑调节	这种故障一般受外界条件变化的影响，故障出现无规律且多为暂短性，主要原因为： （1）电源电压不稳定。 （2）负载有较大波动。 （3）外界噪声干扰使设定频率起变化。 可以通过检测找到故障点并采取相应的解决措施。
过电流故障	这是较常见的故障，可从电源负载变频器振荡干扰等方面找原因。 （1）电源电压超限或缺相。电压超限而过高或过低，应按说明书规定的范围进行调整。无论电源缺相或变频器输出缺相，都会导致电动机转矩减小而过流。 （2）负载过重或负载侧短路。重点检查机组有无异声、振动和卡滞现象，是否因工艺条件或操作方法改变而造成超载。负载侧短路或接地，可用兆欧表进行检测。逆变器同一桥臂的两只晶体管同时导通也形成短路。 （3）变频器设定值不恰当。一是电压频率特性曲线中电压提升大于频率提升，造成低频高压而过流；二是加速时间设定过短，需要加速转矩过大而造成过流；三是减速时间设定过短，机组迅速再生发电回馈给中间回路，造成中间回路电压过高和制动回路过流。 （4）振荡过流。一般只在某转速（频率）下运行时发生。主要原因有两个：一是电气频率与机械频率发生共振；二是纯电气回路所引起，如功率开关管的死区控制时间、中间直流回路电容电压的波动、电动机滞后电流的影响及外界干扰源的干扰等。找出发生振荡的频率范围后，可以利用跳跃频率功能回避该共振频率。 （5）电流互感器损坏。其现象表现为：变频器主回路送电，当变频器未启动时，有电流显示且电流在变化，这样可以判断互感器已损坏。 （6）主电路接口板电流、电压检测通道被损坏，也会出现过流。电路板损坏可能的原因为：一是由于环境太差，导电性固体颗粒附着在电路板上，造成静电损坏；二是有腐蚀性气体，使电路被腐蚀。电路板的零电位与机壳连在一起，由于柜体与地角焊接时，强大的电弧会影响电路板的性能。由于接地不良，电路板的零伏受干扰，也会造成电路板损坏。 （7）由于连接插件不紧、不牢。例如，电流或电压反馈信号线接触不良，会出现过流故障时有时无的现象。 （8）当负载不稳定时，建议使用 DC 模式。因为 DC 控制速度非常快，每隔 25 毫秒产生一组精确的转矩和磁通的实际值，再经过电动机转矩比较器和磁通比较器的输出，优化脉冲选择器决定逆变器的最佳开关位置，这样有利于抑制过电流。另外，速度环的自适应（AUTIUNE）会自动调整 PID 参数，从而使变频器输出电动机电流平稳。 如以上几个方面都正常，则可能是选择的变频器容量偏小所致，应考虑换大。
过电压故障	此故障常发生在机组减速制动时，过压原因大都与中间回路及制动环节有关，主要原因为： （1）电源电压过高，一般超过 10%以上。 （2）制动电阻值过大或损坏，无法及时释放回馈的能量而造成过电压。

	（3）中间回路滤波电容失效（电容较小）或检测电路故障。应认真检查电容器有无异味、变色，安全阀是否胀出，箱体有无变形及漏液。此电容器一般五年更换一次。 （4）减速时间设定过短。
低电压故障	主要问题在电源方面： （1）交流电源电压过低或缺相。 （2）供电变压器重量缩小，线路阻抗过大，带载后变压器及线路压降过大而造成变频器输入电压偏低。 （3）变频器整流桥二极管损坏使整流电压降低。
电动机运行正常，但温度过高	主要原因为： （1）设定的 U/f 特性和电动机特性不适配。 （2）连续低速运行。 （3）负载过大。 （4）变频器输出三相电压不平衡。
环境温度过高	主要原因为： （1）内部冷却风扇损坏或运转不正常。 （2）通风口被杂物堵塞。 （3）负载过重。 对上述各种故障的诊断，通过检测分析，一般均可较快地找到故障点。

变频器维修实例
（1）富士变频器通电后各种显示正常，但无输出电压。检查电源主回路通道完好，核对控制回路接线无错误，因显示正常，变频器内部应无故障。进一步检查控制回路，才发现 FWD（正转）与 CM（公共端）之间串联的接触器常开辅助触头未接通，使变频器不能正常启动。将触头修复好，故障排除。 （2）富士变频器运行中过电流报警，检查电源主回路通道完好，无过载及短路现象，通电测试发现输出电压缺相，从而造成过流。拆开变频器，切断驱动电路，用万用表测试功能模块各开关管完好，判断为触发电路故障。检查主板插座 CN7、CN8 的 PWM 脉冲信号，果然有一相无输出，追踪观察无 PSU 磁通指令，而 PSU 信号是由运放 1C8 的 14 脚输出，侧 IC8 输出信号正常，判断 IC8（LM324）损坏，更换后正常。 （3）富士变频器运行中电动机不工作，变频器无故障输出，查可编程控制器输入点有变频器运行输出。变频器面板显示频率 1～3Hz，调速电位器失控，检查调速电位器线路无错误，检查电源主回路通道完好，核对控制回路接线无错误，设备检查发现减速器卡死，更换减速器后设备正常运行，但为何变频器无过载报警，经检查发现无过载报警的原因是变频器转矩提升量设定过小，按照负载惯量重新设定后，故障排除。 （4）三菱变频器带负荷时调速易过载，经检查发现变频器设定加、减速时间过短，将加、减速时间延长（符合设备要求），故障排除。 （5）艾默生变频器运行中过电流报警，检查电源主回路通道完好，无过载及短路现象。检查电源电压正常，拆除电动机主回路手动运行，仍显示过电流报警，初步判断为主电路接口板电流检测通道被损坏，进一步检查发现变频器接地不良，原因是变频器接地线氧化。将接地线重新连接后，故障排除。

5 高速磨床的变频调速

异步电动机的调速原理与调速方式
每一台交流异步电动机都有额定值，如额定转速、额定电压（电流）、额定频率等。以额定值为界限，供电频率低于额定值时称为基频以下调速，高于额定值时称为基频以上调速。 （1）基频以下调速。当 Φ_m 处在饱和值不变时，降低 f_1 必须减小 U_1，保持 U_1/f_1 为常数。若不减小 U_1，将使定子铁芯处在过饱和供电状态，这时不但不能增加 Φ_m，反而会烧坏电动机。 在基频以下调速时，保持 Φ_m 不变，即保持绕组电流不变、转矩不变，为恒转矩调速。 （2）基频以上调速。在基频以上调速时，频率从额定值向上升高，受电动机耐压的影响，相电压不能升

高，只能保持额定电压值。在电动机定子内，因供电的频率升高，使感抗增加，相电流降低，使磁通 Φ_m 减小，因而输出转矩也减小，但因转速升高而使输出的功率保持不变，这时为恒功率调速。

高速磨床拖动系统的结构和工作特点

1. 高速磨床的主拖动电动机

高速磨床主拖动系统使用的电动机不同于普通的异步电动机而称为电主轴。电主轴的外形结构较普通电动机细长，其内部一般均有冷却水腔，目的是消散电主轴高速运转产生的热量，同时采用油雾润滑轴承，正常使用时使油雾压力保持在 0.1～0.12MPa 范围内。高速磨床电主轴系统如图 3-57 所示。

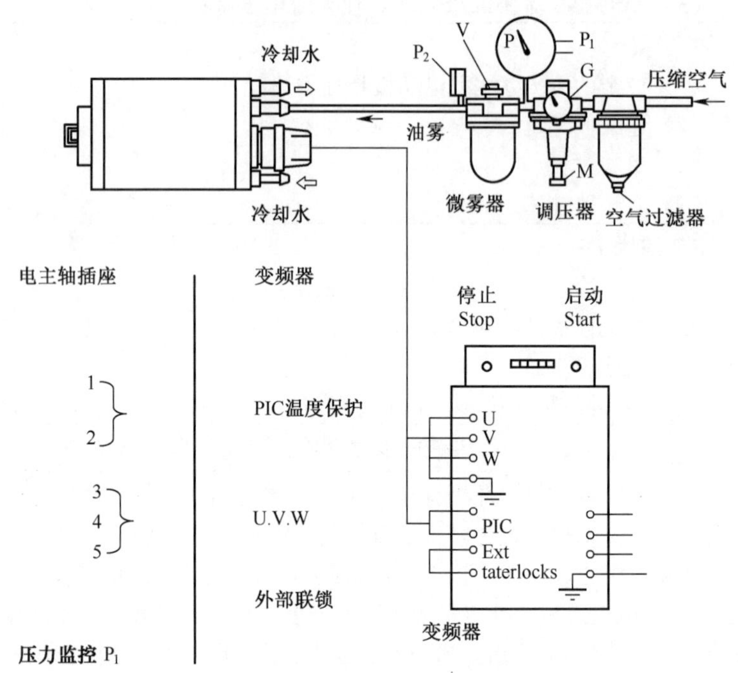

图 3-57 高速磨床电主轴系统

2. 电主轴对电源的要求

由于电主轴输入电压及频率的稳定性直接影响着加工件的粗糙度及成品合格率，故对变频电源也提出了一些特殊要求，使其有别于通用型交流变频调速器。

（1）输出电压要求。如工频输入电压在−15%～+10%范围内变化时，要求输出电压的变化在±5%以内，频率精度和稳定度允许误差为±10%。为了保证输出电压的稳定度，必须引入电压反馈环节。

（2）安全要求。另外，由于磨床电主轴的工作环境较差，受潮后容易造成对地绝缘电阻减小，甚至短路，加上主电路自关断器件过流能力差，故为提高整机的安全性能，必须引入完善的高可靠性的过电流及对地保护电路。

（3）电主轴的电压等级。国内的电主轴产品受东欧技术标准影响，电压规格较多，一般为 220～350V。而进口设备中的电主轴多为西欧国家产品，电压标准等级为 350V。

（4）电主轴的工作特点。电主轴不同于标准电动机，其转动惯量小，低频时阻抗小，工作电流大，不适合长期低频运行，加速时间不应过长，启、制动不能太频繁，应注意选择合适的启动频率。

原拖动方案及存在的问题

1. 原拖动方案

如图 3-58 所示，为了获得可调的中频电源拖动磨床的电主轴，系统的组成是十分复杂的。直流发电动机组由一台异步电动机 AM、一台直流发电动机 DG 和一台励磁机 LF 组成。变频发电动机组则由一台直流电动机 DM 和一台同步变频发电动机 AG 组成。改变直流发电动机 DG 的励磁和直流电动机 DM 的励磁，即可改变同步变频发电动机的输出频率和电压。

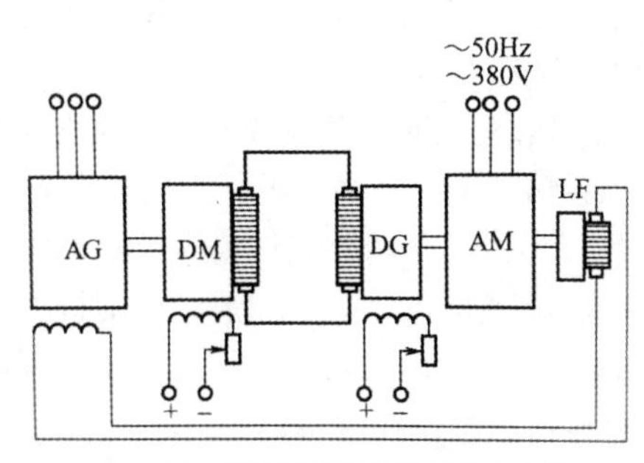

图 3-58　高速磨床变频机组拖动方案

对于一些专用高速磨床，其转速要求是不变的，可以采用恒定的频率，这样同步变频发电动机的输出频率和电压是固定不变的，可以取消直流发电动机 DG、直流电动机 DM、同步变频发电动机 AG，由异步电动机 AM 直接拖动。

2. 存在的问题

（1）体积大，浪费能源，效率低。

（2）环境噪声大，车间噪声超过 90dB，给操作者的健康带来很大威胁。

因此，静止式变频器的出现，在轴承行业的高速磨床上迅速得到了广泛的推广。

高速磨床的变频调速系统

1. 高速磨床变频调速系统原理

（1）主电路。本变频器为电压型变频器，两相半控整流桥将三相工频交流电进行可控整流，经过 LG 滤波器变成比较平直的直流，然后由六组晶体管组成的逆变桥，逆变成频率可调的中频交流电，去拖动电主轴。逆变桥由大功率开关晶体管及其控制电路组成，控制系统原理如图 3-59 所示。

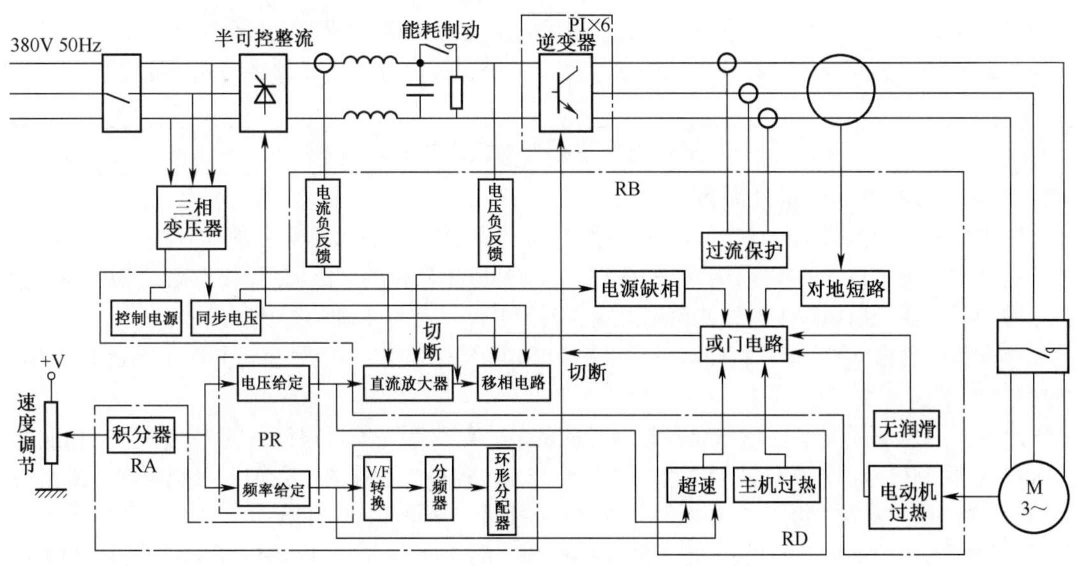

图 3-59　高速磨床变频调速系统原理

（2）给定与控制电路。变频器的输出频率，电压及电流由一些无源元件（电阻）和连线组成的编码板（PR 板）决定。

1）电压给定。编码板所接电阻的大小，决定了送到直流放大器电压的大小，从而控制了三相半控整流桥的移相触发电路，使输出电压受到控制。

2）频率给定。所接电阻的大小，也决定了送到 V/F 变频器的电压大小，通过电压或频率转换，得到一个所需的频率。变频器采用软启动方式。通过积分电路，启动时电压和频率同时上升，保持 V/F 值不变，以得到在启动过程中的恒转矩运行。编码板上的补偿电阻（一般为 2.7MΩ），使电动机在频率很低的时候也能得到较大的启动转矩。速度调节电位器可以控制电动机的升速和降速。电位器在最大位置时，电动机速度等于其额定转速。

电动机制动时，送到电动机的频率及电压按同样积分规律下降，同时变频器接入制动电阻，变频调速系统进入能耗制动状态，制动时间通常为10s左右。

（3）保护。当变频器及输出电流超出额定值时，整流板上的直流电流互感器的电流信号使得晶闸管导通角变小；直流侧电压下降，从而使变频器输出电压下降，限制了负载电流的增长。

变频器的交流输出端接有中频电流互感器，分别监测过电流及对地短路故障。另外，电路还设有工频电压瞬间过压吸收保护、电流缺相保护、变频器过热、缺少润滑、电动机过热及超速保护等电路。只要任一种故障动作，立即切断中频输出及整流触发脉冲，有效地保护了负载及变频器本身不被损坏。与此同时，面板上将显示出相应的故障类别，用户可以据此进行检查维修。

2. 高速磨床变频器的使用

（1）编码板。变频器必须根据所用的电主轴配上相成的编码板才能正常工作，根据电主轴的额定频率、电压和电流等，编码板可以配接合适的电阻及连线。

（2）应用中需注意的问题。

1）电主轴与中频变频器的电气指标应相符。由于一般中频变频器有多种V/F曲线供用户选择，电主轴电压等级较多，在调试中应使电主轴额定电压与选择的额定频率交汇点落在变频器V/F恒转矩特性线段上。若考虑电网的影响，可允许适当偏移。

2）根据电主轴结构和特性对交频器进行预置。例如，与标准电动机相比，电主轴具有转动惯量小、低频阻抗小、工作电流大等特点，故不适合长期低频运行，加速时间不宜过长，启动不能太频繁，注意选择合适的启动频率。

（3）不同的使用环境，宜选择不同的安装方式。通常情况下，中频变频器可以安装在保护等级为I23的金属机箱内，箱内应提供通风通道，确保通风满足做热要求，并且应加过滤装置。

防尘防潮的场合，应选用IP54的专用金属机箱。满足具有多尘、腐蚀气体和高湿度引起冷凝的环境下变频器正常运行的要求。

由于电主轴配有水冷设备、油雾润滑及磨头冷却系统，故设备长时间断电时会引起凝结。在机箱内应自动启动箱体加热系统，使箱内温度略高于箱外温度，设备停止运行时，使变频器仍处于通电状态，达到防冷凝的目的。

高速磨床变频器的技术发展

1. 高速磨床电主轴用SPWM变频器

高速磨床电主轴用变频器第一代产品均采用脉帽调制（PAM）方式或非正弦的PWM方式。近年来，随着电力电子技术和微电子技术的发展，特别是IGBT或MOSFET器件的广泛应用，使得高频SPWM成为可能。这样，可以减少道变器输出电压中的谐波含量，减少转矩脉动，使电主轴运行更加平稳。

下面简单介绍一种由8098单片机和波形生成芯片SLE4520（德国西门子公司）产生高速磨床SPWM调制波的概况。

SLE4520是一个可编程器件，它与单片机及相应的软件结合后，能以很简单的方式产生三相逆变器所需要的六路SPWM控制信号，逆变载波频率可高达20kHz。这种模式设计的电主轴专用变频器，最高输出频率可达2000Hz，输出电压可在100～350V之间任意设定并具有完善的保护功能。

变频器的控制系统由8098单片机专用系统（包括相应的软件）、高频PWM专用集成芯片SLE4520、信号检测电路、驱动与保护电路等组成，如图3-60所示。

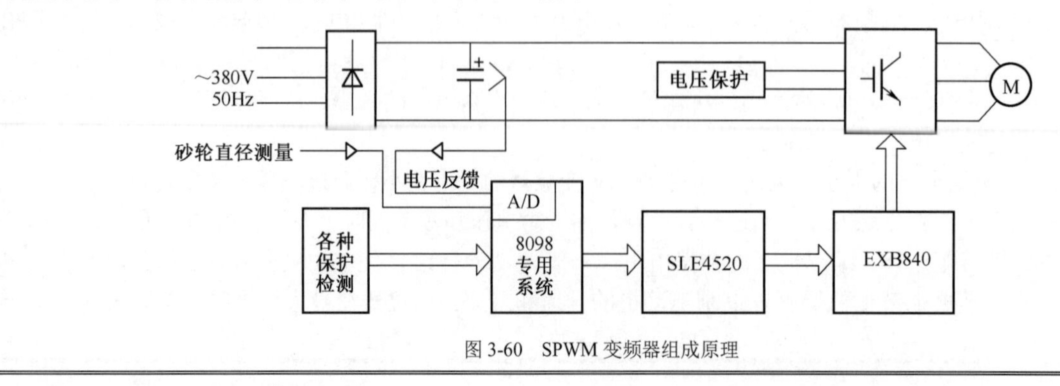

图3-60 SPWM变频器组成原理

8098 单片机是控制系统的核心，它接收来自外部的控制信息，按预定算法实时计算三相 SPWM 波形数据并定时送至 SLE4520，控制 SLE4520 产生三相逆变所需的六路 SPWM 信号，再经驱动电路驱动逆变器功率管完成三相 SPWM 波输出。

变频器稳定运行后，如由于某种干扰（如网压波动）造成直流电压波动，控制系统将根据对直流侧电压采样的结果进行电压补偿，以维持输出电压稳定；磨削过程中砂轮会磨损或被修整，导致砂轮线速度降低，控制系统将根据对砂轮直径变化的采样结果进行频率补偿（或跟踪），以保持砂轮线速度基本不变。对直流侧电压与砂轮直径变化的采样均由 8098 片载 A/D 完成。

为减小电主轴启动过程中启动电流及其对电网的影响，同时为减小变频器主电路器件的功率储备，采用软启动方式，使电主轴在启动过程中处于恒磁通运行状态。

变频器运行参数可以通过键盘预置。8098 单片机专用系统中包括一片 EEPROM，用以记忆预置信息，因此掉电后无需重新预置。另有一个微调电位器（输出至 8098 片载 A/D）用以补偿因网压偏离额定值造成的设定电压偏差。

2. 技术的发展

通常把额定转速超过 3600r/min 的交流异步电动机称作高速电动机。电主轴便是变频调速的高速电动机。目前，高频电主轴及变频器正向着高转速、大功率、高效率、小体积方向发展，在国外，电主轴的最高转速达 260000r/min。在国内，最高转速仅达 180000r/min，电主轴的功率一般在 15kW 以下，近年来也有 19kW 和 30kW 的产品问世。

目前随着电力电子技术和微电子技术的飞速发展，输出频率达到 5000Hz 的高速变频器已经投入市场。技术的进步为满足高速磨床拖动系统的要求提供了有力的保证。

学习情境 4　运动控制系统的认知和应用

学习目标

知识目标：掌握 PAC Systems™ RX3i 系统的硬件结构；掌握 PME 软件的使用；掌握触摸屏的配置及组态方法；掌握 Versa Motion Demo 箱的组成及各部分作用；掌握 Micro Motion Controller 控制伺服电动机的方法；掌握 Micro PLCs Controller 控制伺服电动机的方法。

能力目标：培养学生利用网络资源进行资料收集的能力；培养学生获取、筛选信息的能力；培养学生制定工作计划、方案及实施、检查和评价的能力；培养学生独立分析、解决问题的能力；培养学生的团队工作、交流、组织协调的能力和责任心；提高个人学习总结、语言表达能力。

素质目标：养成整理整顿设备的良好习惯；养成清理清洁环境卫生的良好习惯；培养爱设备、爱课堂的良好素质。

子学习情境 4.1　PAC Systems™ RX3i 系统的组态及应用

PAC Systems™ RX3i 系统的组态及应用工作任务单

<table>
<tr><td>情　　境</td><td colspan="6">运动控制系统的认知和应用</td></tr>
<tr><td>学习任务</td><td colspan="4">子学习情境 4.1：PAC Systems™ RX3i 系统的组态及应用</td><td>完成时间</td><td></td></tr>
<tr><td>任务完成</td><td>学习小组</td><td></td><td>组长</td><td></td><td>成员</td><td></td></tr>
<tr><td>任务要求</td><td colspan="6">掌握：
1．PAC 的定义、作用、特点、发展、分类。
2．PAC Systems RX3i 的硬件组成。
3．PME 软件的使用方法。
4．完成硬件组态及网络组态。</td></tr>
<tr><td>任务载体和资料</td><td colspan="3">图 4-1　PAC Systems™ RX3i 外形示意图</td><td colspan="3">GE 智能平台 PAC Systems 致力于为用户提供先进完善的自动化解决方案，RX3i 控制器是 PAC Systems 家族的新成员。同 PAC Systems 家族的其他成员一样，PAC Systems RX3i 系统拥有一个单一的控制引擎和一个通用的编程环境，如图 4-1 所示，能方便地应用在多种硬件平台上，并且可以提供真正的集中控制选择。本任务就是要认识 GE 智能平台的基本成员，掌握 PAC Systems RX3i 的概念和一些基本知识。</td></tr>
<tr><td>引导文</td><td colspan="6">1．团队分析任务要求：讨论在完成本次任务前，你和你的团队缺少哪些必要的理论知识？需要具备哪些方面的操作技能？你们该如何解决这些困难？
2．你是否需要认识 GE 智能平台？包括其结构的认知和原理的理解。
3．GE PAC 的全称为可编程自动化控制器，PLC 的全称为可编程逻辑控制器，PAC 与 PLC 是很类似的，注意与以前学过的 S7-200、自动化生产线中的 S7-300 在外型上一样吗？都有哪些部件？了</td></tr>
</table>

	解 PAC RX3i 的硬件组成。 4．PAC 和 PLC 的区别是什么？可以查阅网上的资料进行辨别、区分。 5．请认真学习"知识链接"的内容。思考这样一个问题：GE PAC Systems RX3i 的硬件组成有什么？具体是怎样的关系？必须仔细分析并理解这个问题。 6．你已经具备完成此情境学习的所有资料了吗？如果没有，还缺少哪些？应该通过哪些渠道获得？ 7．实现我们的核心任务"PAC Systems™ RX3i 系统的组态及应用"，思考其中的关键是什么？和你之前学过的 PLC 控制任务有什么相似之处？ 8．通过引导文的指引，你和你的团队是否明白，实现本情境任务的学习，包括哪些具体任务？你们团队该如何分工合作，共同完成这项庞大的任务？ 9．将任务的实施情况（可以包括你学到的知识点和技能点、团队分工任务的完成情况等）整理成文档。 10．将你们的成果提交给指导教师，让其对任务完成情况进行检查。 11．就你们团队的知识、技能、能力和素质进行自我评价、互相评价和教师评价。正确认识自己的不足之处，取长补短，争取在下次任务训练中得到进步。

学习目标	学习内容	任务准备
1．掌握 PAC 的定义、作用、特点、发展、分类等基础知识。 2．掌握 PAC Systems RX3i 的硬件组成。 3．掌握 PME 软件的使用方法，能够实现硬件组态及网络组态。 4．具有查阅有关标准的能力。 5．培养学生课程标准教学目标中的方法能力、社会能力，达成素质目标。	1．PAC 的相关基础知识。 2．PME 软件的基本操作方法。 3．RX3i 的硬件组态及网络组态方法。	可以将 S7-200 PLC 相关知识作为切入点，逐步由 PLC 引入到 PAC。

1　PAC Systems™ RX3i 系统的认知

PAC 概述	
PAC 的概念	2001 年权威咨询机构 ARC Group 提出了 PAC（Programmable Automation Controller，可编程自动化控制器）的概念。PAC 的概念定义为：控制引擎的集中，涵盖 PLC 用户的多种需求，以及制造业厂商对信息的需求。PAC 包括 PLC 的主要功能和扩大控制能力，以及 PC-Based 控制中基于对象、开放数据格式和网络连接等功能。
PAC 与 PLC 的区别	虽然 PAC 的形式与传统 PLC 很相似，但性能却广泛全面得多。PAC 是一种多功能控制器平台，它包含多种用户可按照自己意愿组合、搭配和实施的技术和产品。与其相反，PLC 是一种基于专有架构的产品，仅仅具备了制造商认为必要的性能。 PAC 与 PLC 最根本的不同在于它们的基础不同。PLC 性能依赖于专用硬件，应用程序的执行依靠专用硬件芯片实现，因硬件的非通用性会导致系统的功能前景和开放性受到限制，由于是专用操作系统，其实时可靠性与功能都无法与通用实时操作系统相比，这样就导致了 PLC 整体性能的专用性和封闭性。 PAC 的性能是基于其轻便的控制引擎，标准、通用、开放的实时操作系统，嵌入式硬件系统设计和背板总线。

	PLC 的用户应用程序执行是通过硬件实现的，而 PAC 设计了一个通用、软件形式的控制引擎用于应用程序的执行，控制引擎位于实时操作系统与应用程序之间，这个控制引擎与硬件平台无关，可以在不同平台的 PAC 系统间移植。因此对于用户来说，同样的应用程序不需要修改即可下载到不同的 PAC硬件系统中，用户只需根据系统的功能需求和投资预算选择不同性能的 PAC 平台。这样，根据用户需求的迅速扩展和变化，用户系统和程序无需变化，即可无缝移植。
PAC 的特征	PAC 是继 PLC、DCS 后的新一代控制系统，克服了 PLC、DCS 长期过于封闭化、专业化的缺点，导致其技术发展缓慢，消除了 PLC、DCS 与 PC 之间不断扩大的技术差距的瓶颈；它的操作系统和控制功能独立于硬件，采用标准的嵌入式系统架构设计，开放式标准背板总线 VME/PCI；CPU 模块均为 PIII/PM 处理器；支持 FBD，用于过程控制，尤其适合用于混合型集散控制系统；编程语言符合 IEC 1131。
GE PAC Systems RX3i 系统硬件概述	
概述	GE PAC Systems 提供第一代可编程自动化控制系统，为多个硬件平台提供一个控制引擎和一个开发环境，具有比现有 PLC 更强大的处理速度、通信速度和编程能力。它能应用到高速处理、数据存取和需要大内存的应用中。目前，GE 控制器硬件家族中有两大类控制器：基于 VME 的 RX7i 和基于 PCI 的 RX3i。 PAC Systems™ RX3i 标准培训 Demo 箱如图 4-2 所示，Demo 箱配置的 PCI 总线背板型号为 IC695CHS012；背板上安装的模块依次为电源模块（IC695PSD040）、CPU 模块（IC695CPU315）、以太网通信模块（IC695ETM0011）、数字量输入模块（IC694ACC300）、数字量输出模块（IC694MDL754）、模拟量输入模块（IC695ALG600）、模拟量输出模块（IC695ALG704）、串行总线传输模块（IC695LRE001）等。  图 4-2 PAC Systems™ RX3i 标准培训 Demo 箱
优点	（1）把一个新型的高速底板（PCI-27mhz）结合到现成的 90-30 系列串行总线上。 （2）具有 Intel 300mHz CPU（与 RX7i 相同）。 （3）消除信息的瓶颈现象，获得快速通过量。 （4）支持新的 RX3i 和 90-30 系列输入/输出模块。 （5）大容量的电源，支持多个装置的额外功率或多余要求。 （6）使用与 RX7i 模块相同的引擎，使得容易实现程序的移植。 （7）RX3i 还使用户能够更灵活地配置输入/输出，包括： 1）具有扩充诊断和中断的、新增加的、快速的输入/输出。 2）具有大容量接线端子板的 32 点离散输入/输出（弹簧型和盒式）。 3）多种通用的模拟量（每个通道可以配置电压、电流、热电偶、电阻式温度监测器、应力计和电阻器）和高密度模拟量（隔离的）运动模块。 4）使 RX3i 和 90-30 系列 I/O 能“带电热插拔”（仅适用于通用底板）。 5）用户能够按照自己的工作计划更改模块，使得在调整布线、安装和绘图时更具有灵活性。 6）高性能的以太网和 Profibus 模块。

PAC Systems RX3i 硬件组成及作用

通用背板机架

背板（机架）有 12 槽（型号 IC695CHS012）和 16 槽（型号 IC695CHS016）两种规格供用户选择。背板支持模块带电热插拔，有效减少系统的停机时间。背板为双总线背板，既支持 PCI 总线模块，又支持串行总线模块。Demo 箱中配置的背板为 IC695CHS012，如图 4-3 所示。

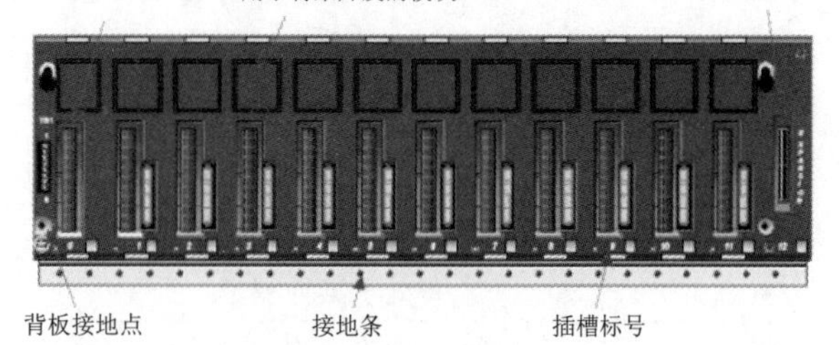

图 4-3　IC695CHS012 背板

背板最左侧的插槽是 0 插槽。只有 IC695 电源可以插在 0 插槽上（注意：IC695 电源也可以插在 1～11 插槽上）。插槽每槽有两个连接器，一个用于 RX3i PCI 总线，另一个用于 RX3i 串行总线。背板最右侧的插槽是 12 插槽（扩展插槽），它不同于其他插槽，只能安装串行总线传输模块（IC695LRE001）。

热插拔模块可以在系统通电时安装或移除背板。

硬件模块及作用

图 4-4　直流电源模块（IC695PSD040）

电源模块安装在背板上，具有自动电压适应功能；内置智能开关熔丝，具有限流功能，发生短路时电源模块会自动切断来避免硬件损坏。Demo 箱中配置的电源模块型号为 IC695PSD040，该模块的输入电压范围为 DC 18～39V，输出电压为 DC 24V，提供最大 40W 的功率输出。电源模块上四个 LED 灯的功能说明见表 4-1。IC695PSD040 在 PAC Systems RX3i（产品标号为 IC695）系统中只能用一个，不能与其他 RX3i 电源一起用于电源冗余模式或增加容量模式。直流电源模块 IC695PSD040 如图 4-4 所示。

表 4-1　IC695PSD040 指示灯颜色说明表

显示颜色 / 指示灯	绿色	琥珀黄色	红色
POWER	电源模块背板供电	电源已经施加到电源模块上，但是电源模块上的开关为关闭状态	—
P/S FAULT	—	—	电源模块存在故障并且不能提供足够的电压给背板
OVERTEMP	—	电源模块接近或超过了最高工作温度	—
OVERLOAD	—	电源模块至少有一个输出接近或超过了最大输出功率	—

图 4-5　CPU 模块（IC695CPU315）

CPU 模块采用 Celeron（Pentium®III）300 MHz 处理器，配置 10 MB 用户内存，具有高速运算和高速数据吞吐能力，能轻松地完成各种复杂的应用。Demo 箱中配置的 CPU 模块型号为 IC695CPU315，如图 4-5 所示，模块两板上有两个串行接口，一个三挡位置转换开关用于设置运行、输出禁止、停止等工作状态。

CPU 模块不支持热插拔，在安装或拆卸 CPU 模块时应先切断电源。CPU 模块需要占用两个插槽，并且可以插在除槽号最高的（最右边的）插槽以外的任何插槽。

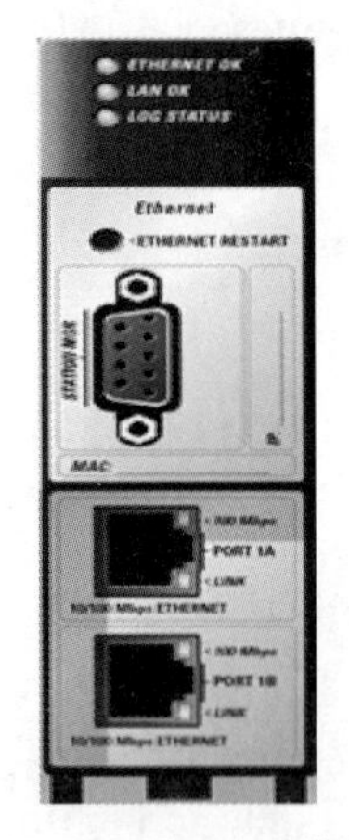

图 4-6　以太网通信模块（IC695ETM001）

Demo 箱中配置的以太网通信模块的型号为 IC695ETM001，如图 4-6 所示。PAC Systems RX3i 控制器通过以太网通信模块与 PC 机、其他 PAC Systems 和 Versa Max 控制器等进行通信。IC695ETM001 有两个自适应的 10/100BaseTX 的 RJ-45 端口，用来连接 10M BaseT 或 100BaseTX IEEE 802.3 网络中的任意一个，该端口能够自动检测速度、双工模式（半双工或全双工）和与之连接的电缆接线方式（直行或交叉）模块。有 7 个指示灯，指示灯的功能说明见表 4-2。

表 4-2　IC695ETM001 指示灯功能表

名称	功能
ETHERNET OK	指示该模块是否能执行正常工作。如果指示灯处于常亮状态，表明设备处于正常工作状态；如果指示灯处于闪烁状态，则表明设备处于其他状态
LAN OK	指示是否连接以太网络。如果指示灯处于闪烁状态，表明模块正在与以太网交换数据
LOG EMPTY	在正常运行状态下为常亮状态；如果有时间记录，指示灯为熄灭状态
LINK	指示网络连接和激活状态
100Mps	指示网络数据传输速度（10Mps 时熄灭，100Mps 时点亮）

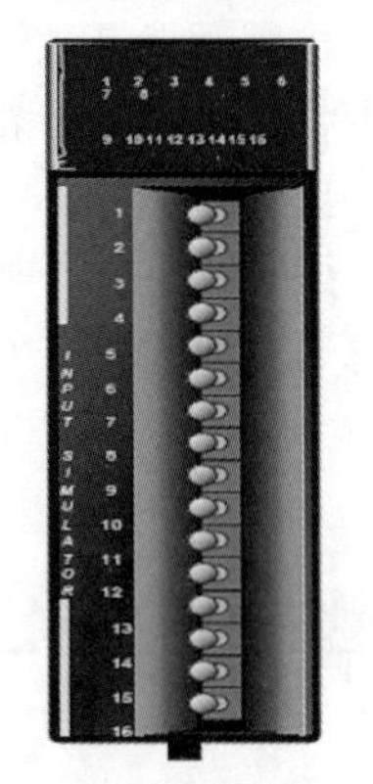

图 4-7　数字量输入模块（IC694ACC300）

数字量输入模块用于连接外部用的机械触点和电子式传感器，如光电开关和接近开关，将来自现场的外部数字量信号电平转换为 PAC 内部的信号电平。

Demo 箱中配置的数字量输入模块为 IC694ACC300，如图 4-7 所示。该模块为数字量输入模拟器模块，调试程序和系统时能模拟现场实际连接的输入。拨动开关处于 ON 位置时，则在输入状态表中产生逻辑值 1，模块上方单独编号的发光二极管用于表示每个输入点的状态。

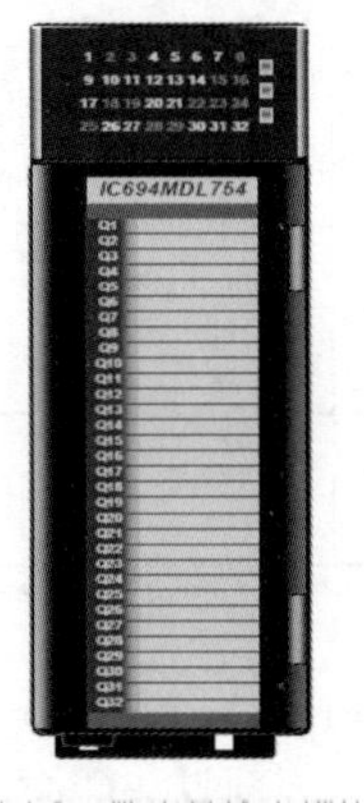

图 4-8　数字量输出模块（IC694MDL754）

数字量输出模块用于驱动电磁阀、接触器、小功率电动机、指示灯和电动机启动器等负载。

数字量输出模块将内部信号电平转换为控制过程所需的外部信号电平，同时有隔离和功率放大作用。负载电源由外部现场提供。Demo 箱中配置的数字量输出模块为 IC694MDL754，如图 4-8 所示。IC694MDL754 提供了两组共 32 个输出点，每组 16 个输出点，有 1 个公用电源输出端，最大输出电流为 0.75A，并带有 ESCP 电流输出保护功能。模块具有正逻辑特性，输出装置连接在电源公共端和模块端子之间，用户必须提供现场操作装置的电源。模块上方单独编号的发光二极管用于表示每个输出点的状态（ON 或 OFF）。

	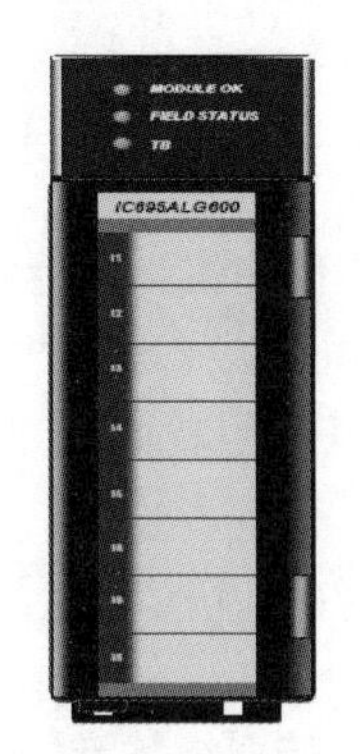 图 4-9　模拟量输入模块 （IC695ALG600）	生产过程中有大量连续变化的模拟量需要用 PAC 来测量和控制。模拟量输入模块将模拟量信号转换为 CPU 处理用的数字信号，其主要组成部分是 A/D 转换器。模块的输入信号一般是变送器输出的标准量程的电压、电流信号，有的也可以直接连接温度传感器（热电偶或热电阻），这样可以省去温度变送器。 Demo 箱中配置的模拟量输入模块为 IC695ALG600，如图 4-9 所示。IC695ALG600 提供了 8 个通用的模拟量输入通道和 2 个冷端温度补偿通道。通过 Proficy™ Machine Edition 软件，用户能在每个通道上独立配置电压、电流、热电偶、热电阻和电阻输入类型。 IC695ALG600 共有 36 个接线端子。端子号 1 和 2、35 和 36 为冷端温度补偿通道，其余 32 个端子（3～34）分成八组，按端子号的排列次序，每 4 个端子号为一组（每组即为一个输入通道），每个通道在使用中都可以独立外接电流型传感器、电压型传感器、2 线型热电偶或热电阻传感器、3 线型或 4 线型热电偶或热电阻传感器等。不同类型的传感器与 IC695ALG600 连接时需要采用不同的接线方式和接线端子。
	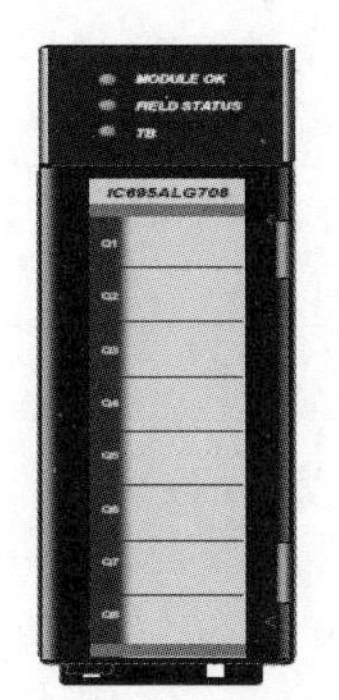 图 4-10　模拟量输出模块 （IC695ALG708）	模拟量输出模块用于将 CPU 传来的数字信号转换为成比例的电流信号或电压信号，调节或控制执行机构，其主要组成部分是 D/A 转换器。模拟信号应使用电缆或双绞线电缆传送。 Demo 箱中配置的模拟量输出模块的型号为 IC695ALG708，如图 4-10 所示。模块提供了 8 个模拟量通道，每个通道均可以独立设置为-10～+10V/0～100V 的电压输出，也可以设置为 4～20mA/0～20mA 的电流输出。
	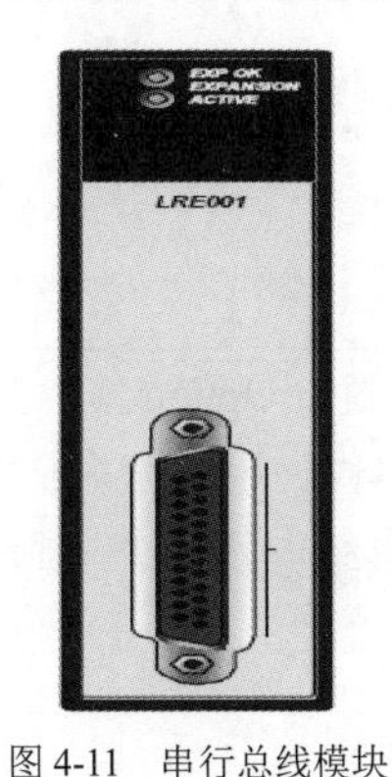 图 4-11　串行总线模块 （IC695LRE001）	Demo 箱中配置的串行总线传输模块为 IC695LRE001，如图 4-11 所示。该模块主要用于 PAC Systems RX3i 系统的串行扩展，提供通用背板（型号为 IC695）和串行扩展背板或远程背板（型号为 IC694 或 IC693）之间的通信，把通用背板信号转换成串行扩展背板所需要的信号。该模块只能安装在背板最右边的插槽上。

2　Proficy™ Machine Edition 软件的组态与应用

Proficy™ Machine Edition 软件介绍
Proficy Machine Edition（简称 PME 或 ME）是一个高级的软件开发环境和机器层面的自动化维护环境，提供集成的编程环境和共同的开发平台。在同一个项目中，用户自行定义的变量在不同的目标组件中可以相互调用。PME 提供了统一的用户界面，内部的所有组件和应用程序都共享单一的工作平台和工具箱。 PME 可以用来组态 PAC 控制器、远程 I/O 站、运动控制器和人机界面等；可以创建 PAC 控制程序、运动控制程序、触摸屏操作界面等；可以在线修改相关运行程序和操作界面；可以上传、下载工程，监视和调试程序等。PME 组件包括：Proficy 人机界面组件、Proficy 逻辑开发器-PC、Proficy 逻辑开发器-PLC、Proficy

运动控制开发器。

目前，PME 软件已经更新到 7.0 版本，现以 PME 7.0 为例介绍软件的安装过程。

软件安装

建议安装在 Windows XP 系统下，不推荐 Windows 7 系统。具体操作步骤如下：

（1）将 Proficy^{TM} Machine Edition 安装光盘插入计算机的光驱中，再在安装源文件中找到图标，双击运行，弹出安装界面。

（2）选择“安装 Machine Edition”选项，在“安装语言选择”对话框中选择“中文（简体）”选项，单击“确定”按钮。

（3）安装程序自动检测计算机的配置后，启动 Proficy Machine Edition 配置专家，单击“下一步”按钮继续安装。

（4）在“许可协议”对话框中选择“接受授权协议条款”选项，单击“下一步”按钮继续安装。

（5）在“选择安装路径”对话框中，建议初学者使用默认路径，单击“下一步”按钮继续安装。

（6）在“准备安装程序”对话框中，单击“安装”按钮继续安装。

（7）在“安装 Proficy Machine Edition”对话框中给出安装进度提示。

（8）安装完成后弹出“完成 Proficy Machine Edition 配置专家”对话框，单击“完成”按钮。

（9）“产品授权”对话框中询问是否安装授权，根据用户的授权种类选择相应的选项。

（10）重启计算机后，在 Windows 桌面单击“开始”菜单中的“所有程序”按钮，选择 Proficy 中的 Proficy Machine Edition 选项，打开 Proficy Machine Edition 软件。

基本窗口

工具窗口

工具窗口主要由以下几部分组成，如图 4-12 所示。

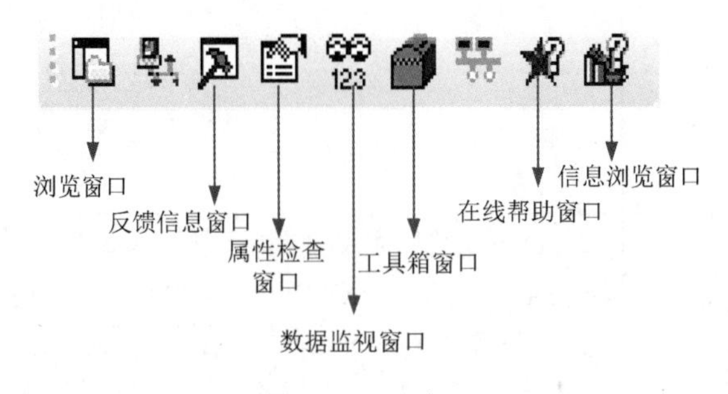

图 4-12 工具窗口

浏览窗口（Navigator）

Navigator 是一个含有一组标签窗口的工具视窗，它包括系统设置（Options）、工程管理（Manager）、实用工具（Utilities）、变量表（Variables）四种子工具窗。可供使用的标签取决于你安装的哪一种 ME 产品及你要开发和管理的哪一种工作。每个标签按照树形结构分层次地显示信息，类似于 Windows 资源管理器，如图 4-13 所示。

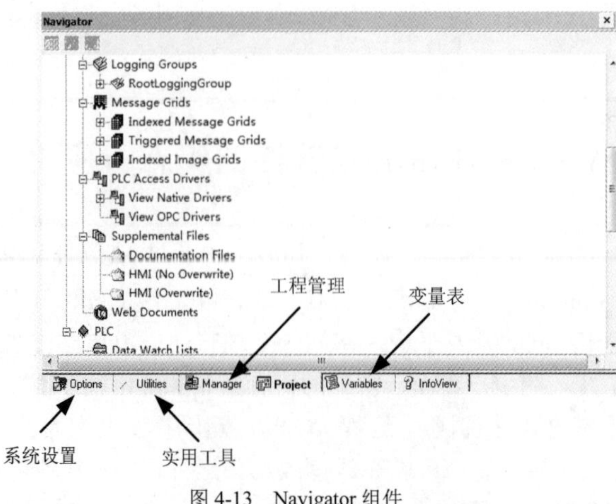

图 4-13 Navigator 组件

<table>
<tr>
<td>反馈信息窗口（Feedback Zone）</td>
<td>

Feedback Zone 窗口是一个用于显示 ME 产品生成的几类输出信息的停放窗口。这种交互式的窗口使用类别标签组织产生的输出信息，有哪些标签可供使用取决于所安装的 ME 产品，如图 4-14 所示。

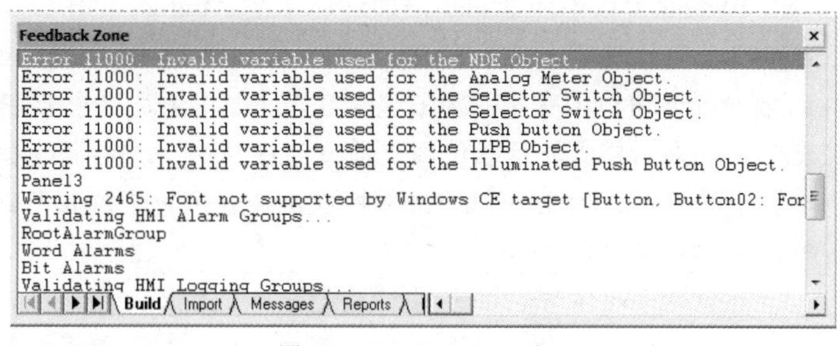

图 4-14　Feedback Zone 窗口

想了解特定标签的更多信息，选中标签并按 F1 键即可。反馈信息窗口中标签的输入支持一个或多个下列基本操作：

（1）右键单击。当右键单击一个输入项时，该项目显示指令菜单。

（2）双击。如果一个输入项支持双击操作，双击它将执行项目的默认操作。默认操作的例子包括打开一个编辑器和显示输入项的属性。

（3）按 F1 键。如果输入项支持上下文相关的帮助主题，按 F1 键在信息浏览窗口中显示有关输入项的“帮助”信息。

（4）按 F4 键。如果输入项支持双击操作，按 F4 键，输入项循环通过反馈信息窗口，就好像你双击了某一项。若要显示反馈信息窗口中以前的信息，按 Ctrl+Shift+F4 组合键。

</td>
</tr>
<tr>
<td>属性检查窗口（Inspector）</td>
<td>

Inspector 窗口列出已选择的对象或组件的属性和当前位置，可以直接在 Inspector 窗口中编辑这些属性。当你选择了多个对象，Inspector 窗口将列出公共属性，如图 4-15 所示。

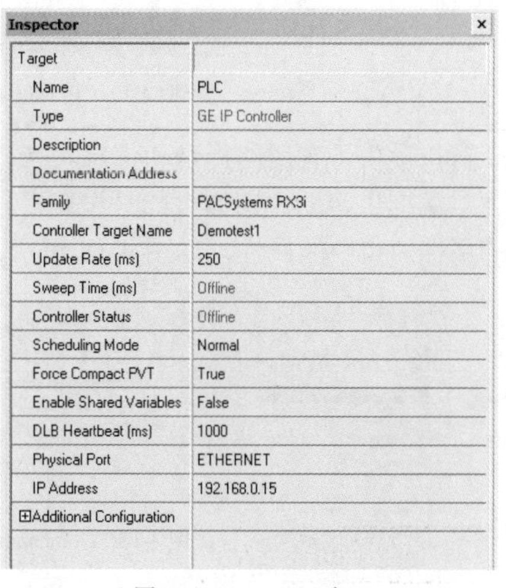

图 4-15　Inspector 窗口

</td>
</tr>
<tr>
<td>数据监视窗口（Data Watch）</td>
<td>

Data Watch 窗口是一个动态调试工具，它允许在程序运行时监视和修改变量的数值。当在现场调试时，它是一个非常有用的工具，它可以监视单个变量，也可以监视用户定义的变量表，变量监视列表可以被导入、导出或存储，如图 4-16 所示。

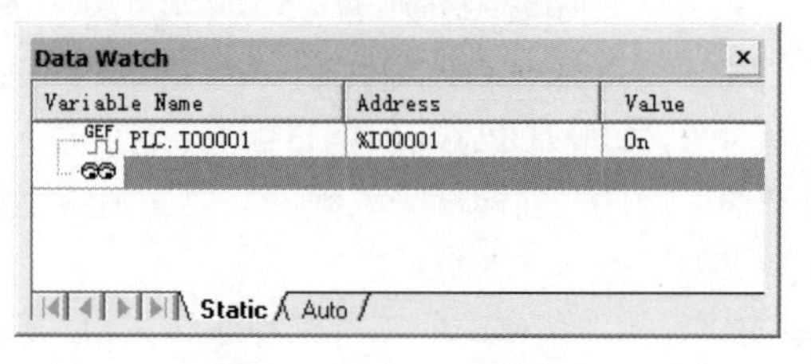

图 4-16　Data Watch 窗口

</td>
</tr>
</table>

<table>
<tr><td></td><td>
监视列表（Watch List）中的标签包括当前选择的全部变量。监视列表可以创建和保存需要监视的变量清单。可以定义一个或多个监视列表，但是数据监视工具在一个时刻只能监视一个监视列表。
Data Watch 窗口中变量的基准地址显示在 Address 栏中，一个地址最大具有 8 个字符，如%AQ99999。
Data Watch 窗口中变量的数值显示在 Value 栏中，如果要在 Data Watch 窗口中添加变量之前改变数值的显示格式，可以使用“数据监视属性”对话框或右击变量。
若要设置 Data Watch 窗口的外部特性，右击并选择 Data Watch Properties 选项即可打开“数据监视属性”对话框。
</td></tr>
<tr><td>工具箱窗口（Toolchest）</td><td>
Toolchest 是一个功能强大的设计蓝图仓库，可以从中将所需要的功能物件拖到你的应用程序中去，同时也可以定义自己的功能物件，从而被 ME 编辑并重复使用。在 ME 工具箱中，还提供了创建物件向导功能，如图 4-17 所示。
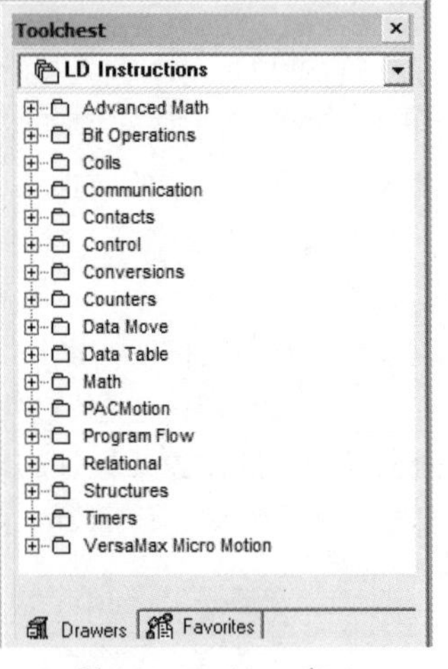

图 4-17　Toolchest 窗口
</td></tr>
<tr><td>在线帮助窗口（Companion）</td><td>
Companion 窗口提供了有用的提示和信息。当“在线帮助”打开时，它可以对 ME 环境中当前选择的任何对象提供帮助。它们可能是浏览窗口中的一个对象或文件夹、某种编辑器，或者是当前选择的属性窗口中的属性，如图 4-18 所示。
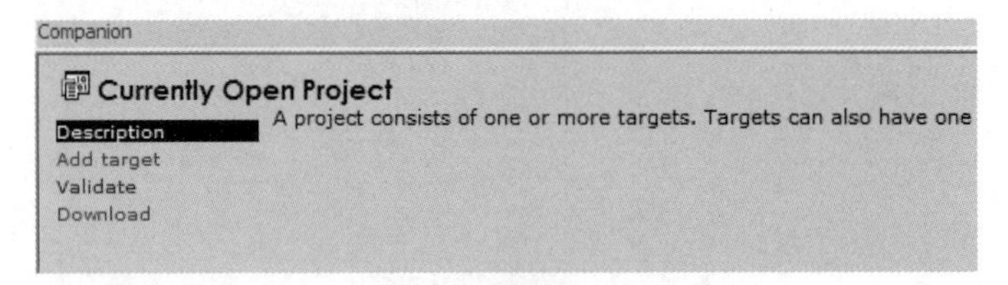

图 4-18　Companion 窗口
“在线帮助”的内容往往是简短和缩写的，如果需要更详细的信息，可以单击 Companion 窗口右上角的按钮，帮助系统的相关主题会在信息浏览窗口中打开。
有些“在线帮助”在左栏中包含主题或程序标题的列表，单击一个标题可以获得一段简短的描述。
</td></tr>
<tr><td colspan="2">Proficy™ Machine Edition 的基本操作</td></tr>
<tr><td></td><td>
PME 对于每一个控制任务都是按照一个工程（Project）模式进行管理的。控制任务中如果含有多个控制对象，如既有 PLC 又有 HMI 等，它们在一个工程中是作为多个控制对象（Target）进行分别管理的。因此，创建一个工程，需要知道该工程主要包含哪些类型的控制对象。创建工程的操作步骤如下：
（1）单击“开始”菜单中的“所有程序”按钮，选择 Proficy 中的 Proficy Machine Edition 选项，打开 Proficy Machine Edition 软件；或者双击桌面上的图标，启动 PME 软件。
</td></tr>
</table>

新建

（2）在 Proficy^{TM} Machine Edition 初始化后，进入工程选择窗口，如图 4-19 所示。选择 Empty project 选项，单击 OK 按钮。

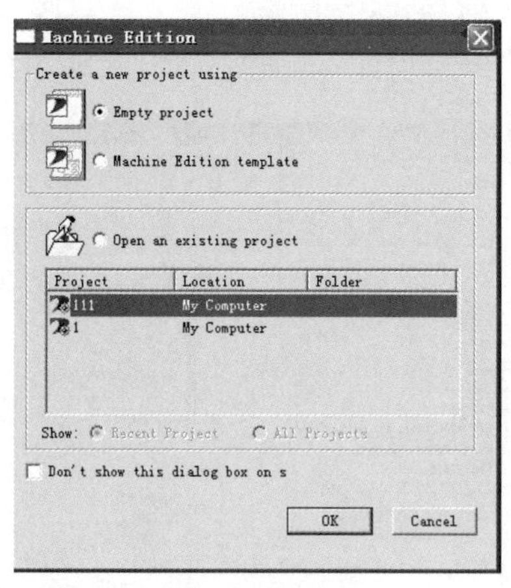

图 4-19　工程选择窗口

（3）在 New Project 对话框中输入新工程名（如 123456），单击 OK 按钮，如图 4-20 所示。

（4）给工程添加控制对象，如 RX3i。右击工程名“123456”，选择 Add Target 中 GE Intelligent Platforms Controller 中的 PAC Systems RX3i 选项，添加控制对象。

（5）控制对象 Target1 添加后的工程界面如图 4-21 所示。

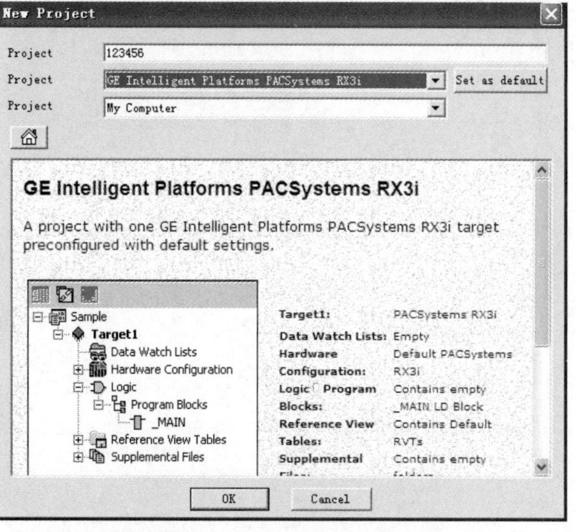

图 4-20　New Project 对话框

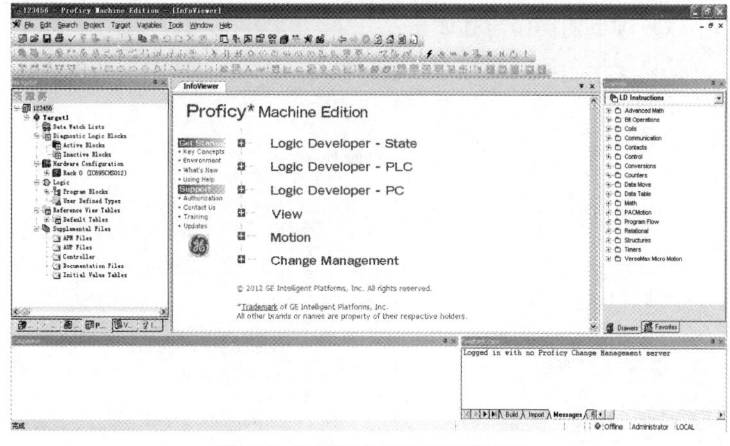

图 4-21　添加控制对象后的工程界面

<table>
<tr>
<td>备份与删除</td>
<td>
备份和恢复主要用于传送一个项目，如从一台 PC 传到另一台 PC 中。备份是进行压缩文件的操作，恢复是进行解压文件的操作。被备份的文件必须经过恢复才能够正常地显示出来。
备份与删除项目的操作步骤如下：
（1）要备份一个项目，首先要关闭任何打开的项目，界面如图 4-22 所示。
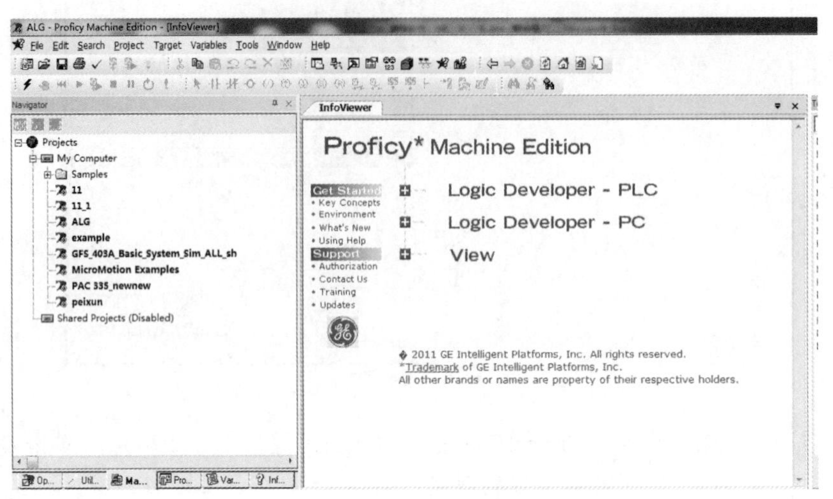

图 4-22　工作界面
（2）右击你想要备份的项目，选择 Back Up 选项备份选择的项目，选择 Destroy Project 选项删除选择的项目，如图 4-23 所示。选择好项目的存放路径后保存即可，此文件夹将按照 zip 文件格式保存。
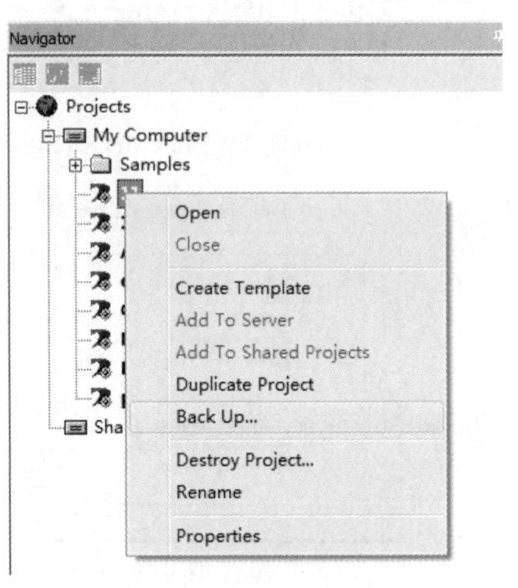

图 4-23　选择备份工具
</td>
</tr>
<tr>
<td>恢复</td>
<td>
恢复项目的操作步骤如下：
要恢复一个项目，在 Navigator 窗口中 Projects 项下右击 My Computer，选择 Restore 选项，如图 4-24 所示。

图 4-24　选择恢复工具
</td>
</tr>
</table>

	在调出的 Restore 窗口中，选择恢复原文件的存放位置，此文件将被恢复到 ME 中，双击恢复的文件，即可对此项目进行编辑。

Proficy™ Machine Edition 硬件组态

硬件组态是按照 RX3i 系统背板上模块的安装位置进行的，如图 4-25 所示。硬件组态的具体步骤如下：

（1）单击 Navigator 组件选项卡上的图标，打开工程浏览窗口。

（2）单击 Hardware Configuration 项前面的“+”号，再单击 Rack 0（IC695CHS012）项前面的“+”号展开菜单。

（3）电源模块的配置（型号为 IC695PSD040）。

1）系统默认模块为 IC695PSA040，右击 Slot 0 项弹出菜单，如图 4-26 所示。

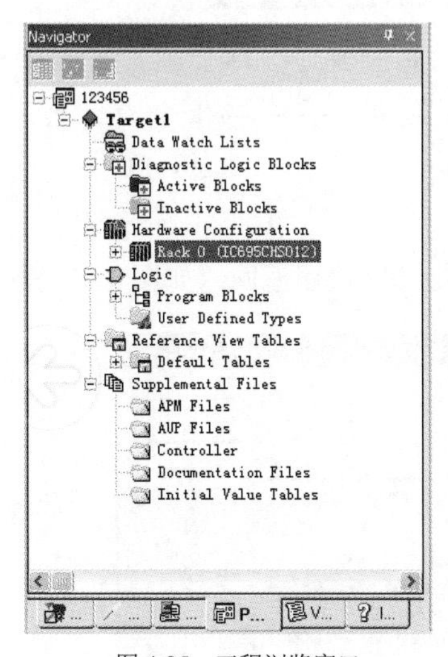

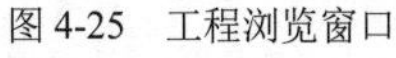

图 4-25　工程浏览窗口

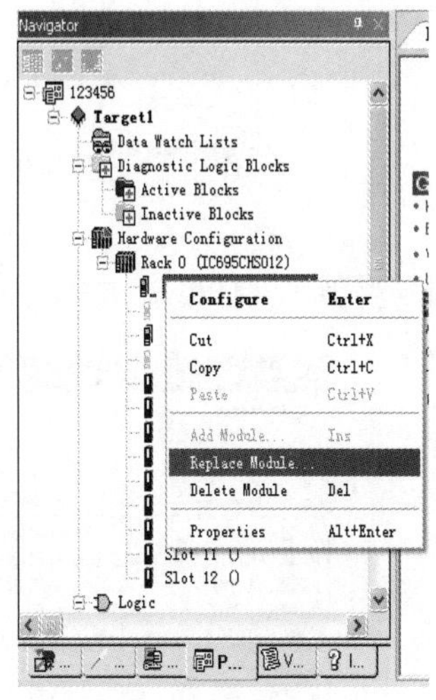

图 4-26　替换模块

2）选择 Replace Module 选项，弹出 Catalog 对话框，选中 IC695PSD040，单击 OK 按钮，如图 4-27 所示。

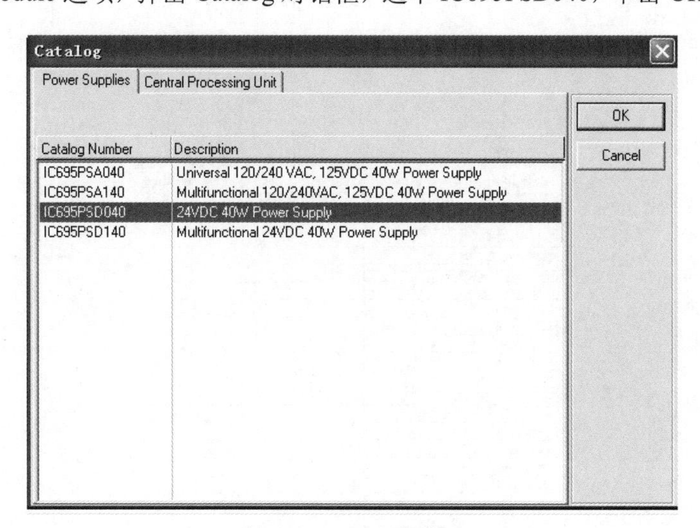

图 4-27　Catalog 对话框 1

（4）CPU 模块的配置（型号为 IC695CPU315）。

1）由于 CPU 模块安装在插槽 1 和插槽 2 上，系统默认其安装在插槽 2 和插槽 3 上，所以要移动 Slot 2 的信息到 Slot 1。具体的移动方法是：选中 Slot 2，按下鼠标左键拖动 Slot 2 到 Slot 1 上方后松开。

2）系统默认 CPU 型号为 IC695CPU310，右击 Slot，在弹出的菜单中选择 Replace Module 选项，如图 4-28 所示。

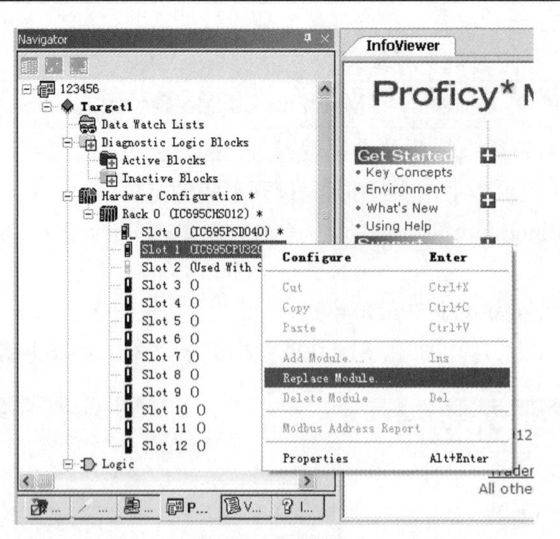

图 4-28 选择模块

3）在 Catalog 对话框中，选择模块 IC695CPU315，单击 OK 按钮返回，如图 4-29 所示。

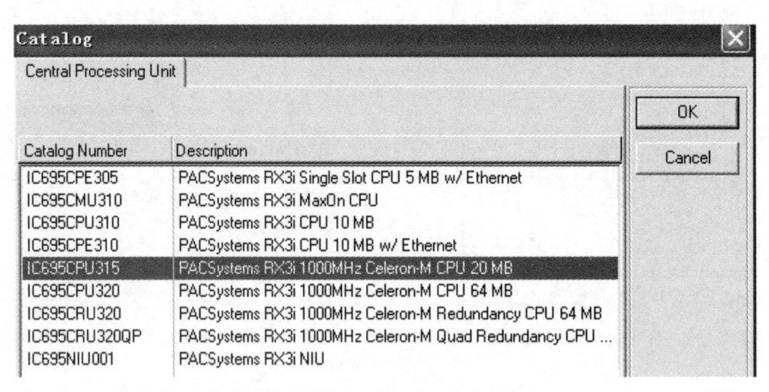

图 4-29 Catalog 对话框 2

4）双击 Slot 1 打开 CPU 参数设置框，选择 Memory 选项卡，设置内存空间，按回车键完成设置，如图 4-30 所示。

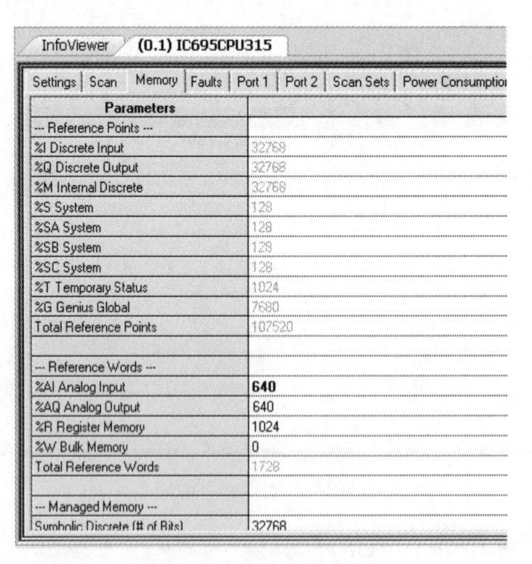

图 4-30 修改内存空间

（5）以太网通信模块的配置（型号为 IC695ETM001）。

1）右击 Slot 3，在弹出的菜单中选择 Add Module 选项，弹出 Catalog 对话框，选择 Communications 选项卡，如图 4-31 所示。

2）选择模块 IC695ETM001 并双击，弹出以太网参数设置窗口。

3）选择 Settings 选项卡，在 IP Address 参数栏中输入 IP 地址，如 192.168.0.66，按回车键完成设置，如图 4-32 所示。

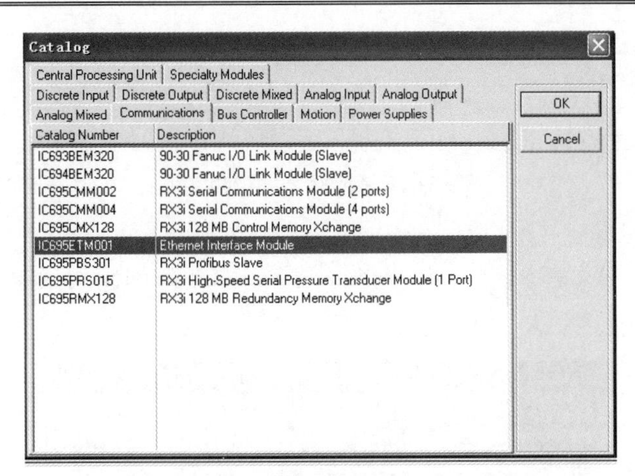

图 4-31　Catalog 对话框 3

Settings | RS-232 Port (Station Manager) | Power Consumption

Parameters	
Configuration Mode	TCP/IP
Adapter Name	0.3
Use BOOTP for IP Address	False
IP Address	192.168.0.66
Subnet Mask	0.0.0.0
Gateway IP Address	0.0.0.0
Name Server IP Address	0.0.0.0
Max FTP Server Connections	0
Network Time Sync	None
Status Address	%I00001
Length	80
Redundant IP	Disable
I/O Scan Set	1

图 4-32　设置 IP 地址

（6）数字量输入模块的配置（型号为 IC694ACC300）。

1）右击 Slot 4，在弹出的菜单中选择 Add Module 选项，弹出 Catalog 对话框，选择 Discrete Input 选项卡，如图 4-33 所示。

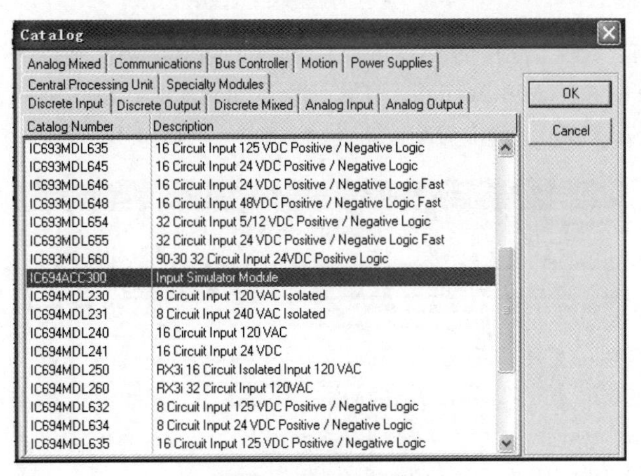

图 4-33　Catalog 对话框 4

2）选择模块 IC694ACC300 并双击，弹出参数编辑窗口，如图 4-34 所示。参数 Reference Address 项给出模块默认地址，如%I00081，操作者可以根据需要自行修改。

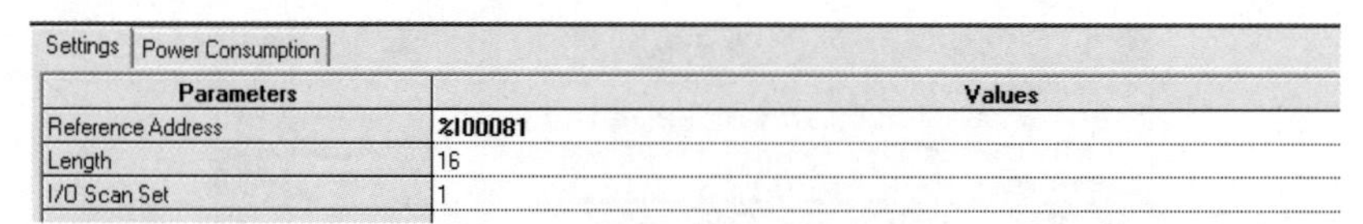

Parameters	Values
Reference Address	%I00081
Length	16
I/O Scan Set	1

图 4-34　数字量输入模块的起始地址

（7）数字量输出模块的配置（型号为 IC694MDL754）。

1）右击 Slot 5，在弹出的菜单中选择 Add Module 选项，弹出 Catalog 对话框，选择 Discrete Output 选项卡，如图 4-35 所示。

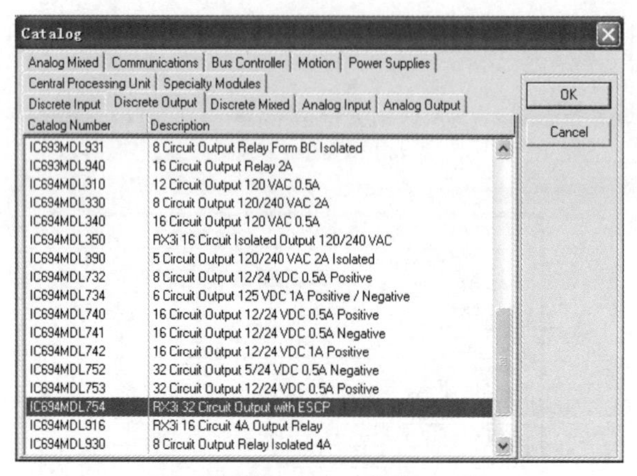

Catalog Number	Description
IC693MDL931	8 Circuit Output Relay Form BC Isolated
IC693MDL940	16 Circuit Output Relay 2A
IC694MDL310	12 Circuit Output 120 VAC 0.5A
IC694MDL330	8 Circuit Output 120/240 VAC 2A
IC694MDL340	16 Circuit Output 120 VAC 0.5A
IC694MDL350	RX3i 16 Circuit Isolated Output 120/240 VAC
IC694MDL390	5 Circuit Output 120/240 VAC 2A Isolated
IC694MDL732	8 Circuit Output 12/24 VDC 0.5A Positive
IC694MDL734	6 Circuit Output 125 VDC 1A Positive / Negative
IC694MDL740	16 Circuit Output 12/24 VDC 0.5A Positive
IC694MDL741	16 Circuit Output 12/24 VDC 0.5A Negative
IC694MDL742	16 Circuit Output 12/24 VDC 1A Positive
IC694MDL752	32 Circuit Output 5/24 VDC 0.5A Negative
IC694MDL753	32 Circuit Output 12/24 VDC 0.5A Positive
IC694MDL754	RX3i 32 Circuit Output with ESCP
IC694MDL916	RX3i 16 Circuit 4A Output Relay
IC694MDL930	8 Circuit Output Relay Isolated 4A

图 4-35　Catalog 对话框 5

2）选择模块 IC694MDL754 并双击，弹出参数编辑窗口，如图 4-36 所示。参数 Reference Address 项给出模块默认地址，如%Q00001，操作者可以根据需要自行修改。

Parameters	Values
Reference Address	%Q00001
Length	32
Module Status Reference	%M00001
Module Status Length	0
ESCP Point Status Reference	%M00001
ESCP Point Status Length	0
Outputs Default	Force Off (Must match module's DIP switch)
I/O Scan Set	1

图 4-36　数字量输出模块的起始地址

（8）模拟量输入的配置（型号为 IC695ALG600）。高速计数器模块在项目中没有应用，可以不用添加。右击 Slot 7，在弹出的菜单中选择 Add Module 选项，弹出 Catalog 对话框，选择 Analog Input 选项卡，如图 4-37 所示。选择模块 IC695ALG600，单击 OK 按钮返回。

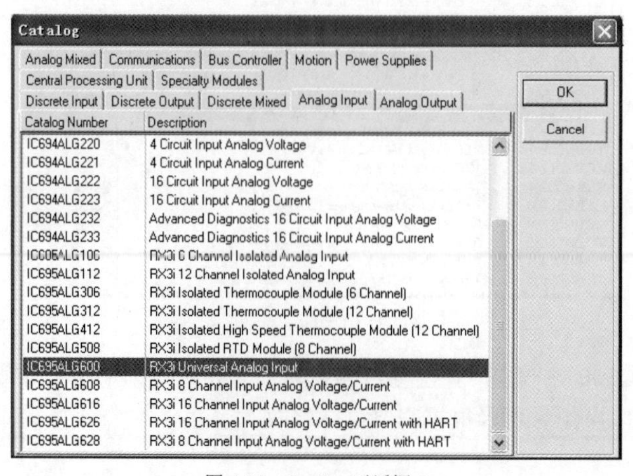

Catalog Number	Description
IC694ALG220	4 Circuit Input Analog Voltage
IC694ALG221	4 Circuit Input Analog Current
IC694ALG222	16 Circuit Input Analog Voltage
IC694ALG223	16 Circuit Input Analog Current
IC694ALG232	Advanced Diagnostics 16 Circuit Input Analog Voltage
IC694ALG233	Advanced Diagnostics 16 Circuit Input Analog Current
IC695ALG106	RX3i 6 Channel Isolated Analog Input
IC695ALG112	RX3i 12 Channel Isolated Analog Input
IC695ALG306	RX3i Isolated Thermocouple Module (6 Channel)
IC695ALG312	RX3i Isolated Thermocouple Module (12 Channel)
IC695ALG412	RX3i Isolated High Speed Thermocouple Module (12 Channel)
IC695ALG508	RX3i Isolated RTD Module (8 Channel)
IC695ALG600	RX3i Universal Analog Input
IC695ALG608	RX3i 8 Channel Input Analog Voltage/Current
IC695ALG616	RX3i 16 Channel Input Analog Voltage/Current
IC695ALG626	RX3i 16 Channel Input Analog Voltage/Current with HART
IC695ALG628	RX3i 8 Channel Input Analog Voltage/Current with HART

图 4-37　Catalog 对话框 6

（9）模拟量输出模块的配置（型号为 IC695ALG704）。右击 Slot 8，在弹出的菜单中选择 Add Module 选项，弹出 Catalog 对话框，选择 Analog Output 选项卡，如图 4-38 所示。选择模块 IC695ALG704，单击 OK 按钮返回。

（10）硬件配置完成如图 4-39 所示。

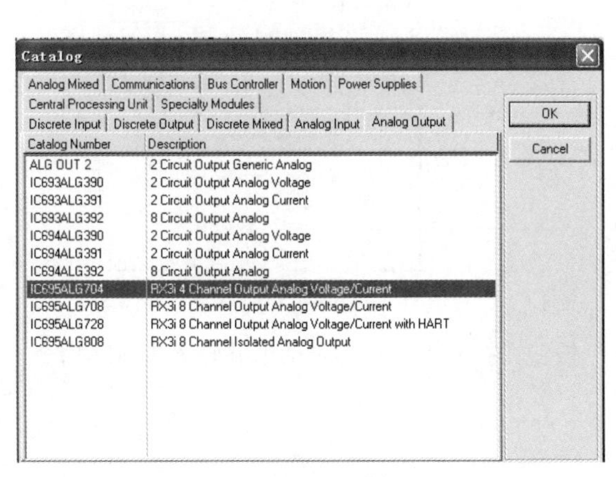

图 4-38　Catalog 对话框 7

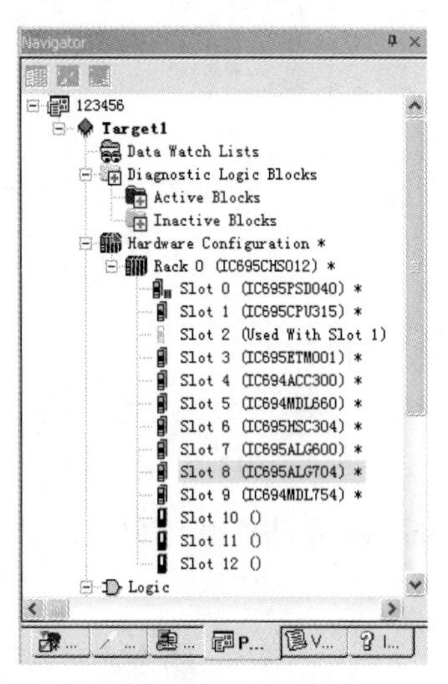

图 4-39　硬件配置完成

Proficy™ Machine Edition 网络组态

PAC Systems RX3i 系统要与运行的 PME 软件的 PC 机进行通信连接，就必须进行 IP 地址设置，具体步骤如下：

（1）配置 PC 机的 IP 地址，如 192.168.0.4，如图 4-40 所示。

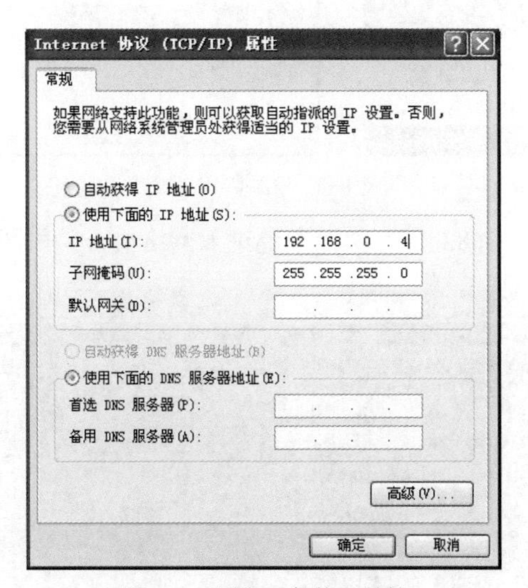

图 4-40　配置 PC 机的 IP 地址

（2）PC 机与 Demo 箱中以太网通信模块 IC695ETM001 通过并行网线连接起来。上电后 IC695ETM001 模块网线插口上的 LINK 指示灯亮，表明网线电路连通。

（3）Demo 箱中 CPU 模块上的模式选择开关置于 STOP 位置。

（4）在 PME 软件 Navigator 选项卡上单击 ⁄ ... 按钮，然后双击 Set Temporary IP Address，如图 4-41 所示。

（5）系统弹出 IP 地址配置对话框，把以太网通信模块（IC695ETM001）上的 MAC 地址编号（共 12 位号码）输入到 MAC Address 地址框中，并在 IP Address to Set 框中输入 RX3i 系统配置的 IP 地址，如 192.168.0.66，单击 Set IP 按钮进行设置，如图 4-42 所示。RX3i 系统的 IP 地址与 PC 机的 IP 地址必须在同一号段内但不能相同，以防 IP 地址冲突。

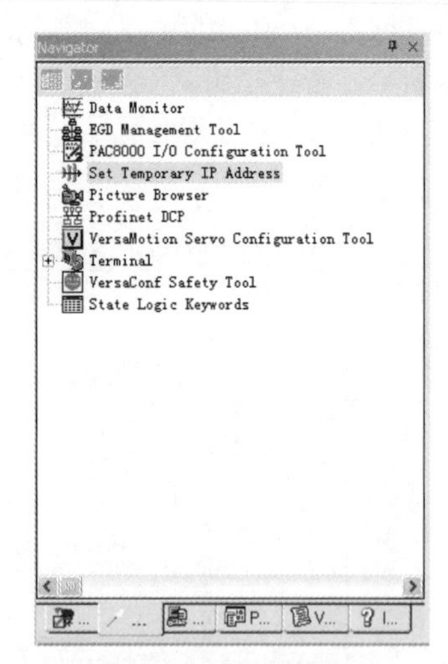

图 4-41　设置 IP 地址

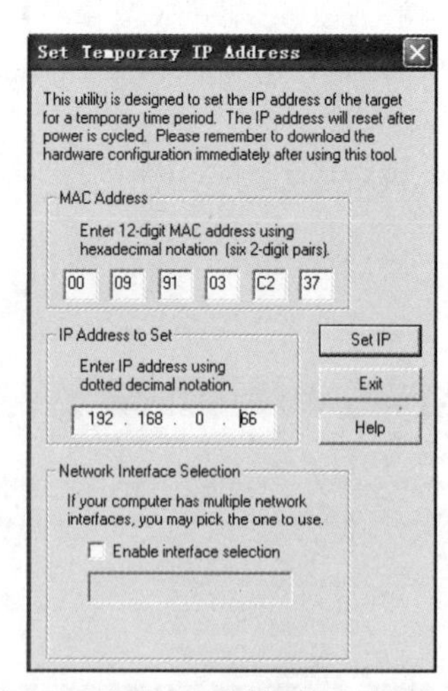

图 4-42　设置 RX3i 控制器临时 IP 地址

在 Windows 桌面单击“开始”菜单中的“运行”按钮，打开“运行”对话框并输入 CMD 指令，单击“确定”按钮，如图 4-43 所示。

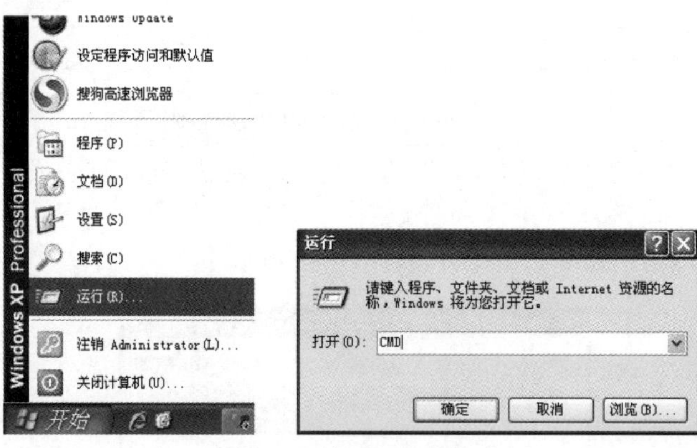

图 4-43　输入 CMD 指令

在 DOS 操作界面输入 ping 192.168.0.66，按回车键进入网络检查，如图 4-44 所示。

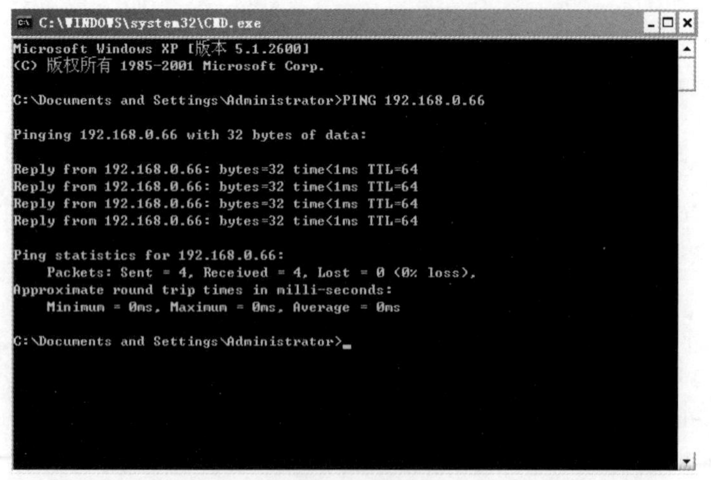

图 4-44　网络检查

程序编写

电动机自锁控制逻辑简单，具体的编程思路不再赘述，着重介绍如何在 PME 软件中录入梯形图程序。

单击新建工程名 123456 前面的“+”号，依次展开 Logic→Program Blocks→MAIN，双击 MAIN 选项打开梯形图编辑界面。

下面介绍两种梯形图编辑方法。

（1）使用梯形图工具栏，单击指令按钮并拖到编写区，这里单击连接线拖到编写区完善梯形图，如图 4-45（a）所示；双击编写区的指令，输入地址 81 i 或%i00081，按回车键确认，如图 4-45（b）所示；编写完成的梯形图如图 4-45（c）所示。如果在 PME 软件窗口看不见梯形图工具，可以在菜单栏 Tools 下拉菜单中选择 Toolbars 中的 Logic Developer-PLC 选项，如图 4-46 所示。

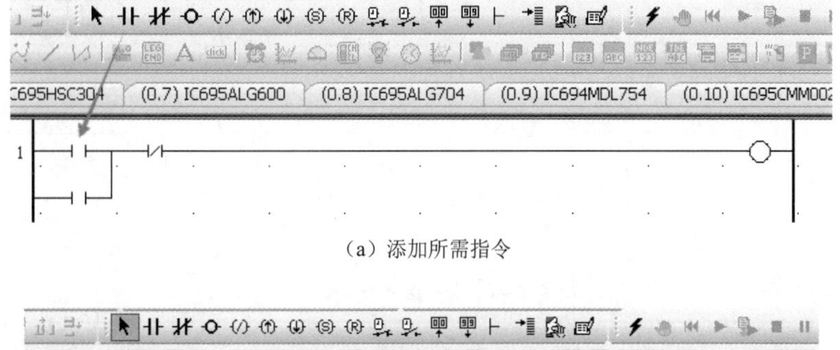

（a）添加所需指令

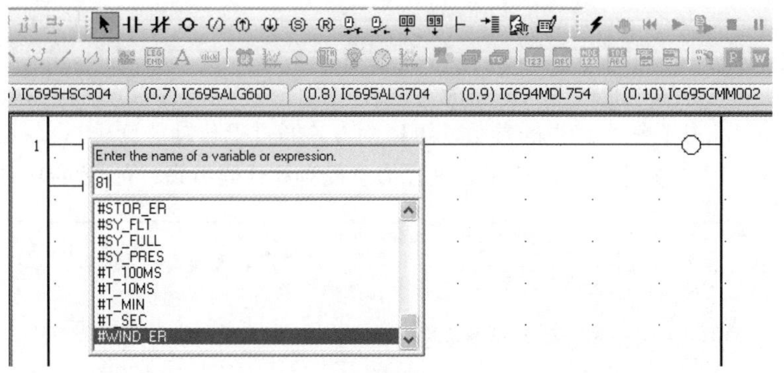

（b）输入地址

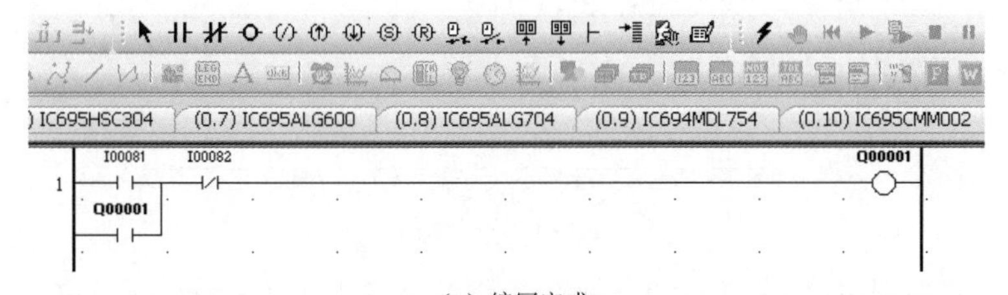

（c）编写完成

图 4-45　梯形图编辑窗口

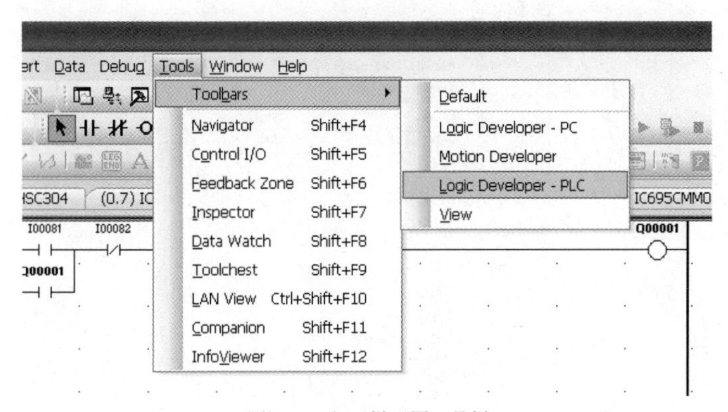

图 4-46　打开梯形图工具栏

（2）单击工具栏中的“百宝箱”按钮，选择指令进行编程，具体操作如图 4-47 所示。

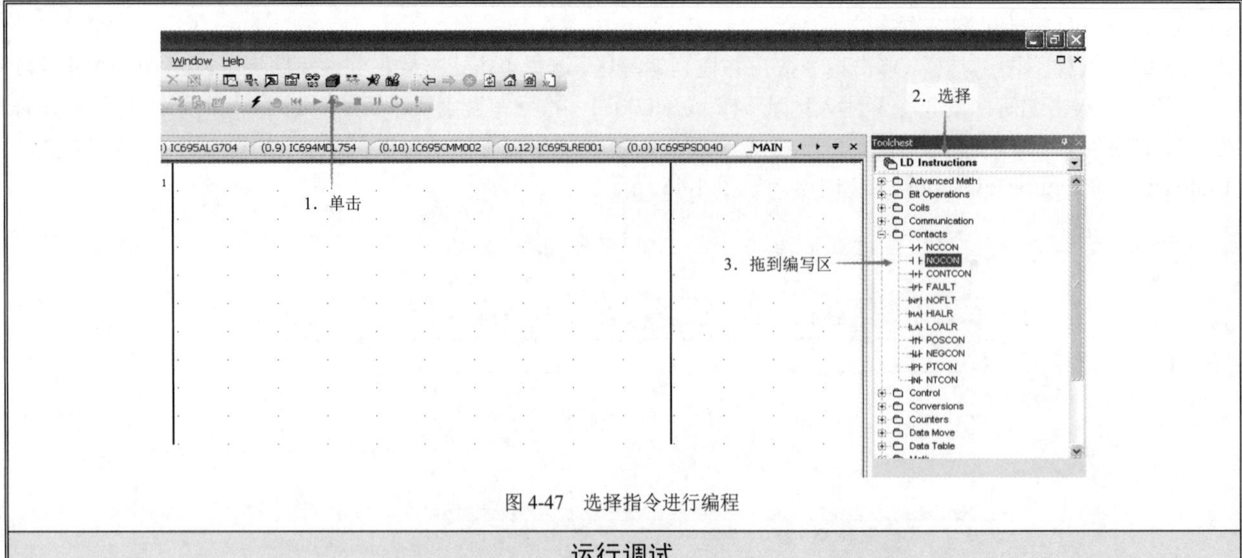

图 4-47 选择指令进行编程

运行调试

硬件组态和程序编写完成后，通过以太网将配置信息和程序代码下载到 PAC Systems RX3i 系统中进行调试和执行。PAC Systems RX3i 系统内存中的参数，可以由程序通过上传功能读出，以供参考和修改。

（1）程序编译。单击工具栏中的 ✓ 按钮，进行信息校对和代码编译，如图 4-48 所示。

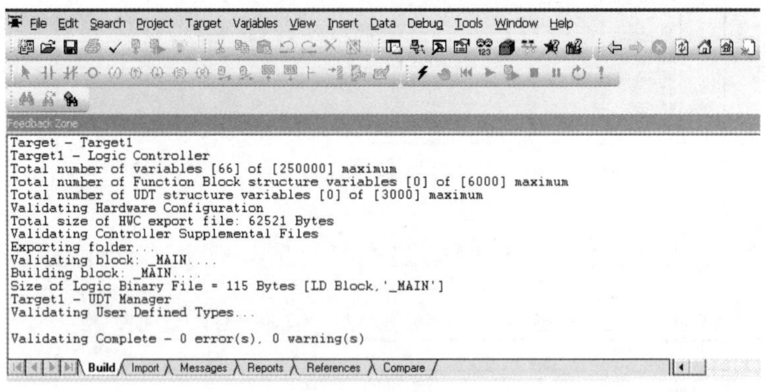

图 4-48 程序编译

（2）在 Navigator 浏览器窗口中，右击 Target1，在弹出菜单中选择 Properties 选项，如图 4-49 所示。

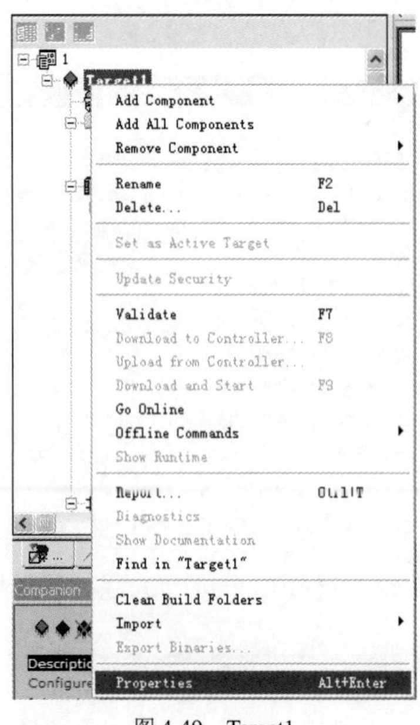

图 4-49 Target1

（3）在 Inspector 对话框中设置通信模式。将 Physical Port 项设置成 ETHERNET，在 IP Address 项中键入 IP 地址，如图 4-50 所示。

（4）单击工具栏上的⚡按钮，PC 机与 RX3i 建立通信连接。连接成功后，信息反馈窗口会显示 Connected to the device，工具栏上的图标由灰色变成绿色，如图 4-51 所示。

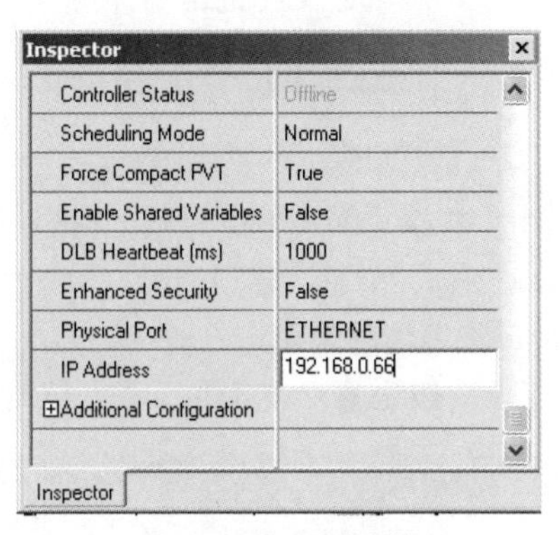

图 4-50　设置通信参数

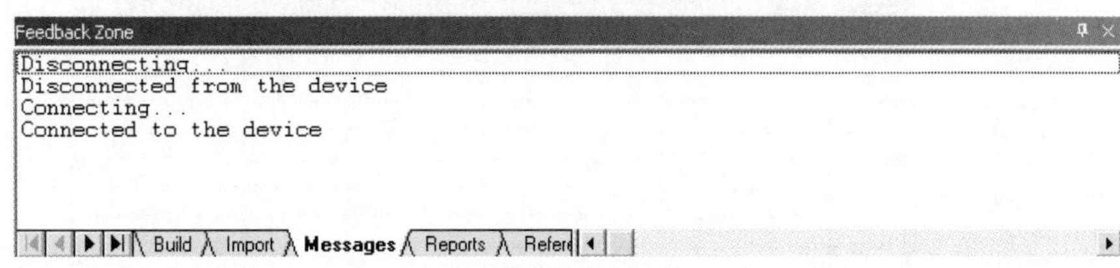

图 4-51　信息反馈窗口

（5）连接成功后，系统默认 PME 软件为离线监控模式，PME 软件窗口右下角给出提示信息，如图 4-52 所示。监控模式可以观察 PAC 的运行状态和运算数据，但是不可修改。再次单击按钮，就可以切换到在线编程模式，提示信息如图 4-53 所示。编程模式可以修改数据。PAC 运行期间，只能允许一台 PC 机对其进行在线编程，但可以同时接受多台 PC 机对其进行监控。

| Monitor, Stop Disabled, Config NE, Logic NE, Sweep= 0.0 ms | Administrator | LOCAL

图 4-52　离线监控模式

| Programmer, Stop Disabled, Config EQ, Logic EQ, Sweep= 0.0 ms | Administrator | LOCAL

图 4-53　在线编程模式

（6）硬件配置信息和程序代码下载。下载硬件配置信息前，将 CPU 模块上的状态开关拨到 STOP 位置或单击“停止”按钮 ■（推荐使用），使 CPU 处于 STOP 模式。单击工具栏上的按钮，弹出下载信息选择对话框，如图 4-54 所示。选择全部选项后，单击 Ok 按钮开始下载。下载结束后弹出“输出使能确认”对话框，如图 4-55 所示，单击 OK 按钮允许输出使能。

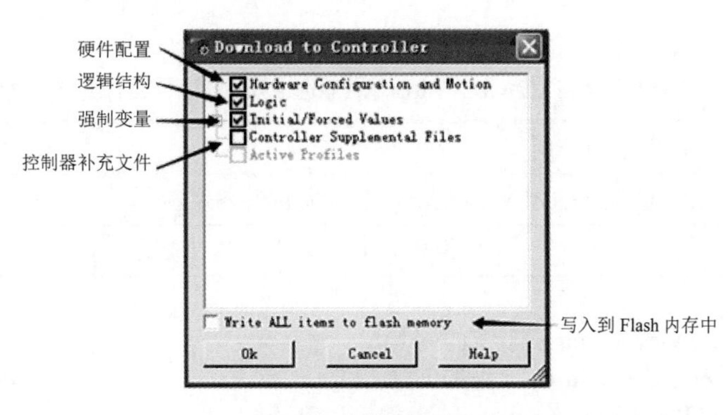

图 4-54　下载参数选项

切记：下载完成后要把 CPU 模块上的状态开关拨回 RUN 位。

图 4-55 输出使能确认

（7）下载完成后，Target1 前面的图标由灰色变成绿色。Target1 前面如果出现图标，则表明 PAC Systems™ RX3i 系统存在错误。双击图标，弹出“错误清除”对话框，如图 4-56 所示。选择 Info Viewer 选项卡，单击 Clear Controller Fault Table 按钮清除错误。

清除完毕后关闭对话框，单击“停止”按钮，单击“下载”按钮再次进行下载。

图 4-56 “错误清除”对话框

（8）工程调试。按照电动机自锁控制流程进行调试，拨动模块 IC694ACC300 的 1 号开关（地址为%I00081）到 ON 位，输入状态表（%I）产生一个逻辑 1，模块 IC694MDL754 的 1 号指示灯（地址为%Q00001）亮起。复位模块 IC694ACC300 的 1 号开关（地址为%I00081），拨动 2 号开关（地址为%100082）到 ON 位，模块 IC694MDL754 的 1 号指示灯熄灭。

子学习情境 4.2 QuickPanel View/Control 系统的组态及应用

QuickPanel View/Control 系统的组态及应用工作任务单

情　　境	运动控制系统的认知和应用					
学习任务	子学习情境 4.2：QuickPanel View/Control 系统的组态及应用				完成时间	
任务完成	学习小组		组长		成员	
任务要求	掌握： 1．QuickPanel View/Control 系统的配置。 2．QuickPanel View/Control 工程的创建。 3．基于 QuickPanel View/Control 的电动机自锁控制。					

<table>
<tr>
<td>任务载体和资料</td>
<td>
图 4-57　6" QuickPanel View/Control 外形结构图</td>
<td>QuickPanel View/Control 是当前最先进的紧凑型控制计算机，它可以提供各种显示尺寸。触摸 QuickPanel 产品系列与 Proficy^{TM} Machine Edition 软件相融合，QuickPanel View/Control 在一个稳定的硬件平台上提供灵活的升级性能。Proficy^{TM} Machine Edition 软件的直观环境，有助于减少应用开发时间与系列化的以太网和现场总线接口相连接所需的时间，简单易行。本任务就是要认识触摸屏，掌握它的配置方式和工程的创建方法，能够实现基于触摸屏和 RX3i 的电动机正反转控制。6" QuickPanel View/Control 外形结构图如图 4-57 所示。（基于触摸屏的控制系统还有哪些？是怎么实现功能的？可以查阅资料深入了解。）</td>
</tr>
<tr>
<td>引导文</td>
<td colspan="2">1．团队分析任务要求：讨论在完成本次任务前，你和你的团队缺少哪些必要的理论知识？需要具备哪些方面的操作技能？你们该如何解决这些困难？
2．你是否需要认识触摸屏？包括其结构的认知和原理的理解。
3．触摸屏的硬件组态和网络组态过程分别是什么？
4．不同类型的触摸屏在外型上有什么区别？可以查阅网上的资料进行辨别、区分。
5．请认真学习“知识链接”的内容。思考这样一个问题：基于触摸屏的电动机正反转控制具体是什么过程？必须仔细分析并理解这个问题。
6．你已经具备完成此情境学习的所有资料了吗？如果没有，还缺少哪些？应该通过哪些渠道获得？
7. 实现我们的核心任务“QuickPanel View/Control 系统的组态及应用”，思考其中的关键是什么？
8．通过引导文的指引，你和你的团队是否明白，实现本情境任务的学习，包括哪些具体任务？你们团队该如何分工合作，共同完成这项庞大的任务？
9．将任务的实施情况（可以包括你学到的知识点和技能点、团队分工任务的完成情况等）整理成文档。
10．将你们的成果提交给指导教师，让其对任务完成情况进行检查。
11．就你们团队的知识、技能、能力和素质进行自我评价、互相评价和教师评价。正确认识自己的不足之处，取长补短，争取在下次任务训练中得到进步。</td>
</tr>
</table>

学习目标	学习内容	任务准备
1. 掌握 QuickPanel View/Control 系统的配置、工程创建和基于触摸屏的电动机正反转控制等基础知识。 2．具有查阅有关标准的能力。 3．培养学生课程标准教学目标中的方法能力、社会能力，达成素质目标。	1．QuickPanel View/Control 系统的概念、作用、配置。 2．QuickPanel View/Control 工程的创建。 3．基于 QuickPanel View/ Control 的电动机自锁控制。	可以将 RX3i 硬件组态的相关知识作为切入点，逐步由 RX3i 引入到触摸屏。

1 QuickPanel View/Control 系统的配置

QuickPanel View/Control 简介

QuickPanel View/Control（触摸屏）是当前最先进的紧凑型控制计算机。它提供了多种配置来满足使用需求，既可以作为全功能的人机界面（Human Machine Interface，HMI），也可以作为 HMI 与本地控制和分布式控制应用的结合。无论是网络环境还是单机单元，QuickPanel View/Control 都是工厂级人机界面很好的解决方案。

QuickPanel View/Control 提供了 6"、8"、12"、15"四种显示尺寸，单色或彩色多种显示方式。QuickPanel View/Control 将可视化和控制结合到一个平台，是带控制功能的触摸屏。QuickPanel View/Control 采用 Windows CE. NET 作为操作系统，是 Win32 应用编程接口的一个子集，简化了现有软件从 Windows 其他版本的移植过程。PAC Systems^{TM} RX3i 标准培训 Demo 箱中配置的 QuickPanel View/Control 型号为 IC754CSL06CTD。

QuickPanel View/Control 6" TFT 的基本结构

QuickPanel View/Control 在触摸屏基础上支持多种通信接口，包括扩展总线，为应用提供了极大的灵活性。QuickPanel View/Control 有一个 10/100M BaseT 自适应以太网端口（IEEE 802.3），通过外壳底部的连接器将以太网电缆连接到模块上。如图 4-58（a）显示了以太网端口的位置、方向和外针脚。QuickPanel View/Control 有两个全速的 USB V1.1 主机端口，可以使用多种第三方 USB 外设，如 USB 鼠标、键盘、U 盘等，如图 4-58（b）所示。外部提供的 DC 24 V 作电源，通过电源插孔接入，如图 4-58（c）所示。

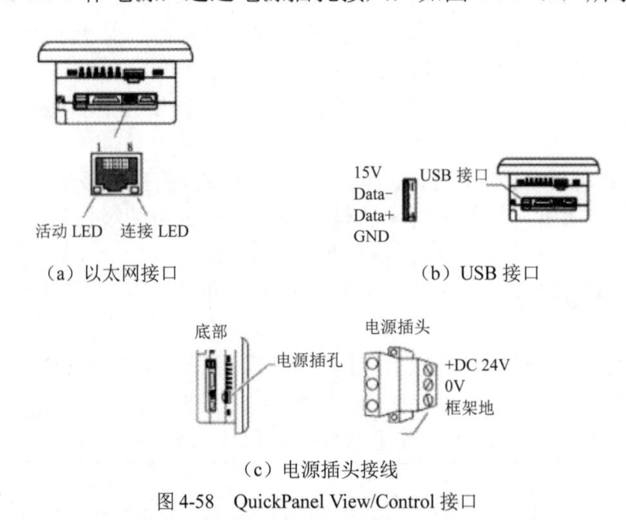

（a）以太网接口

（b）USB 接口

（c）电源插头接线

图 4-58 QuickPanel View/Control 接口

QuickPanel View/Control 系统的配置

系统通信方式	QuickPanel View/Control 通过以太网、串行接口或现场总线（Profibus/Device Net/Genius 总线）与 PAC 建立通信，也可以通过串口连接条码扫描器。
系统初始化设置	QuickPanel View/Control 电源上电后，系统开始初始化。屏幕显示启动画面，5 秒后屏幕将切换为 Windows CE 桌面。用手指单击 QuickPanel View/Control 左下角的图标，选择 Settings 中的 Control Panel 选项，设置 LCD 显示屏、触摸屏、系统时钟和网络等参数。设置完成后在桌面上双击 Backup 图标保存所有最新设置。下面重点介绍 QuickPanel View/Control 的 IP 地址设置。 用手指单击 QuickPanel View/Control 左下角的图标，选择 Settings 选项，出现子级选项菜单，如图 4-59 所示。 （1）选择 Network and Dial-up Connections 选项，显示 Connections 窗口，如图 4-60 所示。

图 4-59　Settings 菜单

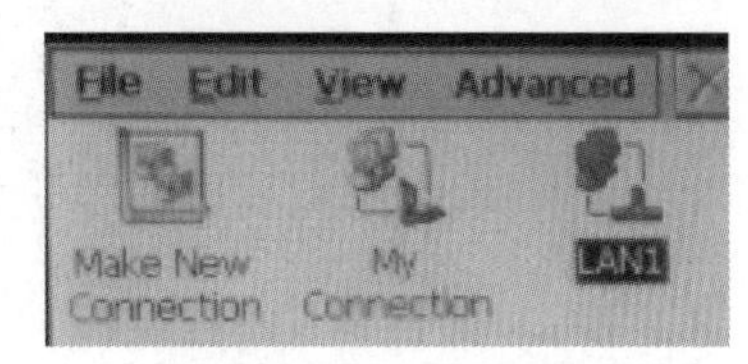

图 4-60　Connections 窗口

（2）双击图标，出现 Built In 10/100 Ethernet Port Settings 对话框，选择 Specify an IP address 选项，输入 QuickPanel 的 IP 地址（数字通过键盘输入，键盘在 QuickPanel 的右下角）。IP 地址与 PC 机和 PAC 的 IP 地址要在同一网段内。本任务中的 QuickPanel IP 地址设为 192.168.0.30。输入完毕，单击 OK 按钮返回，如图 4-61 所示。

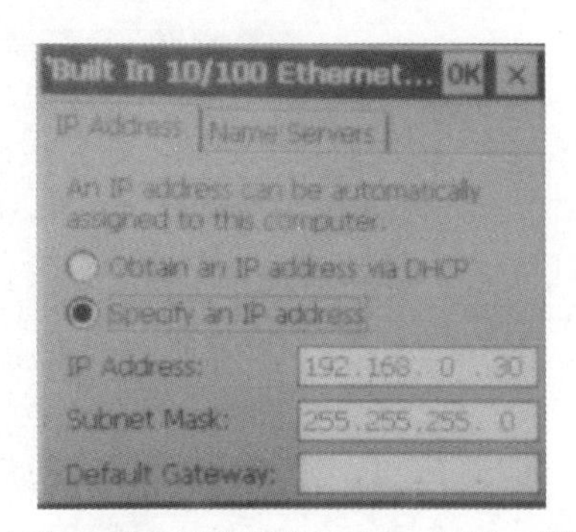

图 4-61　Built In 10/100 Ethernet Port Settings 对话框

（3）用网线连接 PC 机与 QuickPanel View/Control 后，在 PC 机 DOS 窗口中输入 ping 192.168.0.30 指令检查 IP 地址是否正确，如图 4-62 所示。

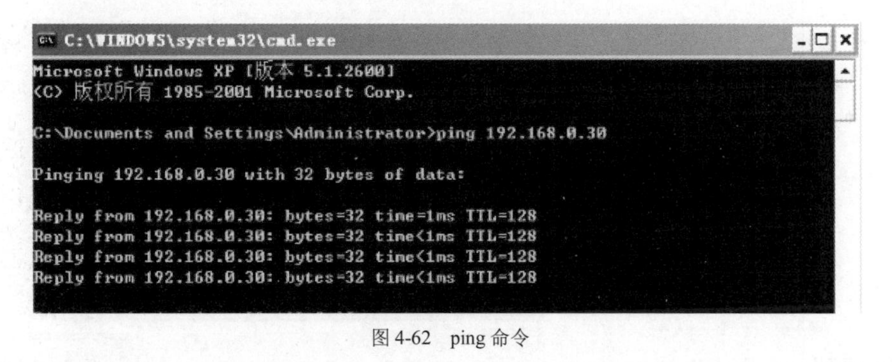

图 4-62　ping 命令

2　QuickPanel View/Control 工程的创建

QuickPanel View/Control 工程的创建步骤	
第一步：添加控制对象	运行 Proficy Machine Edition 软件，右击已经创建的 PAC 工程，选择 Add Target→QuickPanel View/Control→QP View 6" TFT，如图 4-63 所示。控制对象名称默认为 Target2，如图 4-64 所示。

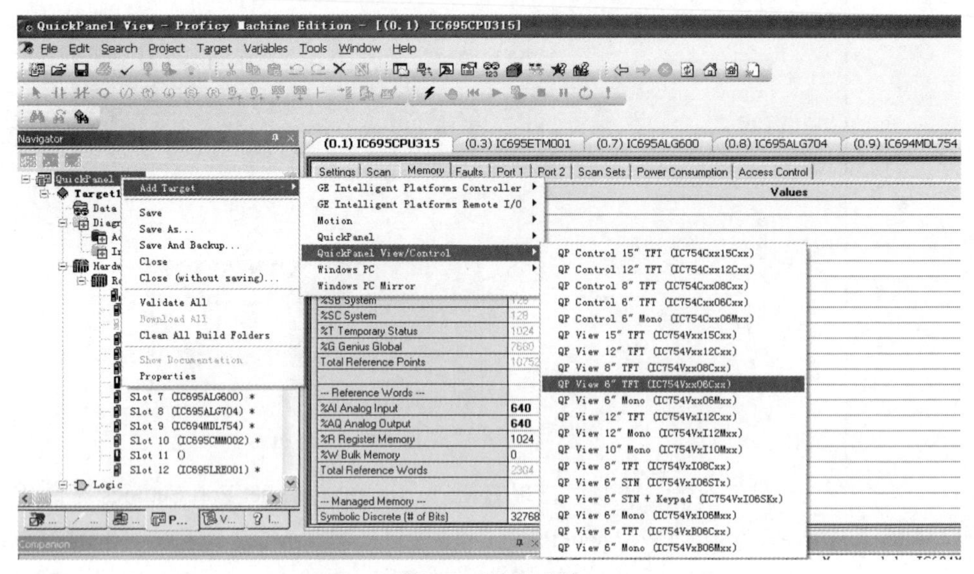

图 4-63　添加新对象

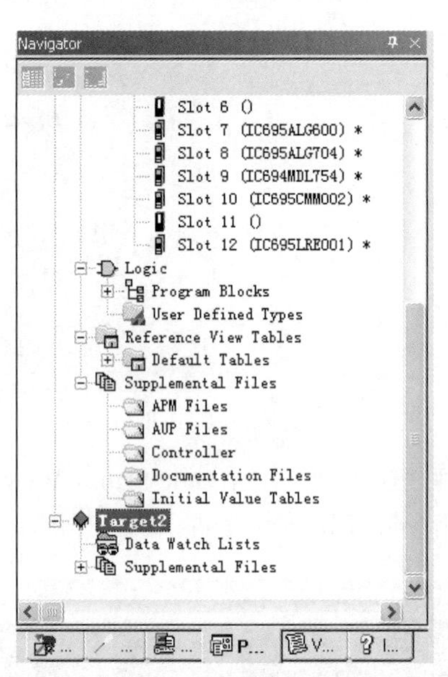

图 4-64　添加后的效果图

第二步：添加HMI组件

右击控制对象 Target2，选择 Add Component 中的 HMI 选项，如图 4-65 所示。控制对象添加的 HMI 组件是指动态画面、PLC 通信驱动等。

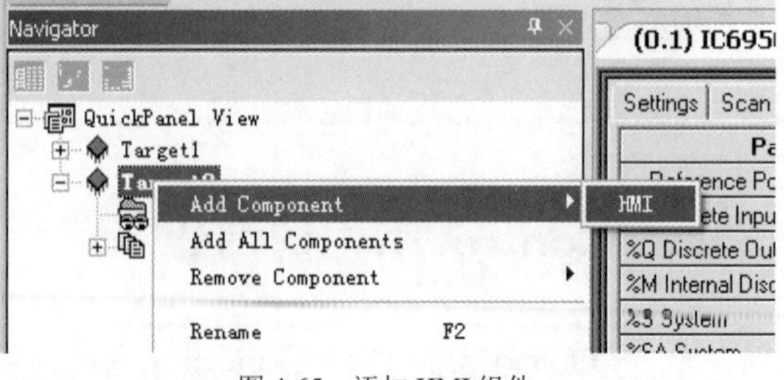

图 4-65　添加 HMI 组件

单击 PLC Access Drivers 前的“+”号展开标签，如图 4-66（a）所示。右击 View Native Drivers，选择 New Driver→GE Intelligent Platforms→GE SRTP 选项，如图 4-66（b）所示。

<table>
<tr>
<td>第三步：添加PLC 驱动</td>
<td>

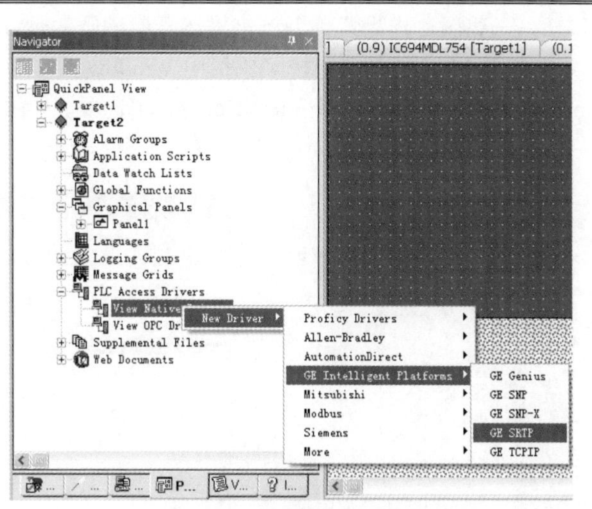

（a）添加驱动命令

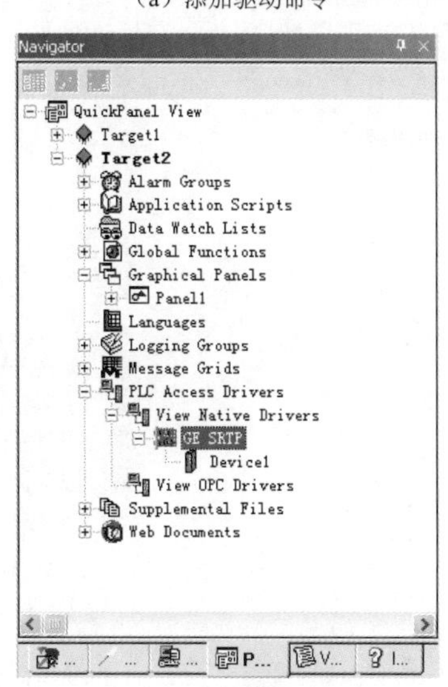

（b）添加驱动的效果图

图 4-66　添加 PLC 驱动

</td>
</tr>
<tr>
<td>

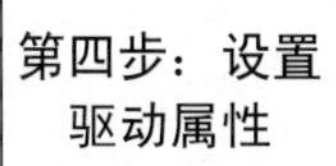

第四步：设置驱动属性

</td>
<td>

右击 GE SRTP 下的 Device 项，在弹出菜单中选择 Properties 选项，如图 4-67（a）所示。打开 Inspector 窗口，本任务中 QuickPanel 与 PAC 相连，PAC 在工程中对应的名称是 Targetl，所以，PLC Target 栏中输入 Targetl，IP Address 栏中输入 Targetl 的 IP 地址（192.168.0.66），如图 4-67（b）所示。

（a）选择“属性”选项

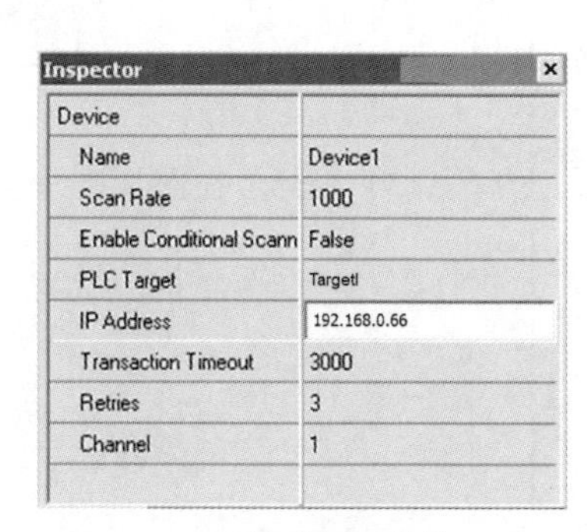

（b）填写 IP 地址

图 4-67　设置驱动属性

</td>
</tr>
</table>

<table>
<tr>
<td>第五步：编辑画面</td>
<td>

以插入一张图片作为背景为例来描述画面编辑的过程。

（1）打开 PME 软件，选择菜单栏中 Window 菜单中的 Apply Theme 选项，如图 4-68（a）所示。在弹出的对话框中选择 View Developer 选项，如图 4-68（b）所示。弹出 HMI 画面编辑工具栏，如图 4-68（c）所示。

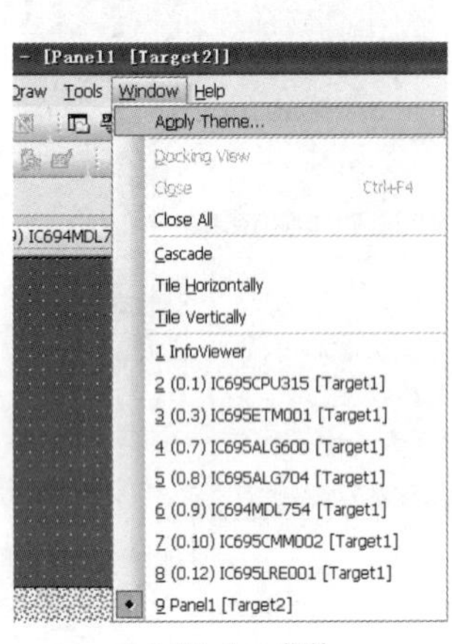

（a）Window 菜单

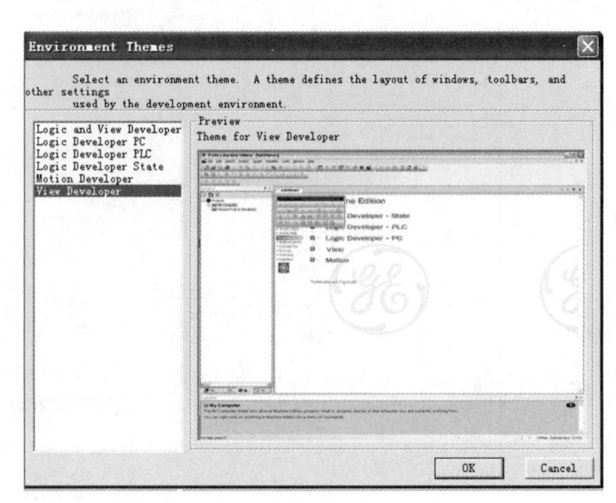

（b）Environment Themes 对话框

（c）画面编辑工具栏

图 4-68 HMI 画面编辑工具栏

（2）单击工具栏中的（位图工具）按钮，移动到绘图区，再单击绘图区，出现如图 4-69 所示的对话框（事先在电脑上存一张需要插入的图片，格式为.bmp 或.jpg）。选择需要插入的图片，单击“打开”按钮，图片就插入到绘图区，图片大小可以在编辑区调整。

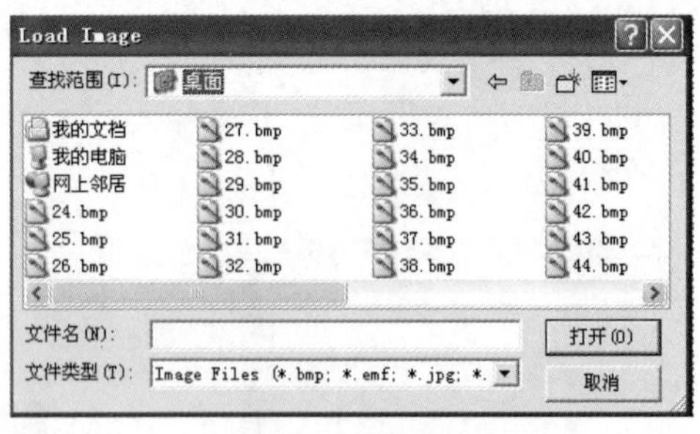

图 4-69 添加图片

（3）鼠标放在图片边缘会出现箭头，拖动该箭头即可调整图片的大小，如图 4-70 所示。

图 4-70 调整图片大小

</td>
</tr>
</table>

<table>
<tr>
<td>第六步：下载调试</td>
<td>
（1）添加 Target2 的 IP 地址。右击控制对象 Target2，在弹出菜单中选择 Properties 选项打开属性设置窗口。将其属性栏中的 Use Simulator（选择模拟器）栏选择为 False；如果将 Use Simulator 栏选择为 True，则下载时画面资料不写入 QuickPanel View/Control，而使用软件在计算机上仿真运行。在 Computer Address 栏中填入 Target2 的 IP 地址（192.168.0.30），如图 4-71 所示。
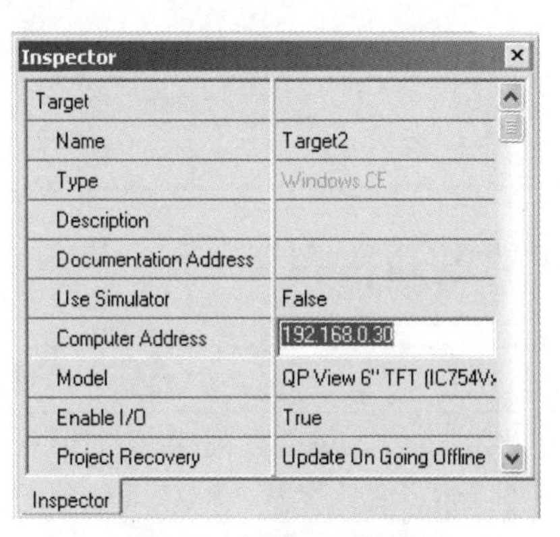

图 4-71　设置 Target 属性
（2）硬件连线。用网线将 QuickPanel 与 PAC 系统的以太网通信模块连接起来，注意观察 LINK 指示灯。指示灯亮，表明电路连通。
（3）将 Target2 设置为有效活动模式。在如图 4-72 所示的窗口中，右击控制对象 Target2，在弹出菜单中选择 Set as Active Target 选项。若其显示为灰色，则默认 Target2 为有效活动状态。单击工具栏中的“编辑”按钮 ✓ 开始编辑。编辑无误后，单击“下载”按钮进行下载。
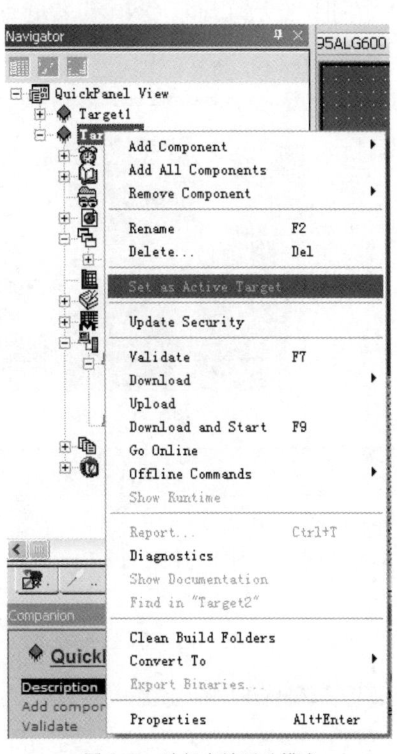

图 4-72　选择有效活动模式
（4）运行观察。
（5）如图 4-73 所示，用手指双击 QuickPanel 上的 View Runtime 图标，显示运行效果。
</td>
</tr>
</table>

	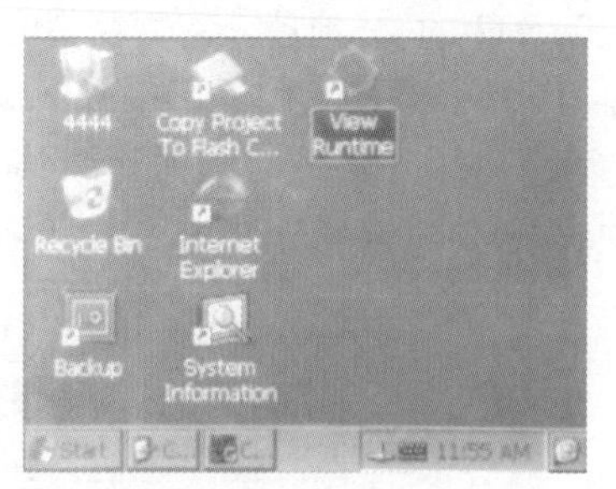 图 4-73　运行

3　基于 QuickPanel 的电动机自锁

概述

人机界面就像一扇窗，是操作人员与 PAC 之间对话的接口。本任务主要介绍 PAC 与 QuickPanel 在电动机自锁电路上的应用，包括任务描述、变量设置、PAC 地址分配、画图组态、PAC 程序编制、运行与调试等。

控制要求

组建人机界面之前，首先分析 QuickPanel 主任务中承担的功能，然后再对功能进行具体分解。QuickPanel 通过对 PAC 内部存储器状态的读写，以实现实时监控 PAC 的目的。基于 PAC 的电动机自锁控制是通过拨动数字量输入模块上的机械开关来实现的，现使用 QuickPanel 上的按钮代替机械开关来控制电动机运行。QuickPanel 上的启动和停止按钮在 PAC 内部存储器对应的地址可以临时定义为%M00001 和%M00002。

如图 4-74 所示为一张电动机的 QuickPanel 界面图片，由一个启动按钮、一个停止按钮和一个运行指示灯组成。在屏上用手指单击 RUN 按钮，指示灯显示 ON（代表电动机启动）；单击 STOP 按钮，指示灯显示 OFF（代表电动机停止）。

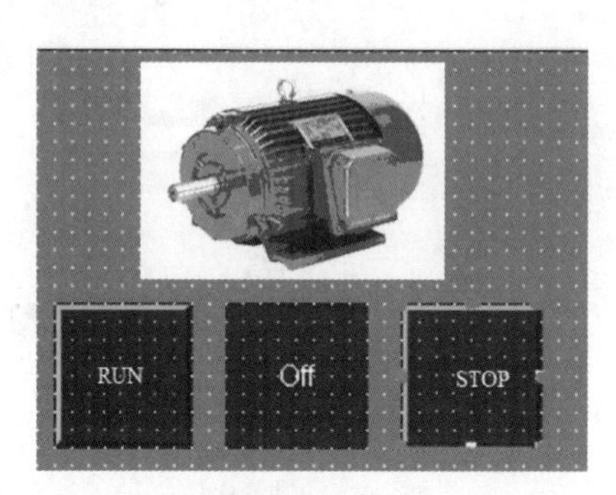

图 4-74　组态界面

操作步骤

第一步： 组态设计	（1）添加电动机运行指示灯。 （2）打开本项目任务 2 中的控制对象 Target2，在 Tools 菜单中选择 Toolbars 中的 View 选项，打开绘图工具栏，如图 4-75 所示。在绘图工具栏里找到“灯”的图标，单击选取后移动鼠标到绘图区，单击鼠标添加指示灯，如图 4-76 所示。 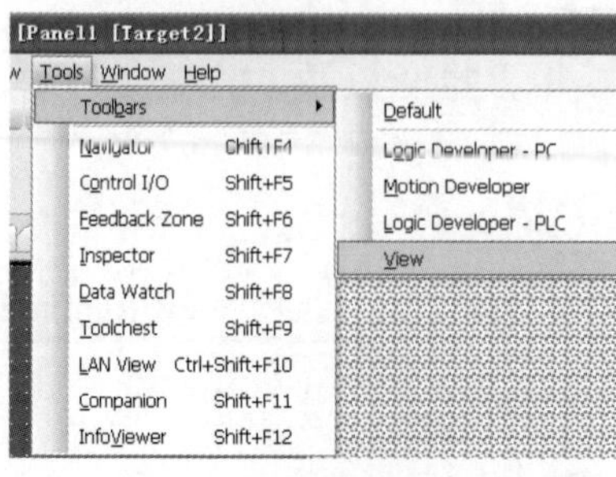 图 4-75　打开绘图工具栏 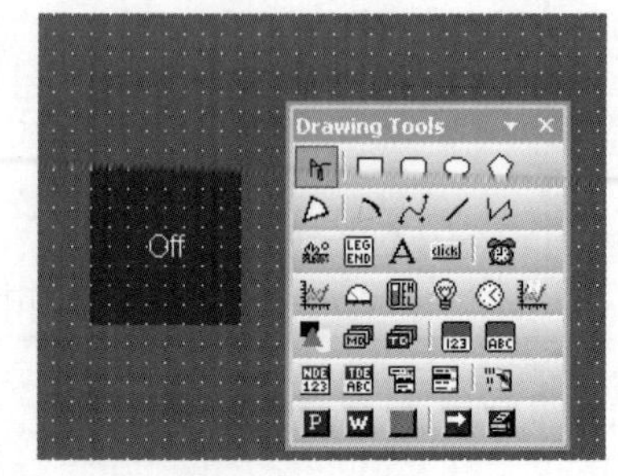 图 4-76　添加指示灯

<table>
<tr>
<td>第二步：
指示灯状态
关联</td>
<td>电动机运行状态同指示灯显示状态相关联，电动机运行时指示灯亮，单击“停止”时指示灯灭。从任务 1 可知，PAC 程序中控制电动机运行的输出继电器地址为%Q00001，单击“确定”按钮，如图 4-77 所示。
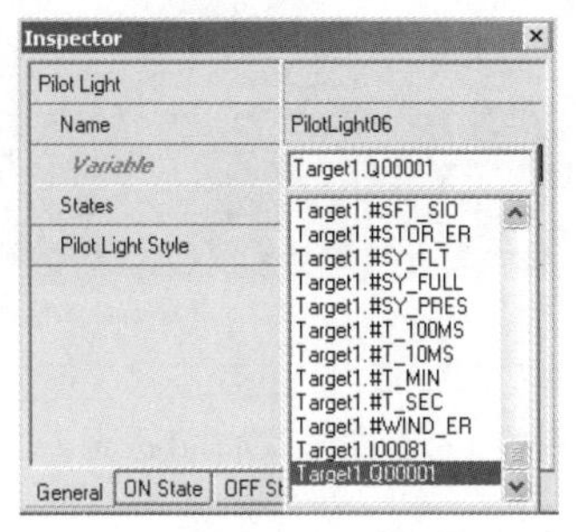

图 4-77　指示灯关联变量</td>
</tr>
<tr>
<td>第三步：
插入图片</td>
<td>电动机图片以.jpg 或.bmp 格式保存到计算机中，在 HMI 编辑界面中插入电动机图片，操作过程同任务 2，效果如图 4-78 所示。

图 4-78　插入电动机图片</td>
</tr>
<tr>
<td>第四步：
添加控制
按钮</td>
<td>在 HMI 编辑界面中添加“启动”和“停止”两个控制按钮。选中按钮图标移动到绘图区的合适位置，单击鼠标添加按钮，重复两次，如图 4-79 所示。双击左边按钮打开属性对话框，如图 4-80 所示，选择按钮关联变量为 Targetl.M00001，单击属性窗口中的 Legend 选项卡，在 Text 栏中将按钮名称由 Push button 改为 RUN；右边按钮的关联变量为 Targetl. M00002，按钮名称修改为 STOP，如图 4-81 所示。
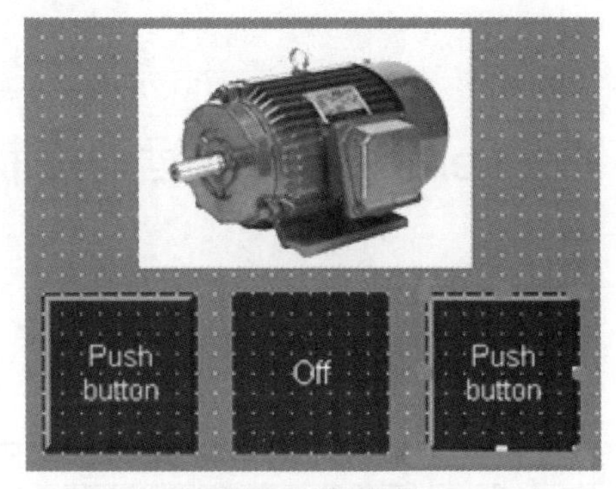

图 4-79　添加按钮
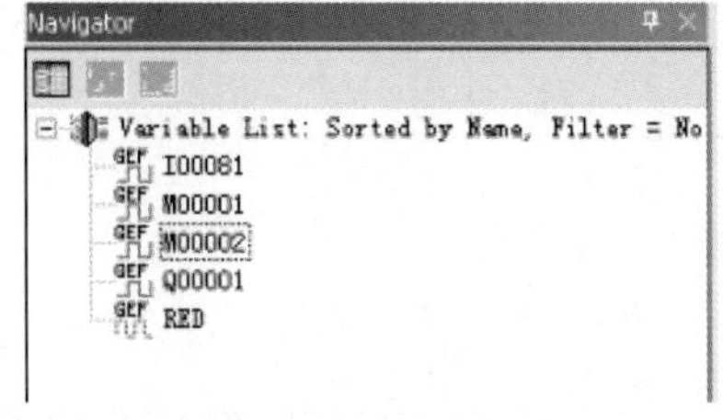

图 4-80　设置按钮关联项</td>
</tr>
</table>

	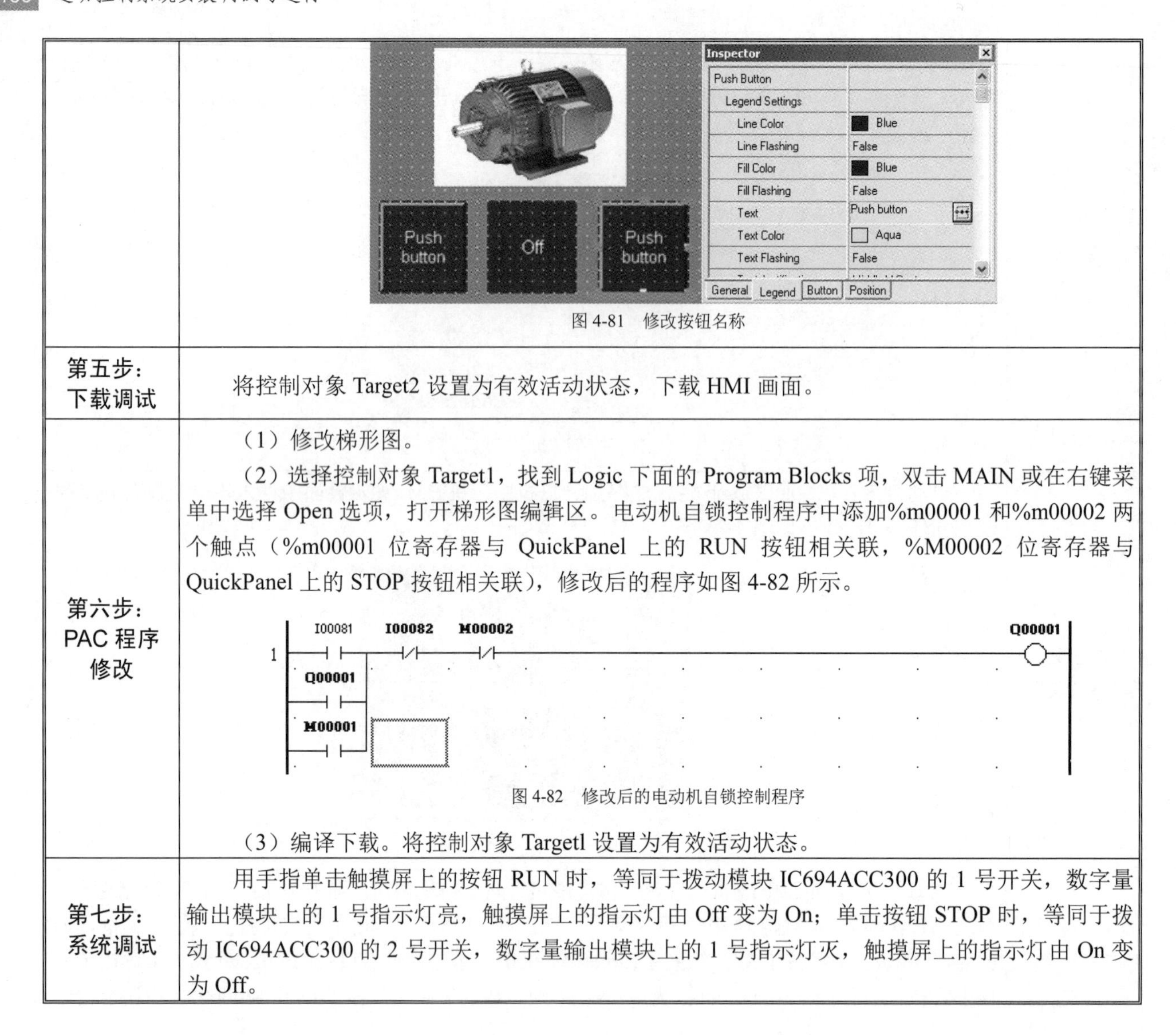 图 4-81 修改按钮名称
第五步： 下载调试	将控制对象 Target2 设置为有效活动状态，下载 HMI 画面。
第六步： PAC 程序修改	（1）修改梯形图。 （2）选择控制对象 Target1，找到 Logic 下面的 Program Blocks 项，双击 MAIN 或在右键菜单中选择 Open 选项，打开梯形图编辑区。电动机自锁控制程序中添加%m00001 和%m00002 两个触点（%m00001 位寄存器与 QuickPanel 上的 RUN 按钮相关联，%M00002 位寄存器与 QuickPanel 上的 STOP 按钮相关联），修改后的程序如图 4-82 所示。 图 4-82 修改后的电动机自锁控制程序 （3）编译下载。将控制对象 Targetl 设置为有效活动状态。
第七步： 系统调试	用手指单击触摸屏上的按钮 RUN 时，等同于拨动模块 IC694ACC300 的 1 号开关，数字量输出模块上的 1 号指示灯亮，触摸屏上的指示灯由 Off 变为 On；单击按钮 STOP 时，等同于拨动 IC694ACC300 的 2 号开关，数字量输出模块上的 1 号指示灯灭，触摸屏上的指示灯由 On 变为 Off。

子学习情境 4.3 GE Versa Motion 运动控制系统的认知和应用

GE Versa Motion 运动控制系统的认知和应用工作任务单

情　境	运动控制系统的认知和应用					
学习任务	子学习情境 4.3：GE Versa Motion 运动控制系统的认知和应用				完成时间	
任务完成	学习小组		组长		成员	
任务要求	掌握： 1．伺服驱动器的概念及作用。 2．Micro Motion Controller 的应用。 3．Micro PLCs Controller 的应用。					

<table>
<tr><td>任务载体和资料</td><td>
图 4-83　Versa Motion Demo 箱</td><td>随着微处理技术的日新月异，大功率、高性能的半导体功率器件和伺服电动机所需要的材料制造工艺的发展，交流伺服电动机和交流伺服控制系统已经成为当前工业领域中实现自动化的基础，适用于众多产业的加工机械及传动设备。GE 智能平台提供的 Versa Motion Demo 箱是一套完整的交流伺服系统，如图 4-83 所示。本任务就是要认识交流伺服系统的工作原理，掌握运动控制系统的基本知识。（触摸屏该如何实现？可以查阅资料深入了解。）</td></tr>
<tr><td>引导文</td><td colspan="2">1．团队分析任务要求：讨论在完成本任务前，你和你的团队缺少哪些必要的理论知识？需要具备哪些方面的操作技能？你们该如何解决这些困难？
2．你是否需要认识 Versa Motion Demo 箱？包括其结构的认知和原理的理解。
3．Versa Motion Demo 箱要有哪些部件？了解交流伺服系统的组成。
4．Micro Motion Controller 和 Micro PLCs Controller 有什么区别？可以查阅网上的资料进行辨别、区分。
5．请认真学习“知识链接”的内容。思考这样一个问题：Micro PLCs Controller 如何控制单轴的运动？具体是怎样的关系？必须仔细分析并理解这个问题。
6．你已经具备完成此情境学习的所有资料了吗？如果没有，还缺少哪些？应该通过哪些渠道获得？
7．实现我们的核心任务“GE Versa Motion 运动控制系统的认知和应用”，思考其中的关键是什么？
8．通过引导文的指引，你和你的团队是否明白，实现本情境任务的学习，包括哪些具体任务？你们团队该如何分工合作，共同完成这项庞大的任务？
9．将任务的实施情况（可以包括你学到的知识点和技能点、团队分工任务的完成情况等）整理成文档。
10．将你们的成果提交给指导教师，让其对任务完成情况进行检查。
11．就你们团队的知识、技能、能力和素质进行自我评价、互相评价和教师评价。正确认识自己的不足之处，取长补短，争取在下次任务训练中得到进步。</td></tr>
</table>

学习目标	学习内容	任务准备
1．掌握伺服驱动器的概念及作用、Micro Motion Controller 的应用、Micro PLCs Controller 的应用等基础知识。 2．具有查阅有关标准的能力。 3．培养学生课程标准教学目标中的方法能力、社会能力，达成素质目标。	1．伺服驱动器的概念及作用。 2．Micro Motion Controller 的应用。 3．Micro PLCs Controller 的应用。	可以将伺服电动机的相关知识作为切入点，逐步由伺服电动机引入到 Versa Motion Demo 箱。

1 伺服驱动器的应用

伺服驱动器的概述

随着微处理技术的日新月异，大功率、高性能的半导体功率器件和伺服电动机所需要的材料制造工艺的发展，交流伺服电动机和交流伺服控制系统已经成为当前工业领域中实现自动化的基础，适用于众多产业的加工机械及传动设备。

GE 智能平台提供的 Versa Motion Demo 箱是一套完整的交流伺服系统。由 Micro PLCs Controller（IC200UDR120-BC）、Micro Motion Controller（IC200UMM102-BB）、伺服驱动器（ASD-A0421LA）、伺服电动机（ASMT01L250AK）和 HM 显示屏（IC754VxI06STx）等组成，如图 4-84 所示。

图 4-84 Versa Motion Demo 箱

伺服驱动器接口如图 4-85 所示。

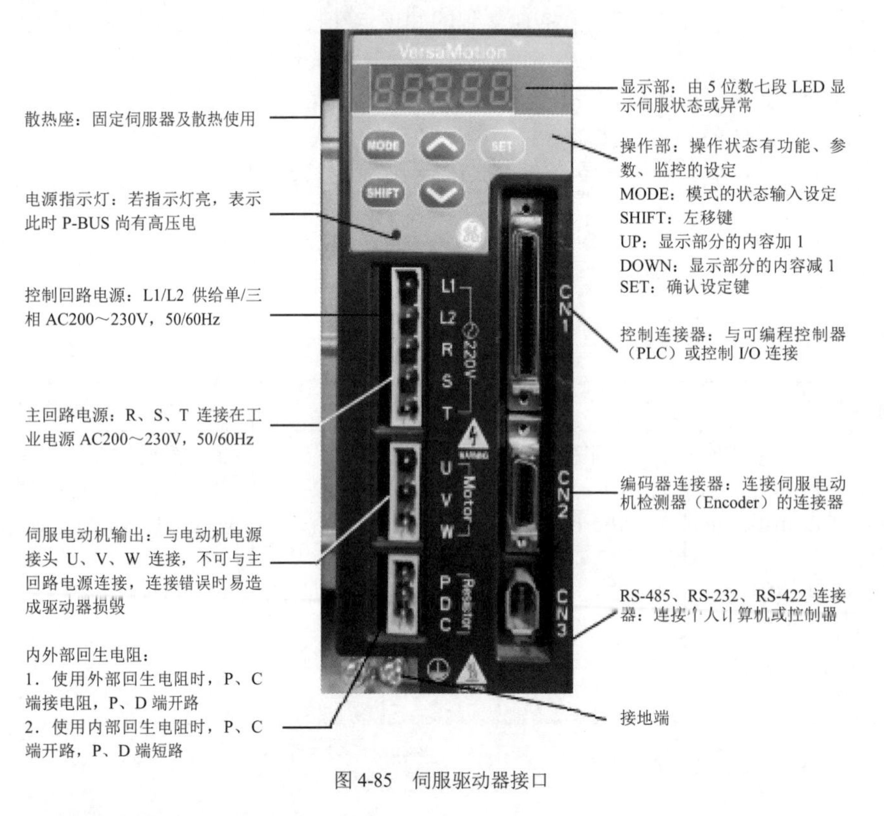

图 4-85 伺服驱动器接口

伺服驱动器的外部接线如图 4-86 所示。

<table>
<tr><td colspan="2">
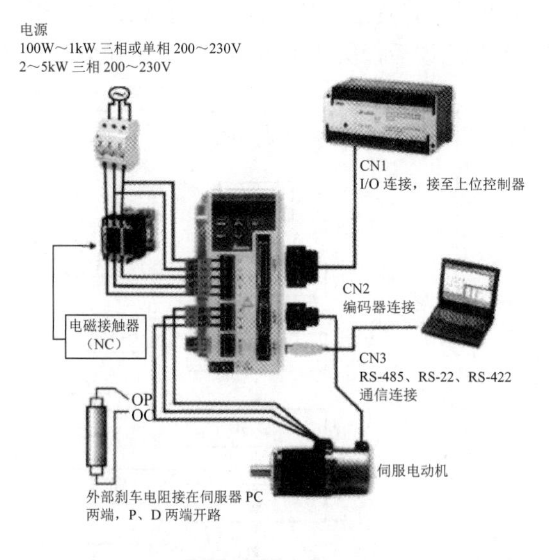

图 4-86　伺服驱动器外部接线示意图
</td></tr>
<tr><td colspan="2">伺服驱动器面板控制</td></tr>
<tr><td>上电</td><td>
拨动 Power On 开始给 Versa Motion Demo 箱上电，伺服驱动器上电后，显示监控信号约 1s 后进入正常监控显示模式，监控信号如图 4-87（a）所示，正常监控显示模式如图 4-87（b）所示。在监控显示模式下可以按方向键↑（Up）或↓（Down）来改变现实的监控状态，或者可以修改参数 P0-02 来指定监控状态。电源接通时，显示器会以 P0-02 的默认值显示。

（a）显示监控信号
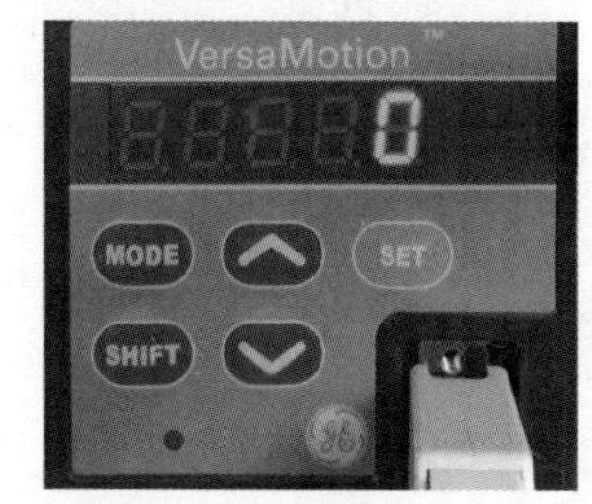

（b）正常监控显示模式
图 4-87　伺服驱动器监视状态
</td></tr>
<tr><td>异警排除</td><td>
如果驱动器存在异警错误，显示器上会显示范围为 1～22 的异警代码 ALEnn。不同的代码表明驱动器出现了不同的错误警告。可以参照附录的表 2 对错误代码进行相应的处理。
代码 ALE13 表示伺服驱动器紧急停止，具体操作流程如图 4-88 所示。
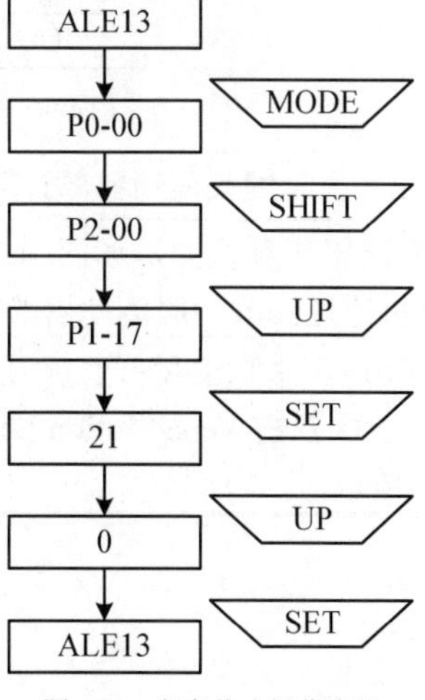

图 4-88　紧急停止操作流程
</td></tr>
</table>

<table>
<tr><td></td><td>代码 ALE14 表示正向限位异常警告；代码 ALE15 表示反向限位异常警告。
注意：清除异警错误后，关闭 Power On 电源开关，再打开开关使驱动器处于正常监控状态。</td></tr>
<tr><td>电动机使能</td><td>电动机使能的具体操作如图 4-89 所示。 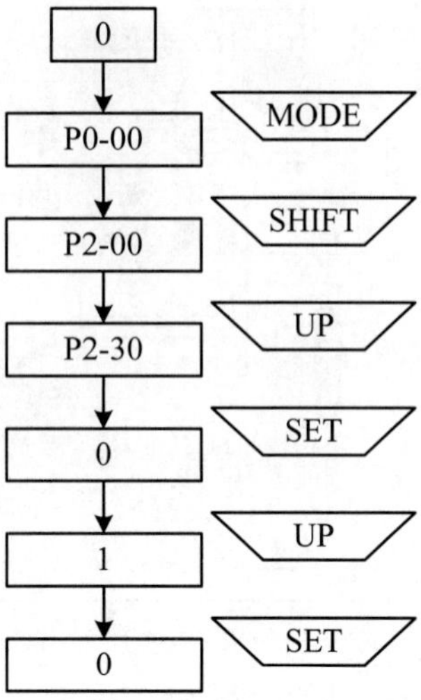
0
MODE
P0-00
SHIFT
P2-00
UP
P2-30
SET
0
UP
1
SET
0
图 4-89 电动机使能设置流程</td></tr>
<tr><td>电动机转动</td><td>电动机转动设置流程如图 4-90 所示。速度设置为整型数据，此处以 100rpm 为例，此时按下 Up 键，伺服电动机按逆时针方向（CCW）运动；按下 Down 键，伺服电动机按顺时针方向（CW）运动。 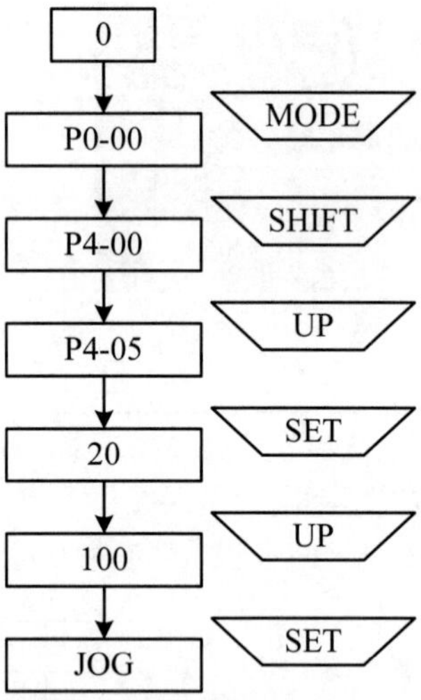
0
MODE
P0-00
SHIFT
P4-00
UP
P4-05
SET
20
UP
100
SET
JOG
图 4-90 电动机转动设置流程</td></tr>
<tr><td colspan="2">伺服驱动器的计算机控制</td></tr>
<tr><td colspan="2">伺服驱动器的 CN3 口是用来连接计算机的，如图 4-84 所示。计算机与伺服驱动器之间通过专用电缆（IC800VMCS030A）连接，计算机通过修改伺服驱动器的参数来控制伺服电动机的转动。</td></tr>
<tr><td>新建工程</td><td>（1）运行 PME 软件，建立一个新工程 Micro Motion，如图 4-91 所示。
（2）在导航栏中双击 VersaMotion Servo Configuration Tool 项，运行伺服驱动器的配置工具，如图 4-92 所示。</td></tr>
</table>

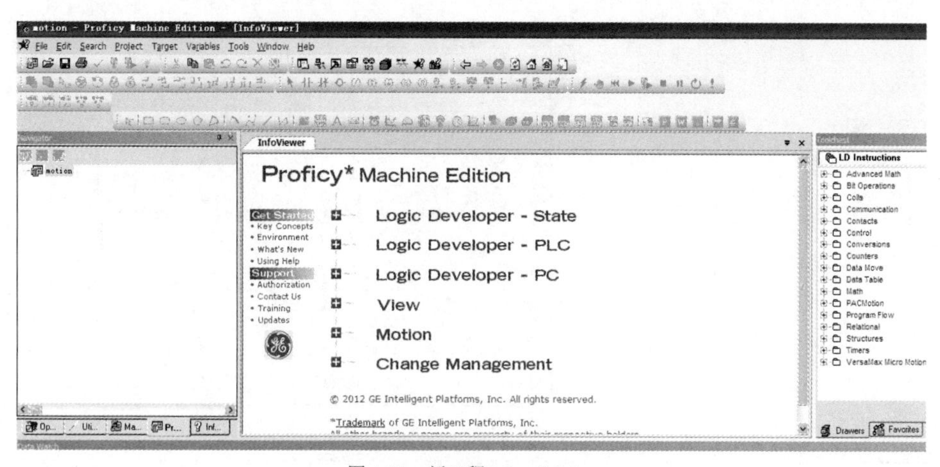

图 4-91　新工程 Micro Motion

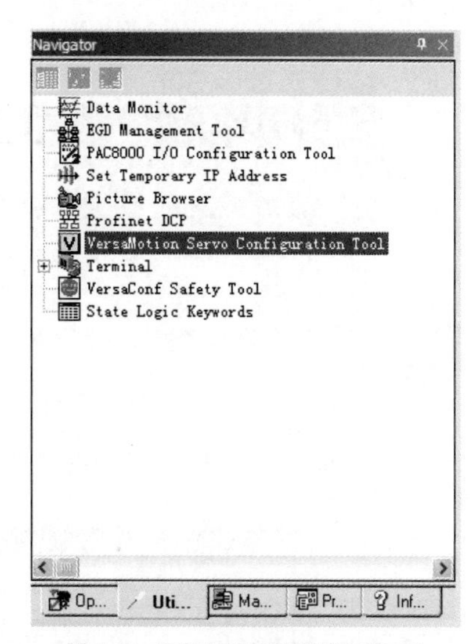

图 4-92　运行伺服驱动器的配置工具

建立通信

（1）如图 4-93 所示，选择 On-Line 选项，根据专用电缆连接计算机的串口号选择端口号。单击 Start Auto Detect 按钮，计算机将自动检测与其相连的伺服驱动器。

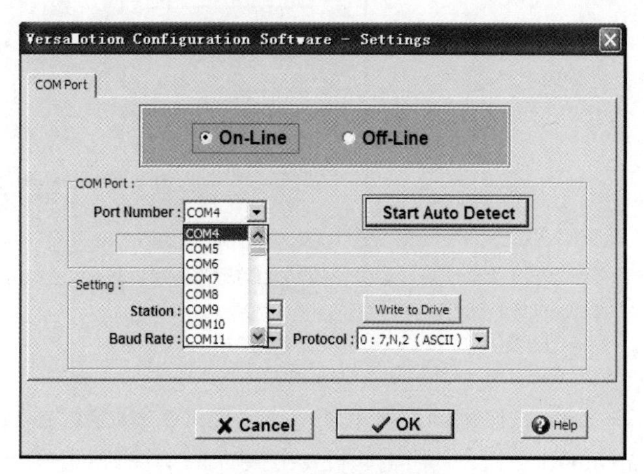

图 4-93　选择串口自动检测

（2）检测成功后，单击 OK 按钮，如图 4-94 所示。

	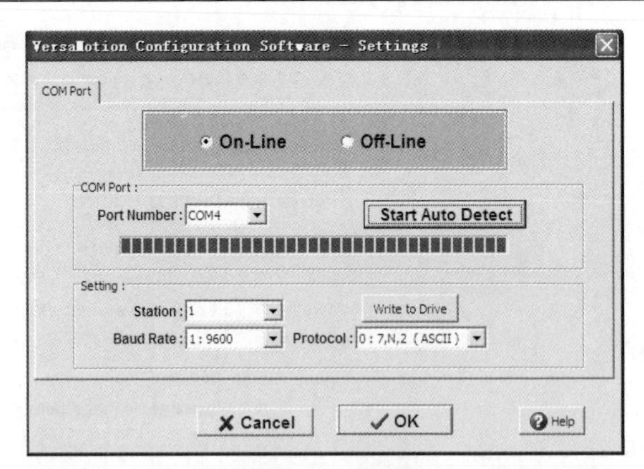 图 4-94　检测成功
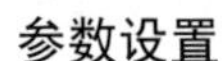参数设置	（1）单击“手动模式”按钮，打开操作界面如图 4-95 所示。 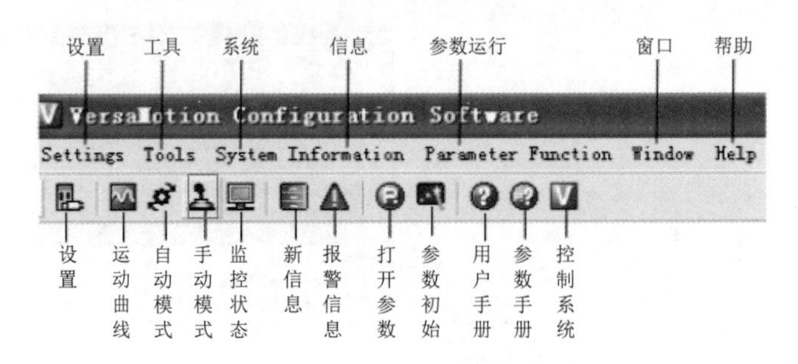 图 4-95　监控窗口工具栏 （2）修改电动机的运动参数，如图 4-96 所示。 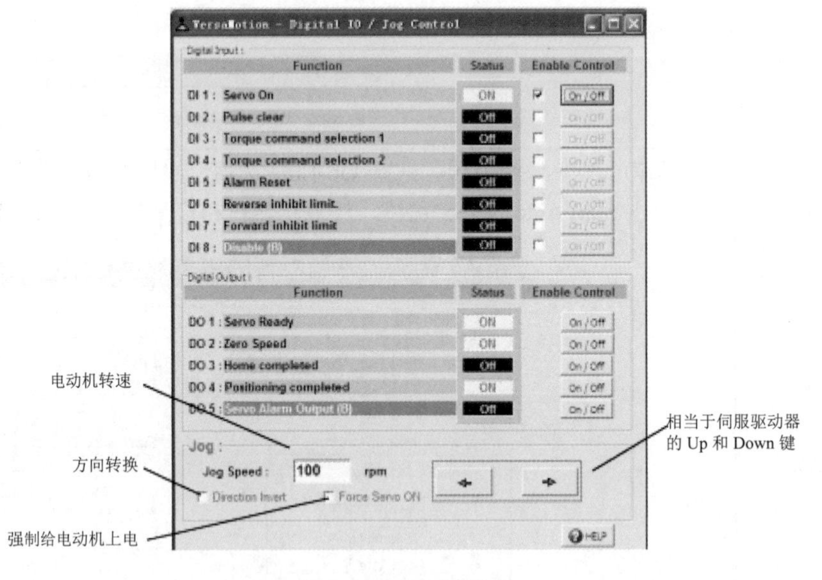 图 4-96　修改电动机参数 （3）伺服电动机上电使能，如图 4-97 所示。在 Servo On 后面的小方框中打勾，单击 On/Off 按钮，伺服电动机发出振动音，伴有扭矩输出。也可以在 Force Servo ON 前面的小方框中打勾，对电动机强制上电使能，如图 4-98 所示。 （4）控制电动机运行。按住 ← 按钮不放时，伺服电动机按逆时针方向（CCW）转动；按住 → 按钮不放时，伺服电动机按顺时针方向（CW）转动，如图 4-99 所示。松开鼠标，电动机立即停止运动。若按图 4-98 所示的方法选择方向转换，电动机的运动方向跟上述相反。

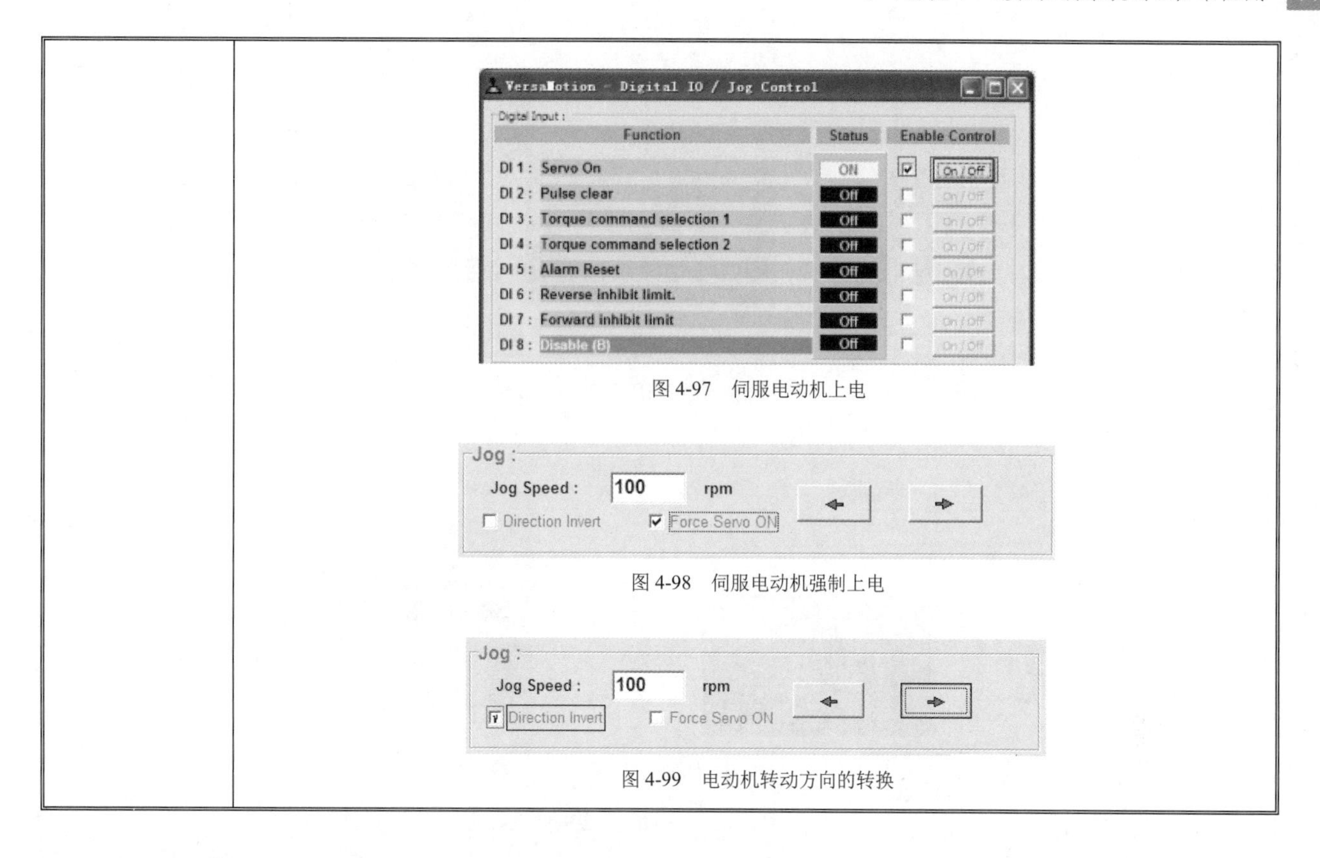

图 4-97　伺服电动机上电

图 4-98　伺服电动机强制上电

图 4-99　电动机转动方向的转换

2　Micro Motion Controller 的应用

Micro Motion Controller 硬件概述

在一个 Versa Max Micro PLC 或主机控制器系统中，Micro Motion 提供了独立的运动控制，可以同时控制两个相对独立的轴。

Micro Motion Controller 模块（IC200UMM102）如图 4-100 所示。

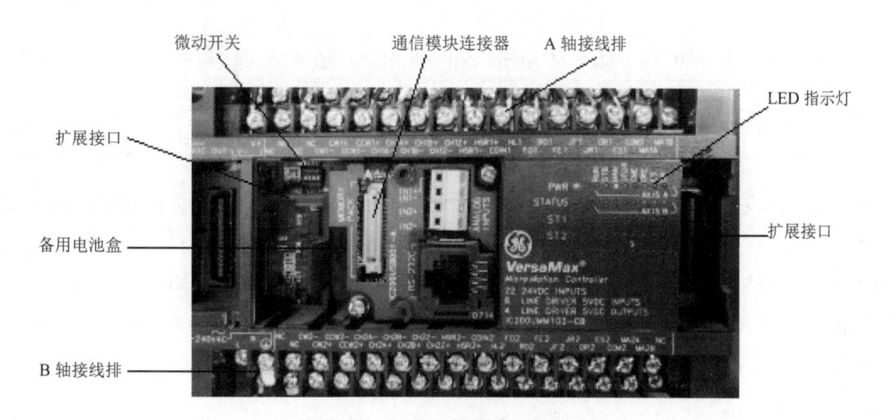

图 4-100　IC200UMM102 外观图

Micro Motion Controller 各部分功能介绍如图 4-100 所示。扩展接口可以通过扁平通信电缆连接 Micro PLCs Controller。Micro PLCs Controller 不能直接连接伺服电动机，只能通过 A 轴、B 轴两个接线排连接伺服驱动器，再由伺服驱动器控制伺服电动机从而实现两轴控制，如图 4-101 所示。

微动开关位于 Micro Motion Controller 可移动门的后面，用于 Micro Motion Controller 工作模式选择和控制模式设置，当前状态为 OFF，如图 4-102 所示。微动开关状态说明见表 4-3。

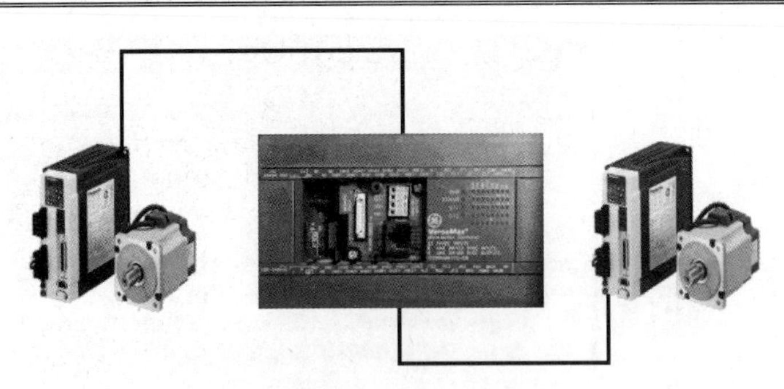

图 4-101 IC200UMM102-BB 控制方式

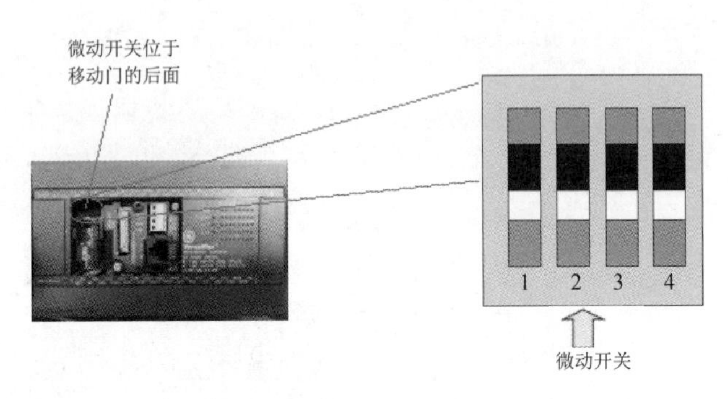

图 4-102 微动开关位置说明

表 4-3 微动开关状态说明

开关	功能	描述
1	通信速率	ON：设置为使用由安装工具、Versa Max PLC CPU 或主机控制器提供的通信参数 OFF：使用默认的通信参数，57.6kbps/8 位－偶校验－1 个停止位
2	独立或扩展模块操作	ON：独立控制模式（不适用于 Micro PLC 的扩展单元） OFF：Micro PLC 控制模式（在连接到 Micro PLC 之前，要确保这个开关状态是 OFF）
3	外接内存模块操作	如果是 Memory Pack 模块没有安装，DIP 开关 3 应该总是 OFF 状态
4	固件更新	ON：允许固件更新，更新指令由更新包提供 OFF：正常操作位置

Micro Motion Controller 没有内置通信端口，计算机需要通过外置的通信模块才能与 Micro Motion Controller 通信。Micro Motion Controller 配置的通信模块有：RS-232 端口模块（IC200USB001）；RS-485 端口模块（IC200USB002）；以太网模块（IC200UEM001）；USB 模块（IC200UUB001）。

Demo 箱中的通信模块型号为 IC200USB001，如图 4-103 所示。模块左边端口外接 RS-232 内存，用来传输程序和数据；右边串行连接口通过专用电缆（型号为 IC200CBL500A）与外设（如计算机）建立通信联系。

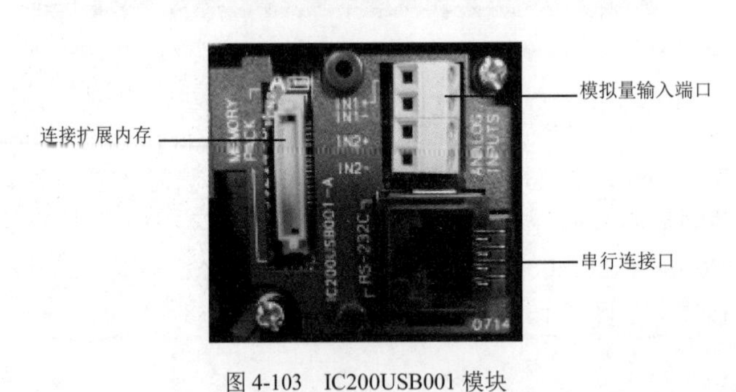

图 4-103 IC200USB001 模块

Micro Motion Controller 的 LED 指示灯代表了模块的各种工作状态，如图 4-104 所示，具体含义见表 4-4。

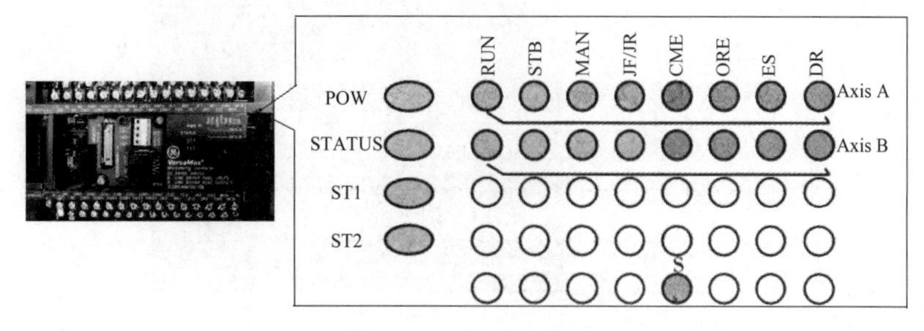

图 4-104　LED 状态说明

表 4-4　指示灯状态说明

指示灯	颜色	说明
POW	绿色	ON：电源正常
STATUS	绿色	ON：状态正常
ST1	绿色	ON：Micro Motion 模块没有发生软件错误 OFF：系统、轴 A 或轴 B 发生了错误
ST2	绿色	ON：各种设置正在被存储到备份存储器中 （如果此指示灯亮时电源被关闭，参数可能不能正确存储）
RUN	绿色	ON：轴 A 或轴 B 正在进行且输出一个脉冲 OFF：运行在自动模式
STB	绿色	ON：轴 A 或轴 B 已上电
MAN	绿色	ON：轴 A 或轴 B 被手动操作（外部输入模式） OFF：系统、轴 A 或轴 B 发生了错误
JF/JR	绿色	ON：Jog Forward 或 Jog Reverse 为 ON 状态 OFF：Jog Forward 或 Jog Reverse 为 OFF 状态
CME	红色	ON：轴 A 或轴 B 发生一个命令错误 OFF：如果命令已经无错误执行或错误清除操作已执行
ORE	红色	轴 A 或轴 B 的 Forward Overtravel（正向限位）和 Reverse Overtravel（反向限位）输入的超限状态 ON：当前 Forward Overtravel（正向限位）和 Reverse Overtravel（反向限位）都是 OFF 状态 OFF：当前 Forward Overtravel（正向限位）和 Reverse Overtravel（反向限位）都是 ON 状态
ES	红色	轴 A 或轴 B 是否有紧急停止（ES）发生 ON：Emergency Stop 输入为 OFF 状态 OFF：Emergency Stop 输入为 ON 状态 （此错误必须清除才能重新操作 Micro Motion Module）
DR	红色	轴 A 或轴 B 的 Drive OK/Ready 输入的状态 ON：Drive OK/Ready 输入为 OFF 状态 OFF：Drive OK/Ready 输入为 ON 状态 （此错误必须清除才能重新操作 Micro Motion Module）
S	绿色	说明操作块存在独立模式

Micro Motion Controller 控制电动机运动	
准备工作	（1）电动机上电处于伺服使能状态。 （2）断开 Micro Motion Controller 控制电动机运动与 Micro PLCs Controller 之间的通信电缆，如图 4-105 所示。

<table>
<tr>
<td></td>
<td>

图 4-105　断开扁平电缆

（3）微动开关中第二个开关向上拨至 ON 状态，设置模块处于独立调试运行模式，如图 4-106 所示。

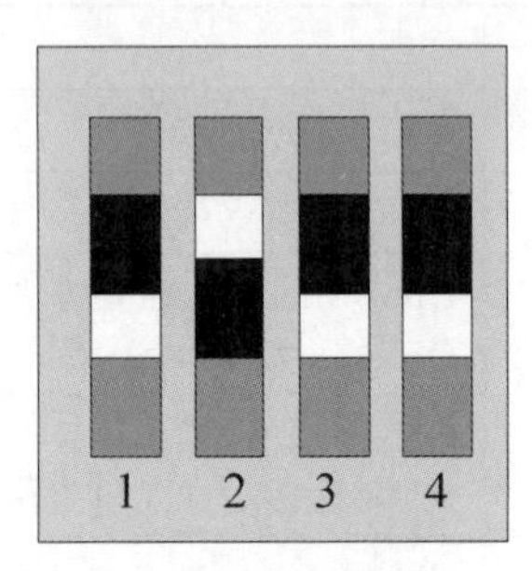

图 4-106　微动开关状态

（4）用专用电缆（IC200CBL500A）连接计算机与 Micro Motion Controller，如图 4-107 所示。专用电缆的 9 针插头接计算机的串口，计算机不提供串口则通过 USB-RS-232 转换器转换后再连接。专用电缆线的 RJ-45 接头连接通信模块的串行连接口。

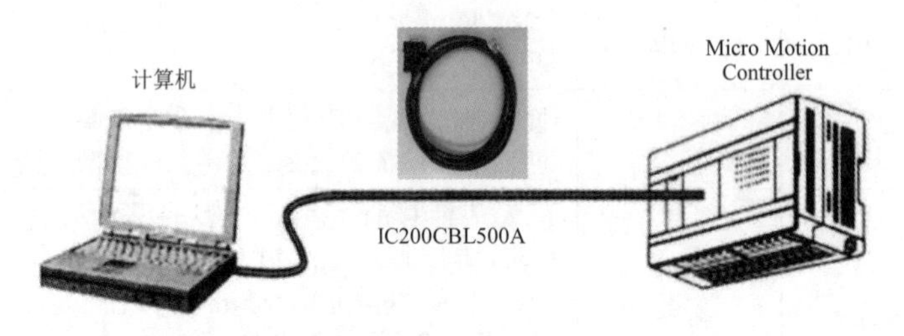

图 4-107　连接方式

</td>
</tr>
<tr>
<td>硬件组态</td>
<td>

（1）运行 PME 软件，打开本项目之前建立的工程 Micro Motion，如图 4-108 所示。

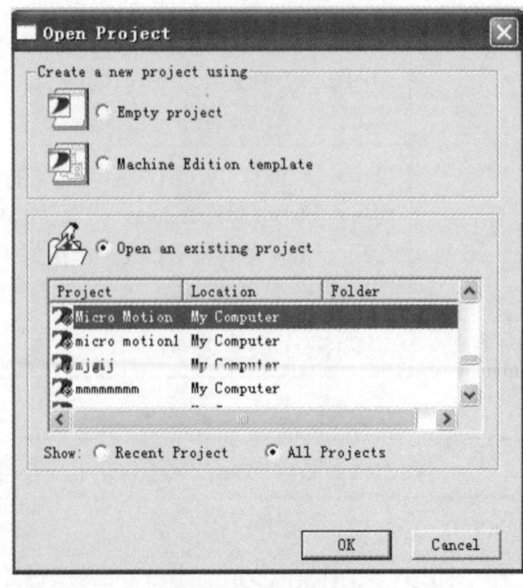

图 4-108　打开工程

</td>
</tr>
</table>

（2）右击 Micro Motion，在弹出菜单中选择 Add Target→GE Intelligent PlatForms Controller→VersaMax Nano/Micro PLC 选项，如图 4-109 所示。

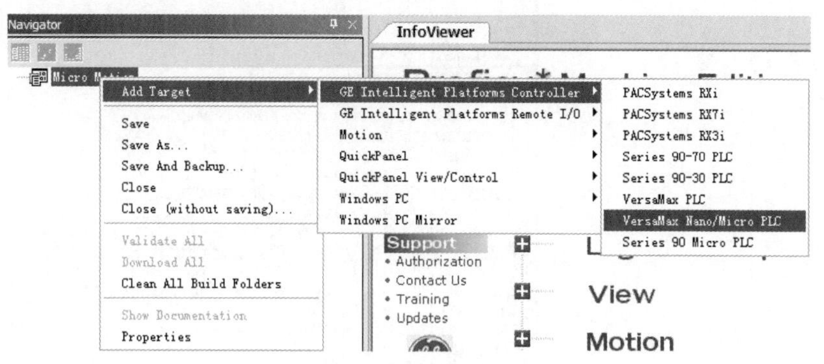

图 4-109　建立工程

（3）添加控制对象 Target1，如图 4-110 所示。

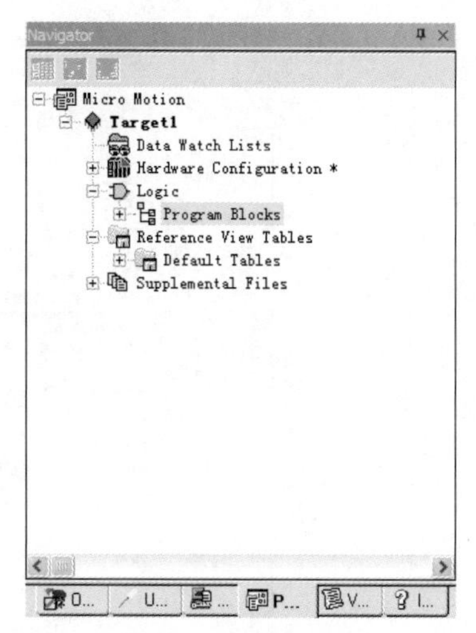

图 4-110　添加 Target1

（4）展开 Hardware Configuration 下的 Main Rack 项，右击 CPU（IC200URD005/006/010/0101228），选择 Replace Module 选项，更换 CPU 模块，如图 4-111 所示。

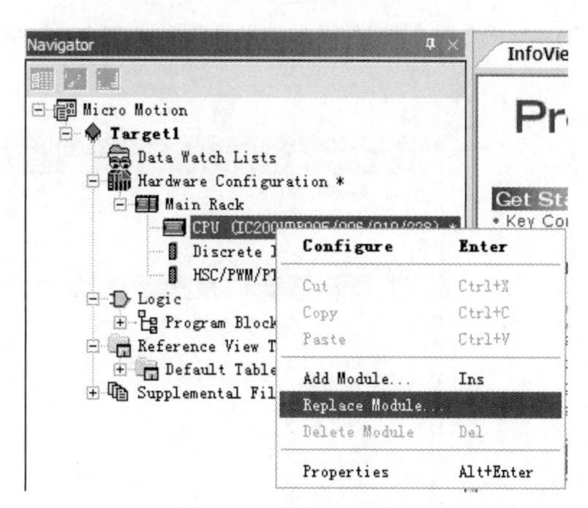

图 4-111　更换 CPU 模块

（5）在 Module Catalog 对话框中找到 Micro PLCs Controller，双击选择 IC200UDR020/120 的型号，如图 4-112 所示。

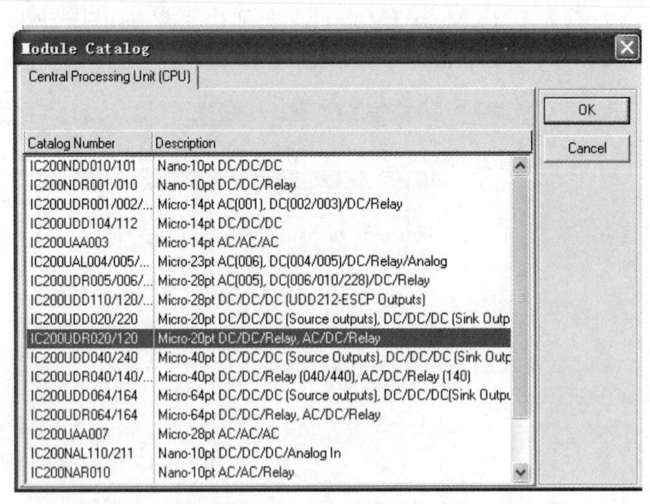

图 4-112　选择 CPU 模块

（6）右击 Discrete I/O 项，选择 Add Module 选项，如图 4-113 所示。

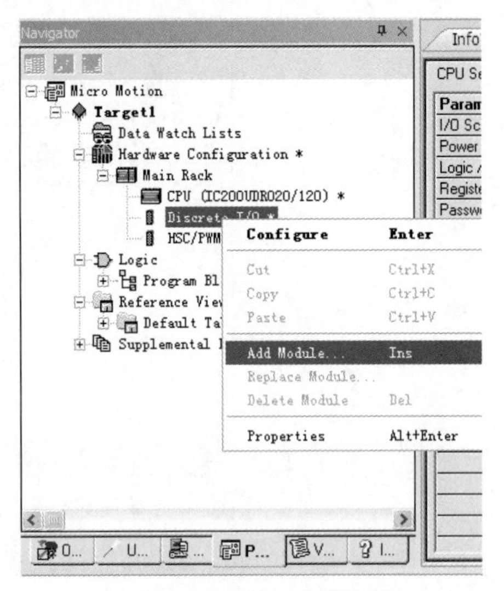

图 4-113　增加 I/O 模块

（7）打开 Motion 选项卡，选择型号 IC200UMM002/102，单击 OK 按钮，如图 4-114 所示。

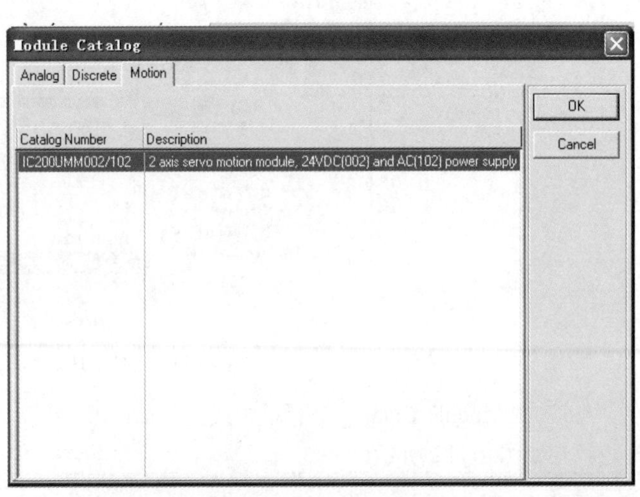

图 4-114　Motion 选项卡

（8）硬件组态画面如图 4-115 所示。

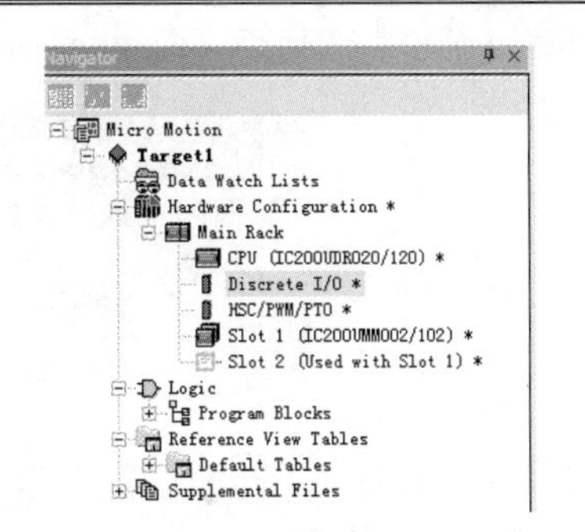

图 4-115　硬件组态画面

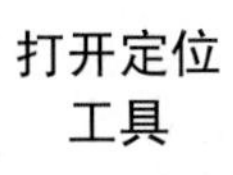

打开定位工具

（1）硬件配置完成后，右击 Slot 1，选择 Open VersaMax Micro Motion Tool 选项，打开单元配置工具，如图 4-116 所示。

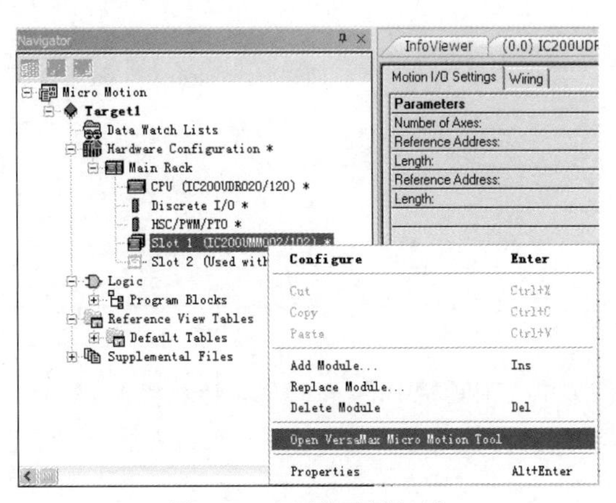

图 4-116　打开单元配置工具

（2）计算机与通信模块之间没有建立通信，整个界面呈灰色不能使用，如图 4-117 所示。

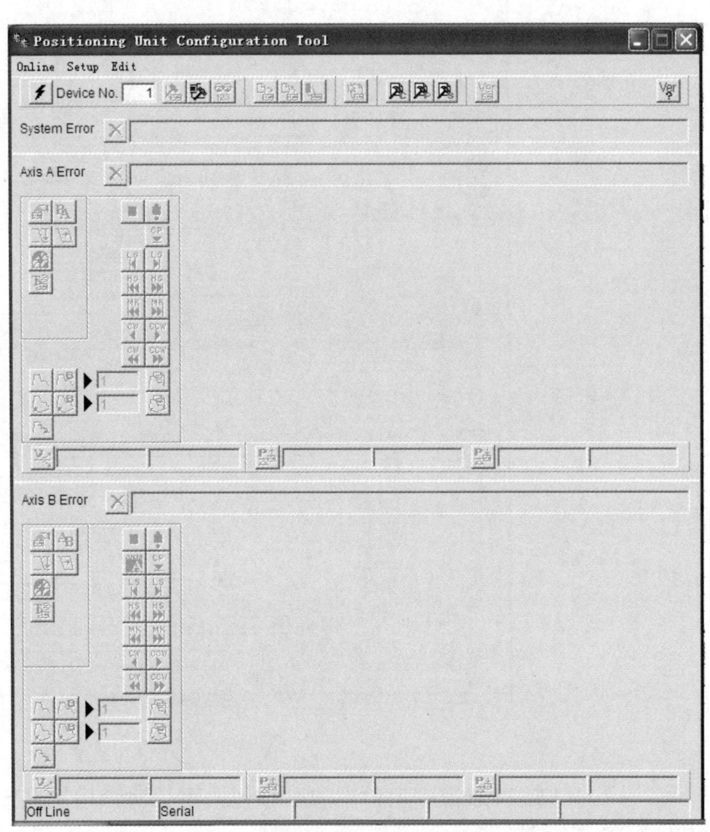

图 4-117　界面呈灰色不能使用

建立通信

（1）在 Setup 菜单中选择 Tool Comm Parameters 选项，如图 4-118 所示。

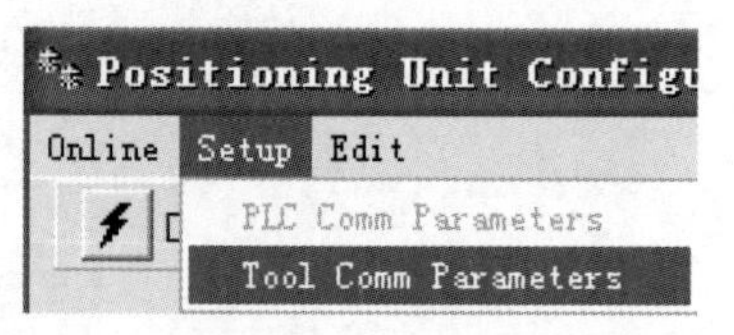

图 4-118 建立通信

（2）通信采用串行方式，设置通信参数，单击 OK 按钮后返回。本任务将电缆连接到计算机串口 4 上，故选择 COM4。操作者可以根据实际情况进行修改，如图 4-119 所示。

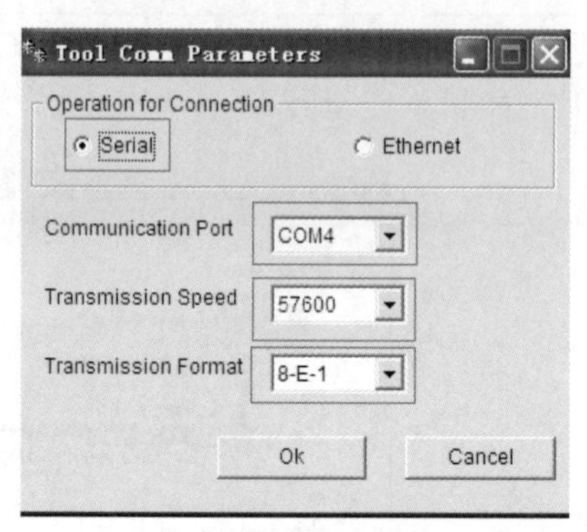

图 4-119 修改通信参数

（3）单击工具栏中的按钮，计算机与 Micro Motion Controller 建立通信连接。通信成功后，界面由灰色变为黑色，如图 4-120 所示。单击工具栏中的按钮，可以查看参数信息。

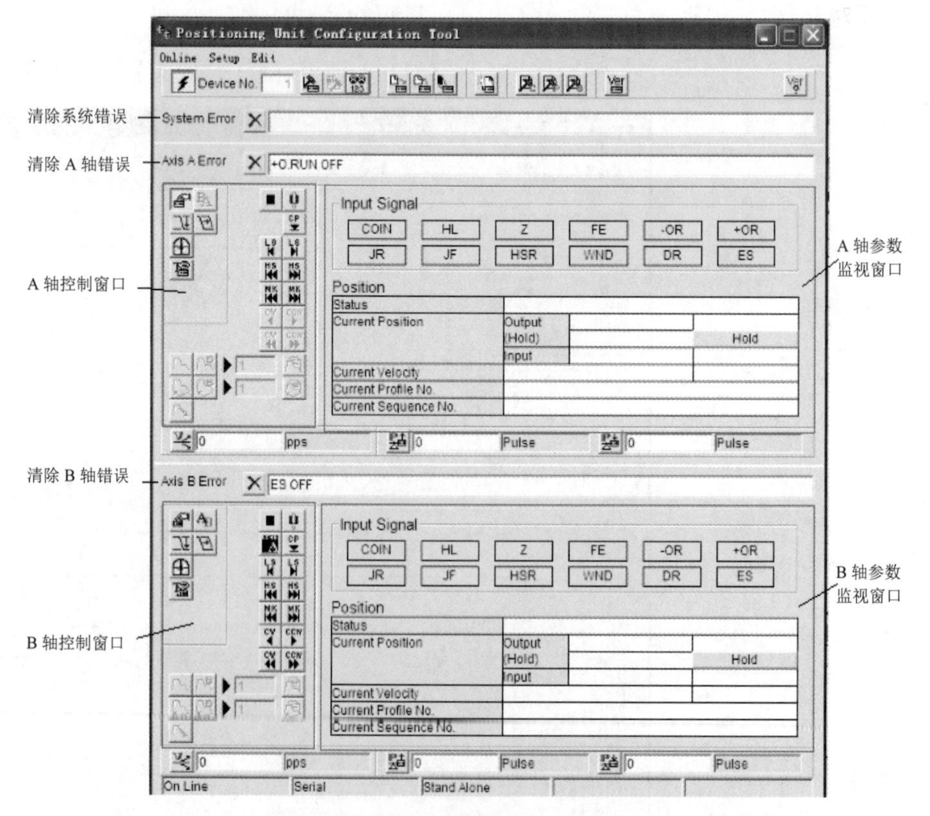

图 4-120 监视窗口介绍

（4）单击 A 轴控制窗口中的按钮，可以对该模块进行手动测试，如图 4-121 所示，单击 OK 按钮继续。

<table>
<tr><td></td><td>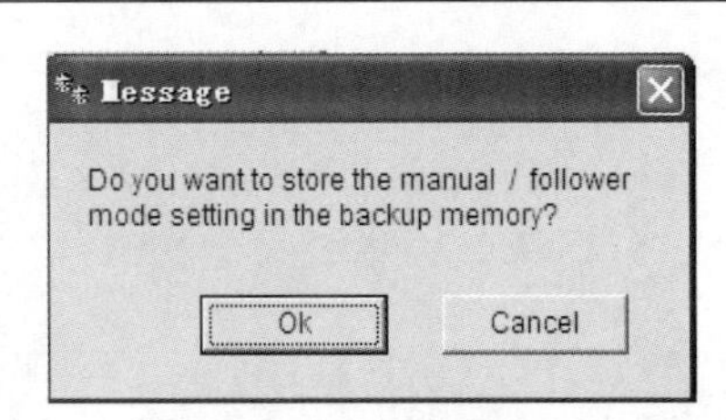
图 4-121　手动测试</td></tr>
<tr><td>通过 Demo 箱开关来实现对伺服电动机的控制</td><td>Demo 箱开关如图 4-122 所示。
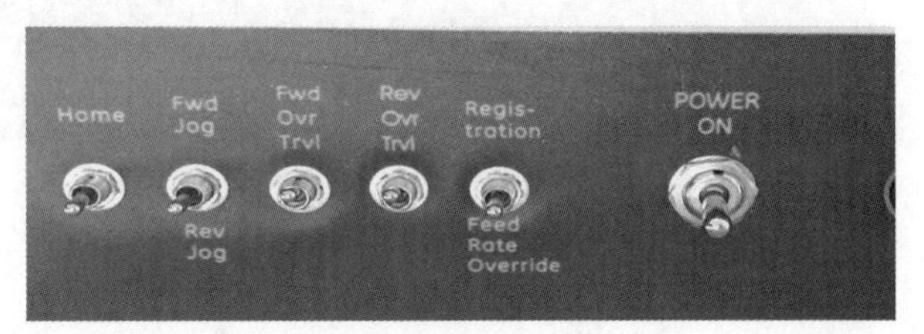
图 4-122　Demo 箱开关
（1）通过第二个开关（从左往右，下同）的上方（Fwd Jog）和下方（Rev Jog），观察 Demo 箱中伺服电动机的转向情况，不同的开关方向对应不同的旋转方向。开关拨向上方（Fwd Jog）时，伺服电动机按逆时针方向（CCW）转动；拨向下方（Rev Jog）时，伺服电动机按顺时针方向（CW）转动。
（2）拨动第三个开关，使 Fwd Ovr Trvl 处于 OFF 状态（下方），观察画面的状态，如图 4-123 所示。向上拨动第二个开关，电动机不转动；向下拨动第二个开关，电动机正常转动，说明此时电动机失去了逆时针方向旋转的能力。复位第二个开关。
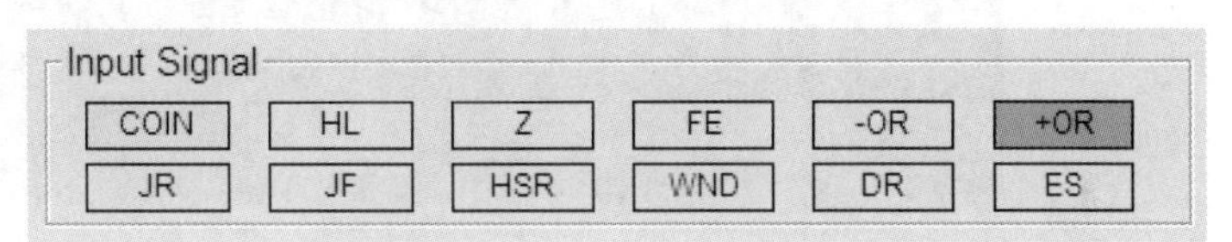
图 4-123　Fwd Ovr Trvl 处于 OFF 状态
（3）拨动第四个开关，使 Rev Ovr Trvl 处于 OFF 状态（下方），观察画面的状态，如图 4-124 所示。向上拨动第二个开关，电动机正常转动；向下拨动第二个开关，电动机不转动，说明电动机失去了顺时针方向旋转的能力。复位第二个开关。
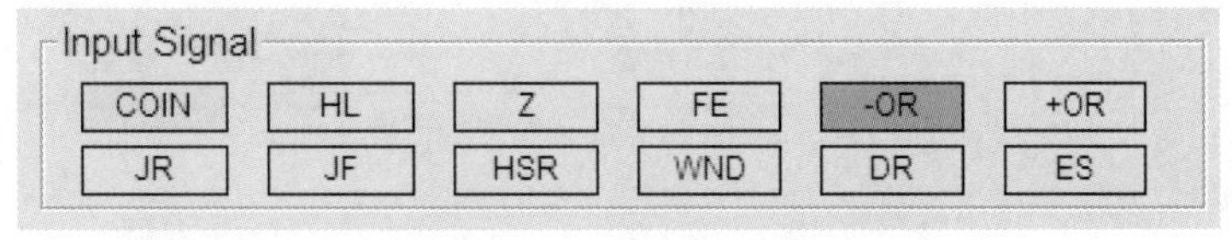
图 4-124　Rev Ovr Trvl 处于 OFF 状态
（4）测试完成后，单击 X 按钮清除错误，如图 4-125 所示。
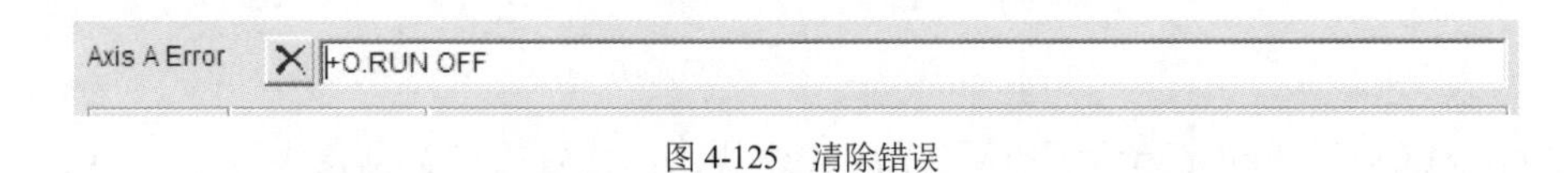
图 4-125　清除错误</td></tr>
</table>

3　Micro PLCs Controller 的应用

Micro PLCs Controller 硬件概述
在一个 Versa Motion Demo 箱中，Micro PLCs Controller 安装在导轨上，型号为 IC200UDR120，如图 4-126 所示。

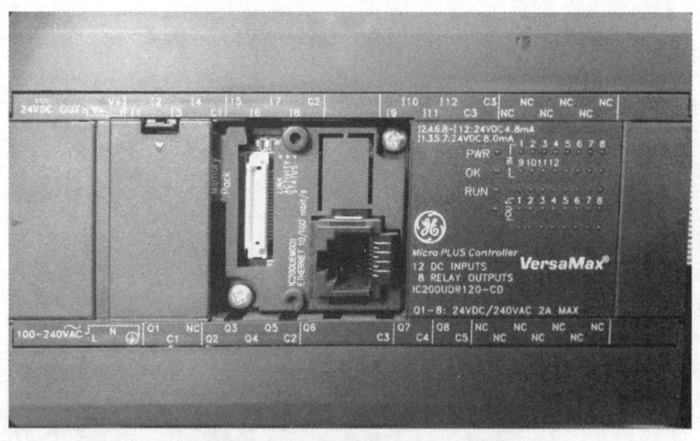

图 4-126　IC200UDR120 外观图

IC200UDR120 各部分接口功能及作用如图 4-127 所示。

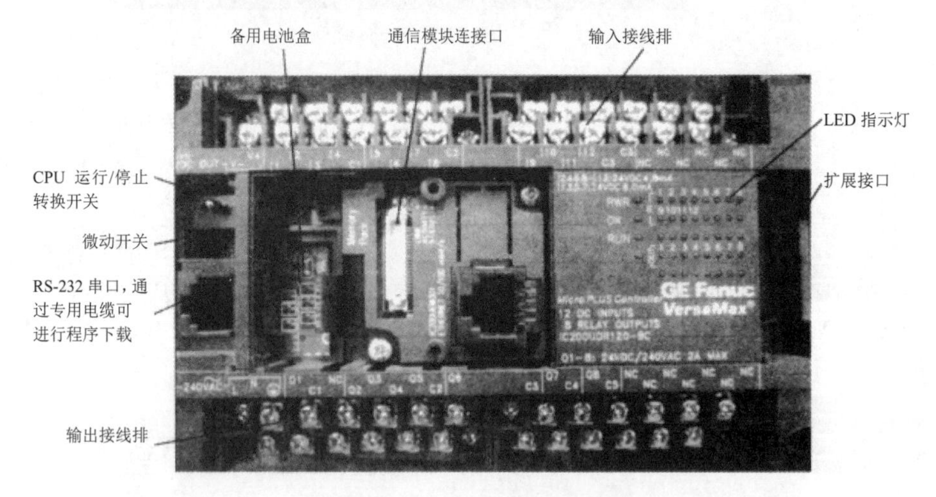

图 4-127　IC200UDR120 接口功能图

在 Versa Motion Demo 箱中，Micro PLCs Controller 不能直接控制伺服电动机，它只能通过电缆对 Micro Motion Controller 发送运动指令，Micro Motion Controller 通过伺服驱动器实现对伺服电动机的控制，如图 4-128 所示。

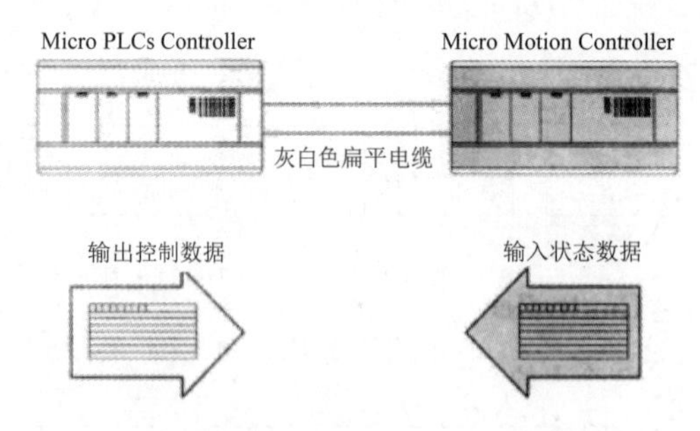

图 4-128　Micro PLCs Controller 工作方式

Micro PLCs Controller 指示灯布局如图 4-129 所示，代表的状态见表 4-5。

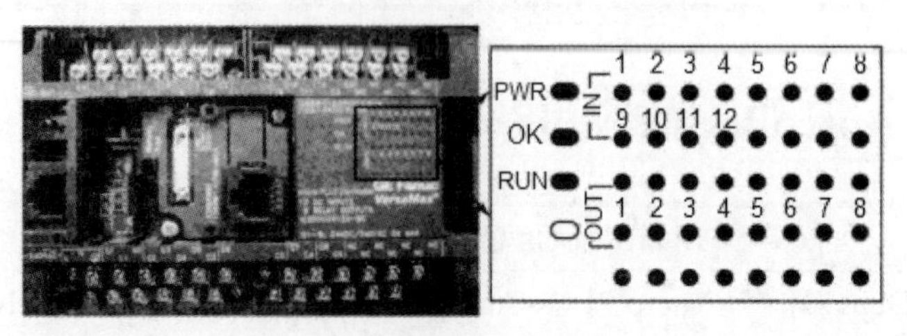

图 4-129　LED 指示灯

表 4-5　LED 指示灯状态

指示灯	颜色	说明
PWR	绿色	电源正常接入到模块
OK	绿色闪烁	发生一个初始化错误
	绿色	初始化正常
RUN	OFF	CPU 处于停止状态
	绿色	CPU 处于运行状态
IN（1～12）	OFF	1～12 点没有数字量输入
	绿色	1～12 点有数字量输入
OUT（1～8）	OFF	1～8 点没有数字量输出
	绿色	1～8 点有数字量输出

仅有 RS-232 通信串口还不能满足通信需要，如 HMI 作为 Micro PLCs Controller 的监控设备，需要有以太网通信端口。与 Micro Motion Controller 一样，Micro PLCs Controller 可以通过通信模块扩展端口。Versa Motion Demo 箱中，Micro PLCs Controller 配置的通信模块为以太网通信模块 IC200UEM001，如图 4-130 所示。

图 4-130　以太网通信模块

Micro PLCs Controller 接线说明

IC200UDR120 提供了 12 个点的直流输入和 8 个点的继电器输出，接线示意图如图 4-131 所示。

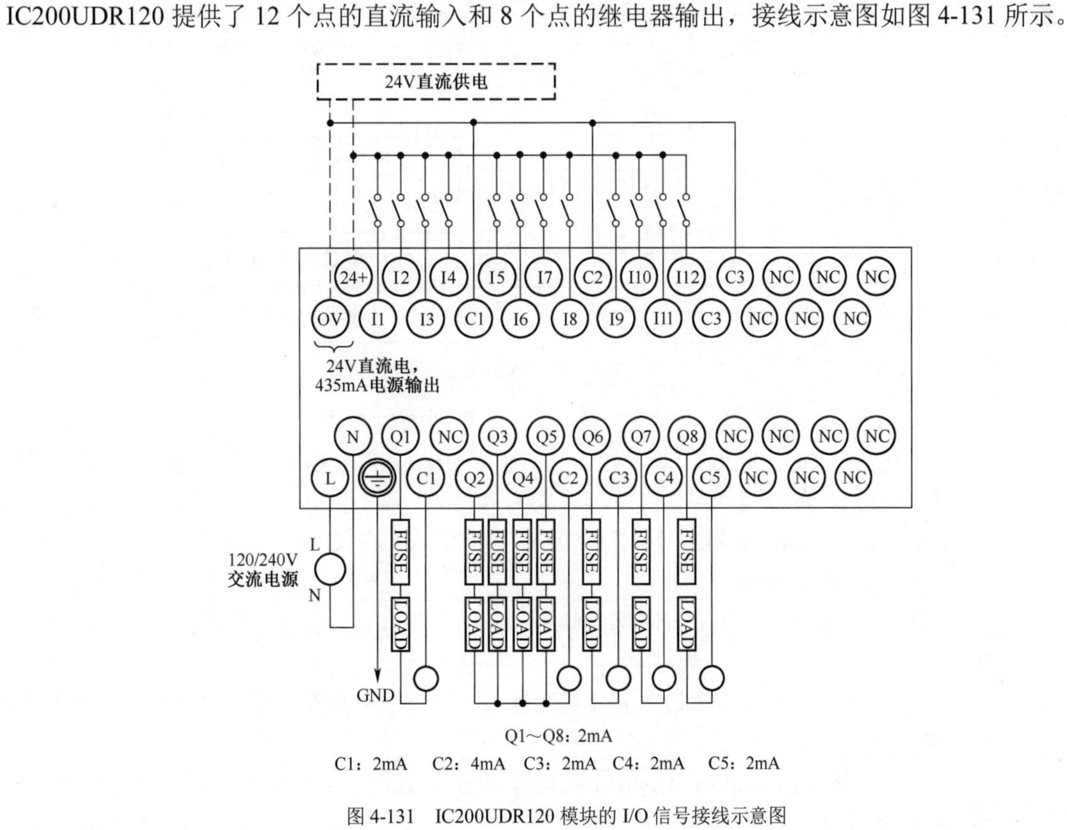

图 4-131　IC200UDR120 模块的 I/O 信号接线示意图

<table>
<tr><th colspan="2">Micro PLCs Controller 控制电动机运动</th></tr>
<tr><td colspan="2">Micro PLCs Controller 给 Micro Motion Controller 发送控制字来实现对伺服电动机的控制，如恒定速度的正转和反转。</td></tr>
<tr><td>运动控制字的相关知识</td><td>Micro PLCs Controller 向 Micro Motion Controller 发送 8 个控制字，每个控制字都是由 16 位控制数据组成，第一个控制字的数据格式如图 4-132 所示。
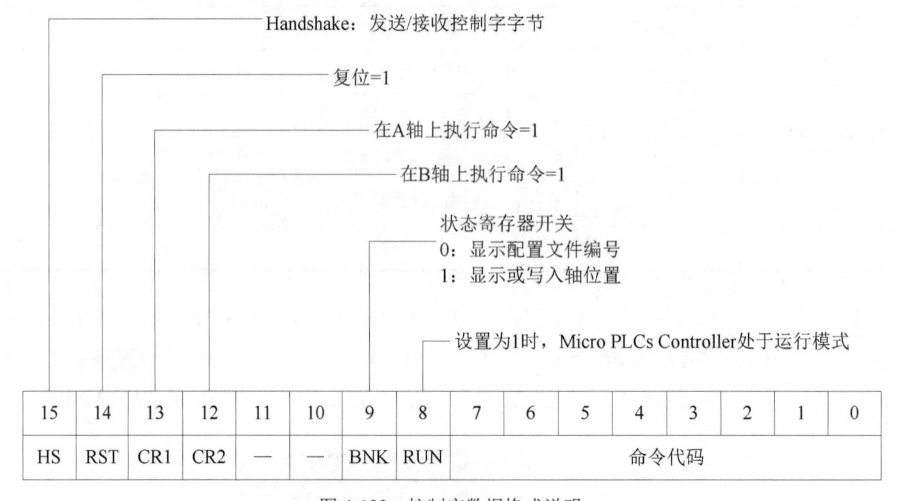

图 4-132 控制字数据格式说明</td></tr>
<tr><td>任务分析</td><td>Micro PLCs Controller 发送控制命令使 Micro Motion Controller 处于自动模式（此模式下只能通过 Micro PLCs Controller 对 Micro Motion Controller 发送指令才能进行控制）。由附录可知，控制命令代码为 24，控制字编辑和输出流程如图 4-133 所示。
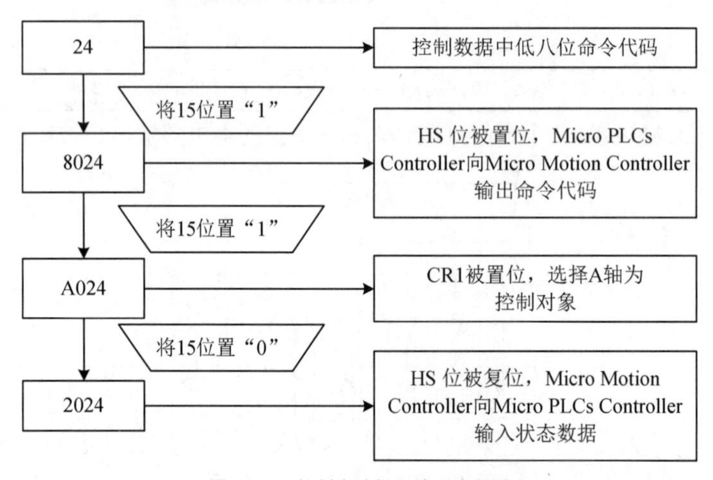

图 4-133 控制字编辑和输出流程图
Micro PLCs Controller 先送控制字 A024，再送控制字 2024，利用孔子自最高位的下跳沿将控制字送入 Micro Motion Controller。同理，Micro PLCs Controller 要实现电动机正转、反转、停止和清除错误的命令，控制字分别为 40、42、17 和 01。那么，按照前面的组合，分别组成 A040、2040、A042、2042、A017、2017、A001、2001，然后再将这些控制字发送给 Micro Motion Controller。</td></tr>
<tr><td>任务准备</td><td>（1）Micro PLCs Controller 和 Micro Motion Controller 之间使用电缆连接，如图 4-134 所示。
（2）将 Versa Motion Demo 箱（从左往右）第三个和第四个开关置于 ON 状态，解除正、反向限制位。
（3）将 Micro Motion Controller 的微动开关复位，使微动开关均处于 OFF 状态，如图 4-135 所示。</td></tr>
</table>

图 4-134　连接扁平电缆

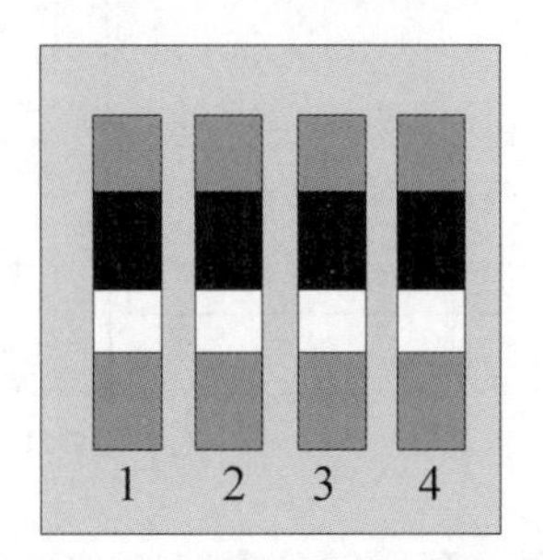

图 4-135　复位 Micro Motion Controller 微动开关

（4）用网线连接计算机与 Micro PLCs Controller 的以太网通信模块。计算机 LINK 指示灯亮，表示网络连通。

（5）查看数字量输入输出地址。双击 Discrete I/O 项，查看数字量输入起始地址为%I00001，数字量输出起始地址为%Q00001，如图 4-136 所示。

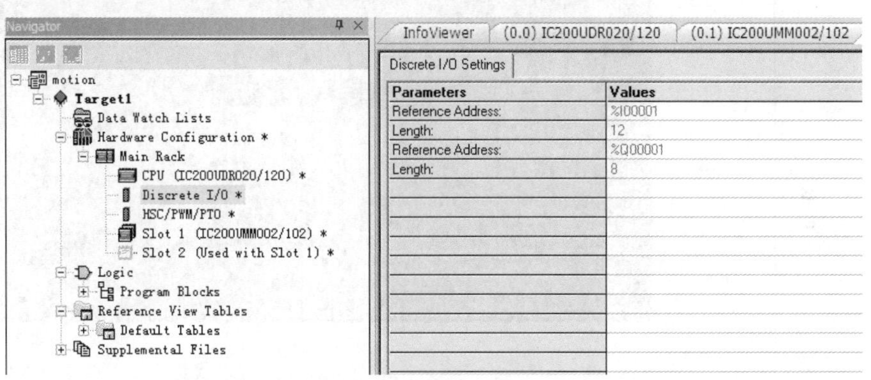

图 4-136　查看数字量起始地址

（6）查看模拟量输入和输出地址。双击 Slot 1，查看模拟量输入起始地址为%AI0031，模拟量输出起始地址为%AQ0031，如图 4-137 所示。

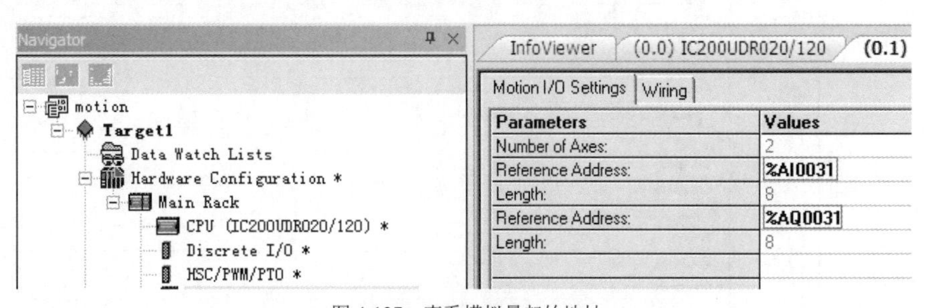

图 4-137　查看模拟量起始地址

建立通信

给 Micro Motion Controller 以太网通信模块分配一个临时 IP 地址，方法与之前学过的任务 1 相同，如图 4-138（a）和图 4-138（b）所示。

修改控制对象 Target 的属性栏，如图 4-139 所示。

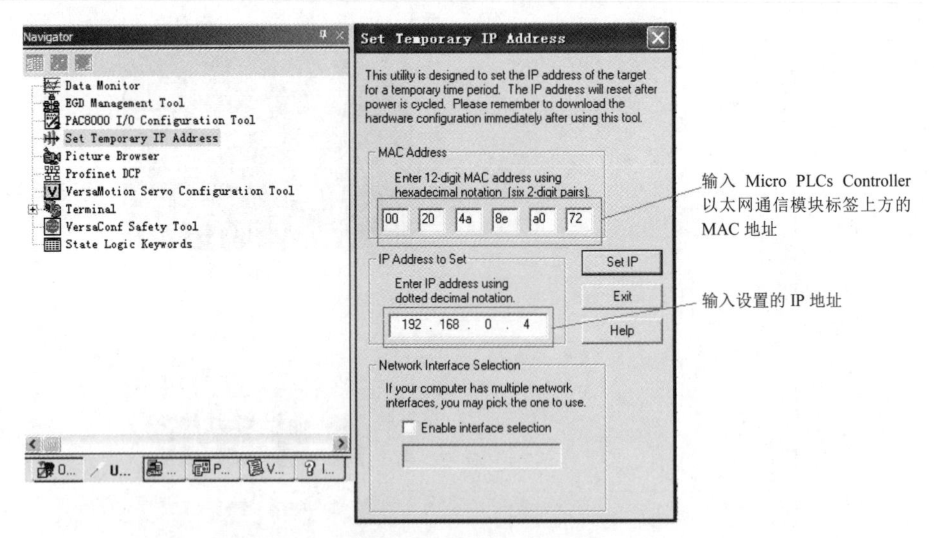

（a）设置以太网通信模块的 IP 地址

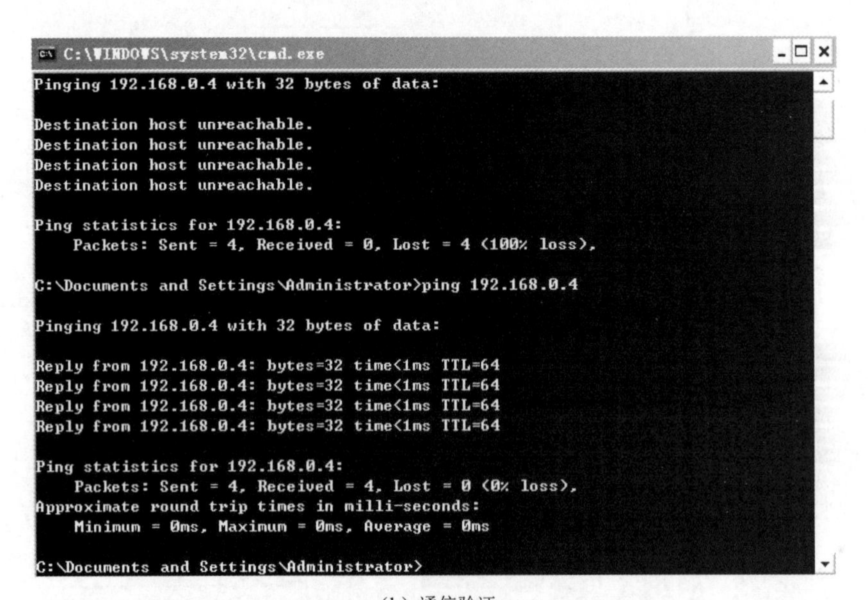

（b）通信验证

图 4-138　通信连接

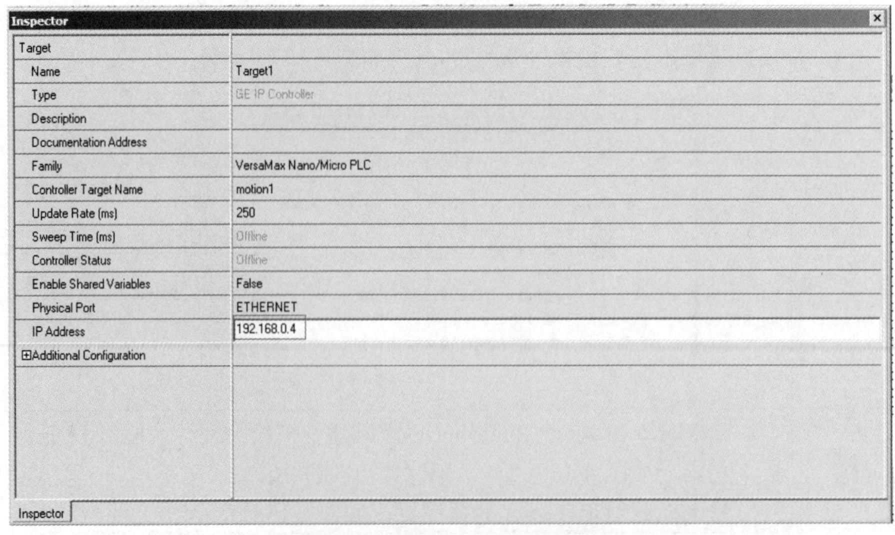

图 4-139　设置 Target1 工程的 IP 地址

梯形图设计

任务分析中已经介绍了控制字的转化流程，现在通过梯形图实现控制字的生成和传输，如图 4-140 所示。

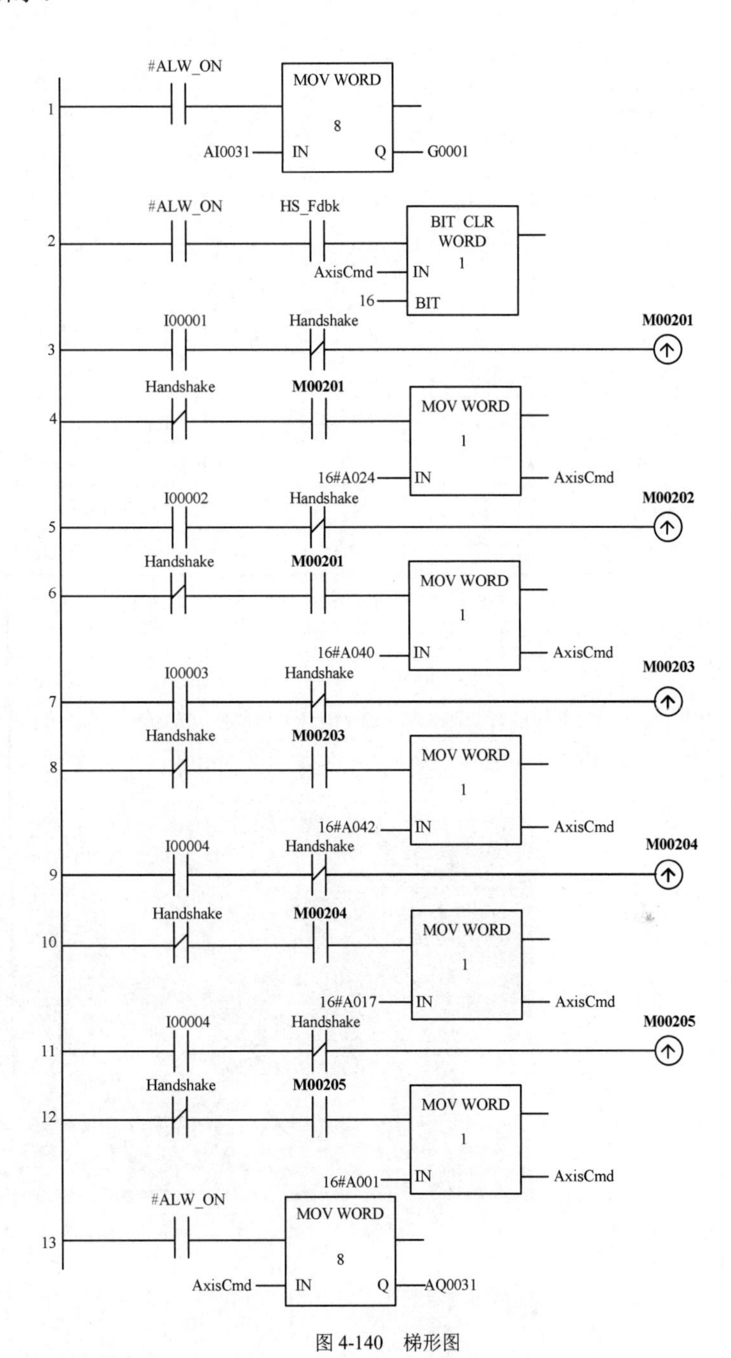

图 4-140　梯形图

梯形图中的变量名称及描述

梯形图中的变量名称及描述见表 4-6。

表 4-6　梯形图中的变量名称及描述

变量名称	相关变量	数据类型	描述
HS_Fdbk	G00016	BOOL	信号变换位，当所传输的 16 位数据中的第 16 位为 1 时，此常闭出点闭合
Handshake	G00216	BOOL	信号变换位，当所传输的 16 位数据中的第 16 位为 1 时，此常闭出点断开
G00001	G00001	INT	来自 Micro Motion Controller 模块状态代码的寄存器
#ALW_ON	S00007	BOOL	状态变量，其常开触点一直处于接通状态

续表

变量名称	相关变量	数据类型	描述
I00001	M0020	BOOL	数字量输入，为 1 时，系统处于 Micro PLCs Controller 控制状态
I00002	M0020	BOOL	数字量输入，为 1 时，电动机正转
I00003	M0020	BOOL	数字量输入，为 1 时，电动机反转
I00004	M0020	BOOL	数字量输入，为 1 时，电动机停止转动
I00005	M0020	BOOL	数字量输入，为 1 时，清除轴命令错误
M00201	M0020	BOOL	此中间继电器接收到一个上升沿信号时，导通一个周期
M00202	M0020	BOOL	此中间继电器接收到一个上升沿信号时，导通一个周期
M00203	M0020	BOOL	此中间继电器接收到一个上升沿信号时，导通一个周期
M00204	M0020	BOOL	此中间继电器接收到一个上升沿信号时，导通一个周期
M00205	M0020	BOOL	此中间继电器接收到一个上升沿信号时，导通一个周期
AI0031	M0020	INT	读取来自 Micro Motion Controller 的模块状态代码
AQ0031	M0020	WORD	发送至 Micro Motion Controller 的命令代码

外部接线

根据 Micro PLCs Controller 接线方式，连接五个开关，分别连接于 I00001～I00005 接线口处，具体功能见表 4-6。

控制与调试

下载后，打开开关 I00001，使系统处于 Micro PLCs Controller 控制状态，然后打开开关 I00002（或 I00003），电动机以恒定速度开始正转或反转。如图 4-141 和图 4-142 所示分别表示 Micro PLCs Controller 和 Micro Motion Controller 的指示灯状态。

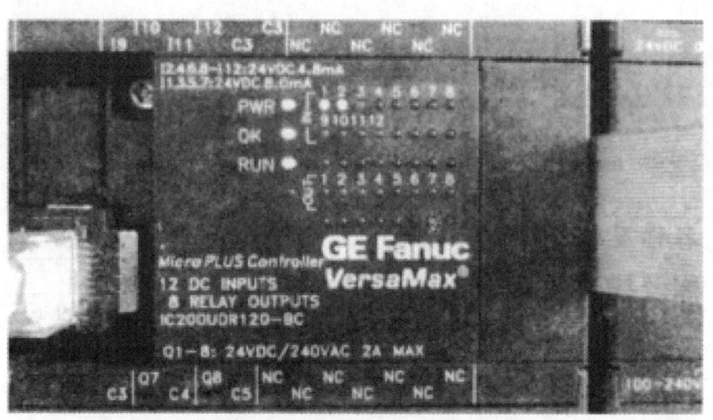

图 4-141 Micro PLCs Controller 的指示灯状态

图 4-142 Micro Motion Controller 的指示灯状态

打开开关 I0004，电动机停止转动。

如果出现错误，电动机将无法正常转动，需要清除错误再进行下一步操作。以错误命令为例，Micro PLCs Controller 中的 ORE 指示灯状态为 ON，如图 4-143 所示。说明存在正向限位，即 Demo 箱下方的开关 Fwd Ovr Trvl 处于 OFF 状态（下方），拨动 Fwd Ovr Trvl 为 ON 状态（上方），使用开关 I00005 清除错误后，方可进行正常控制。

图 4-143　ORE 错误状态指示

附录　伺服驱动器显示状态一览表

表 1　伺服驱动器存储状态显示

显示符号	内容说明
End	设定值正确存储结束
Err-r	读参数，写入禁止
Err-p	密码输入错误或请输入密码
Err-c	设定值不正确或输入保留设定值
Srvon	伺服启动中无法输入
Abore	参数模式下按 Mode 键，可以放弃修改参数 设定模式下按 Mode 键，可以跳回至参数模式下，再按 Mode 键放弃修改

表 2　伺服驱动器警示信息显示

异警表示	异警名称	异警处理
ALE01	过电流	排除短路状态，防止金属导体外露，恢复至出厂设定值再逐量修正，修正输入命令变动率或开启滤波功能
ALE02	过电压	使用正确电压源，或者串接稳压器或变压器
ALE03	低电压	重新确认电压接线，确认电源开关，使用电压源或串接变压器
ALE04	电动机过热	重新评估电动机及驱动器容量
ALE05	回升异常	重新连接回升电阻，重新设定回升电阻的规格和参数
ALE06	过负荷	提高电动机容量或降低负载，调整控制回路增益值，将加减速设定时间减慢
ALE07	过速度	调整输入信号变动率或开启滤波功能，正确设置速度参数
ALE08	异常脉冲控制命令	正确设定输入脉冲频率
ALE09	位置控制误差过大	加大最大位置误差参数设定值，正确调整增益值，正确调整扭矩限制值
ALE10	晶片执行超时	重置电源
ALE11	位置检出器异常	正确接线，重新安装，重新连接接线，更换电动机
ALE12	校正异常	关闭伺服运转，模拟量输入接点正确接地
ALE13	紧急停止	开启紧急停止开关
ALE14	正向极限异常	开启正向限位开关
ALE15	反向极限异常	开启反向限位开关
ALE16	IGBT 温度异常	提高电动机容量或降低负载
ALE17	存储器异常	参数或电源重置
ALE18	晶片通信异常	检测及重置控制电源
ALE19	串列通信异常	正确设定通信参数值，正确设定通信地址，正确设定存取数值
ALE20	串列通信超时	正确设定超时参数
ALE21	命令写人异常	检测及重置控制电源
ALE22	主电路电源缺相	检查 U、V、W 电源线是否松动、脱落或仅单相输入